Tecnologia social e reforma agrária popular

DAVIS GRUBER SANSOLO
FELIPE ADDOR
FARID EID
(Orgs.)

TECNOLOGIA SOCIAL E REFORMA AGRÁRIA POPULAR

Volume I

Cultura Acadêmica

Praça da Sé, 108
01001-900 – São Paulo – SP
Tel.: (0xx11) 3242-7171
Fax: (0xx11) 3242-7172
www.editoraunesp.com.br
www.livrariaunesp.com.br
atendimento.editora@unesp.br

Dados Internacionais de Catalogação na Publicação (CIP) de acordo com ISBD
Elaborado por Vagner Rodolfo da Silva – CRB-8/9410

T255

Tecnologia social e reforma agrária popular – vol. 1 / organizado por Davis Gruber Sansolo, Felipe Addor, Farid Eid. – São Paulo : Cultura Acadêmica Editora, 2021.

Inclui bibliografia.
ISBN: 978-65-5954-079-2

1. Agricultura. 2. Tecnologia social. 3. Reforma agrária popular. I. Sansolo, Davis Gruber. II. Addor, Felipe. III. Eid, Farid. IV. Título.

2021-1847 CDD 630
CDU 63

Índice para catálogo sistemático:
1. Agricultura 630
2. Agricultura 63

Este livro é publicado pelo Programa de Publicações Digitais da Pró-Reitoria de Pós-Graduação da Universidade Estadual Paulista "Júlio de Mesquita Filho" (UNESP)

Editora afiliada:

Em homenagem a Oziel Alves Pereira,
morto aos 17 anos, e aos outros dezoito
trabalhadores executados em Eldorado dos
Carajás há exatos 25 anos por sonharem
com uma terra para plantar e viver.

Reforma agrária, uma luta de todos e todas!

17 de abril de 2021

Gostaríamos de registrar nosso
agradecimento ao Comitê Científico que
fez a avaliação dos artigos enviados para
publicação nos três volumes do livro
Tecnologia social e reforma agrária popular.

Sumário

Prefácio

Bernardo Mançano[1]

Há monoculturas de conhecimentos produzidas por sistemas de padronização do saber, do fazer, do comer, controladas por corporações capitalistas cujos pacotes tecnológicos são impostos para todas as sociedades do mundo. A origem e o estabelecimento dessas monoculturas retrocedem às colonizações territoriais da terra à mente. Contudo, a hegemonia capitalista tem enfrentado a cada minuto as resistências irredutíveis da classe camponesa e da classe assalariada. São essas classes que desafiam a classe capitalista em todas as suas tentativas de controle dos territórios. No campo, na cidade, na floresta, povos e classes em movimentos socioterritoriais produzem territórios e lutam cotidianamente para mantê-los emancipados.

Este livro, composto de dez artigos, é uma mostra elogiável dessas resistências irredutíveis que produzem o desenvolvimento territorial sustentável. A primeira parte traz reflexões e a segunda traz soluções sobre tecnologias sociais em diferentes tipos de territórios. A partir de dois conceitos-chave – tecnologia social e reforma

---

1 Coordenador da Cátedra Unesco de Educação do Campo e Desenvolvimento Territorial do Instituto de Políticas Públicas e Relações Internacionais (IPPRI), da Universidade Estadual Paulista "Júlio de Mesquita Filho" (Unesp).

agrária –, caminhamos pelos artigos em suas reflexões e experiências nos processos de transformação das realidades. Quais são os sentidos desses conceitos? Tecnologia social e reforma agrária, assim como agroecologia, são conceitos em disputa e processos em construção; mesmo que continuem recebendo uma parte insignificante de recursos de políticas públicas, esses processos seguem se territorializando.

O conceito de tecnologia social parte do princípio da emancipação e da autonomia do saber, do fazer e não da privação e subordinação, como é o sentido da tecnologia para o capitalismo. As tecnologias sociais são o modo popular de inovar, de se apropriar de seus conhecimentos. Muitas vezes essa é uma realidade desconhecida das universidades e suas agências de inovação subordinadas ao modelo corporativo capitalista. Em alguns casos chegam a criar a "inovação social", em uma perspectiva secundária e subordinada, para atender à parte não corporativa da sociedade. Observe que o "social" da tecnologia social não é secundário e subordinado, ao contrário, como afirmamos no começo deste parágrafo, o conceito tem na sua natureza a soberania do conhecimento, que também é um componente vital do conceito de território.

O conceito de reforma agrária é um dos mais disputados. Há aqueles que afirmam que não existe reforma agrária, utilizando parâmetros superados, que não encontram mais referências na realidade. A reforma agrária brasileira é uma experiência majoritariamente popular. De competência do Estado, ela acontece na luta pela terra, nas ocupações de acordo com as conjunturas políticas. Por essa razão, o Movimento dos Trabalhadores Rurais Sem Terra (MST) criou a reforma agrária popular, muito além da distribuição da terra, em direção à multidimensionalidade do desenvolvimento territorial. A luta pela reforma agrária impede uma maior desterritorialização da agricultura camponesa e fortalece a transição para a agroecologia.

A primeira parte do livro apresenta trajetórias tecnológicas do mundo agrário com destaque para a reforma agrária e trata de um dos temas mais importantes para o futuro do mundo: a transição para a agroecologia. O capítulo sobre os desafios do Movimento dos

Trabalhadores Rurais Sem Terra (MST) em se construir como movimento popular, socialista e agroecológico nos traz uma visão de um dos projetos mais bem organizados de desenvolvimento territorial. A leitura histórica do segundo capítulo, sobre a formação agroindustrial, explica como ocorreu o processo de apropriação pelos assentados na construção de conhecimentos pelas tecnologias sociais em suas agroindústrias.

O terceiro capítulo inova ao destacar como conhecimento, trabalho, capital, mercadoria e políticas públicas de soberania e segurança alimentar e nutricional são ações e objetos da tecnologia socioterritorial transformando a realidade, não para a concentração do conhecimento, da riqueza e do território, mas para socializá-los. A perspectiva relacional possibilitou associar o social ao territorial a partir da realidade estudada. O capítulo seguinte apresenta um estudo da transição agroecológica desde a perspectiva teórica da Geografia no estudo das experiências de camponeses do Ceará, que superaram a subordinação da modernização conservadora e partiram para a criação de tecnologias sustentáveis.

O Capítulo 5 estudou o planejamento de um assentamento agroecológico no município de Castro, no estado do Paraná. Sua leitura revela os processos de construção do território para a produção. Mostra detalhadamente como a comunidade se apropria do saber territorial e, consequentemente, do território.

A segunda parte aborda propostas de consolidação de soluções tecnológicas. O primeiro exemplo, no Capítulo 6, trata da casa de farinha construída no projeto de desenvolvimento sustentável Osvaldo de Oliveira, no município de Macaé, no Rio de Janeiro. Dentro do histórico do território, detalha cada etapa da construção da casa de farinha e as tecnologias criadas. O sétimo capítulo versa sobre tecnologias sociais em territórios agroecológicos com experiências que envolveram o Movimento dos Trabalhadores Rurais Sem Terra (MST) e a Universidade Federal do Paraná (UFPR) no litoral do Paraná, especificamente no acampamento José Lutzenberger, na implementação de agrofloresta. Destaca o diálogo de saberes produzindo tecnologias sociais.

O oitavo capítulo analisa os desafios científicos e políticos da produção de biofertilizantes na reforma agrária popular, tendo como base os estudos do Laboratório de Educação do Campo e Estudos da Reforma Agrária (Lecera), da Universidade Federal de Santa Catarina (UFSC). Delineia os procedimentos de pesquisa e técnicas de produção de biofertilizantes. O Capítulo 9 trata do processo de transição do monocultivo do açaí para sistemas agroflorestais, o que implica abandonar pacotes tecnológicos predadores para criar tecnologias sustentáveis. O último capítulo estuda a implantação do Pastoreio Racional Voisin (PRV) por meio de suas técnicas e adaptações em um território camponês no município de Teodoro Sampaio, na região do Pontal do Paranapanema, estado de São Paulo.

Depois de caminhar pelo livro e conhecer diversos processos de transformação das realidades estudadas e vividas, compreende-se melhor a tecnologia social ou socioterritorial e a importância da reforma agrária. É uma grande contribuição para o pensamento crítico, para o desenvolvimento sustentável e para um futuro promissor. As autoras e os autores mostram os desafios, as dificuldades, mas mostram também que tecnologia e território são possibilidades incontestáveis de superação.

Desconstruindo este livro, aprendemos que as populações tradicionais ampliaram suas lutas contra a subordinação ao modelo hegemônico do agronegócio, criação sistêmica do capitalismo. Políticas de transição para a agroecologia, em uma perspectiva multidimensional do desenvolvimento sustentável, se territorializam como reflexões e soluções na transformação das realidades.

Este é mais um livro da coleção Vozes do Campo, fruto da cooperação entre o Instituto de Políticas Públicas e Relações Internacionais (IPPRI), da Universidade Estadual Paulista "Júlio de Mesquita Filho" (Unesp), o Núcleo Interdisciplinar para o Desenvolvimento Social (Nides), da Universidade Federal do Rio de Janeiro (UFRJ), e o Instituto Federal de Educação Ciência e Tecnologia do Pará (IFPA), campus Castanhal, em parceria com seus programas de pós-graduação: Programa de Pós-Graduação em Desenvolvimento Territorial na América Latina e Caribe (TerritoriAL/Unesp), Programa de Pós-Graduação em Tecnologia para o Desenvolvimento Social (PPGTDS/Nides/UFRJ) e Programa de Pós-Graduação em Desenvolvimento Rural e Gestão de Empreendimentos Agroalimentares (PPGDRGEA/IFPA), com o apoio do Conselho Latino-Americano de Ciências Sociais (Clacso) e da Cátedra da Unesco de Educação do Campo e Desenvolvimento Territorial.

Presidente Prudente, 23 de janeiro de 2021

Prefácio

Marina dos Santos[1]

Receber a tarefa e a *empreitada* de fazer o prefácio do livro *Tecnologia social e reforma agrária popular* foi um dos desafios que me trouxe mais alegrias no período de pandemia de coronavírus.

Integro o Movimento Sem-Terra (MST) desde a década de 1980 e é uma alegria imensa encontrar e ver reunidos professores, profissionais, pesquisadores, parceiros e amigos que foram e são importantíssimos na formação acadêmica de tantos jovens que são fruto da luta pela reforma agrária popular ao longo dos anos, como o professor Pedro Christófolli, cuja história está demarcada pelo profundo compromisso com a formação técnica e o ensino médio de grupos de famílias dos assentamentos e, sobretudo, com a construção do cooperativismo e da agroecologia socialista no interior do MST.

Ao mesmo tempo, encontramos neste trabalho a juventude da universidade inserida em projetos de pesquisas de uma realidade tão densa, frutos da práxis militante e da reflexão coletiva que fazem a academia ser *ativa* nos processos de transformação, resistência, resiliência e reinvenção dos povos do campo para enfrentar o sistema com ações contra-hegemônicas. Ao longo desses

1 Direção Nacional do Movimento dos Trabalhadores Rurais Sem Terra (MST).

anos pude testemunhar com orgulho, muitos processos internos de transformação.

Sou assistente social, formada pela Universidade Federal do Rio de Janeiro (UFRJ) e tive a felicidade de estagiar no Núcleo Interdisciplinar para o Desenvolvimento Social (Nides/Soltec), tendo como coordenador Felipe Addor, um dos organizadores do presente livro.

Atualmente sou mestranda no Programa Desenvolvimento Territorial da América Latina e Caribe (TerritoriAL), da Universidade Estadual Paulista (Unesp), tendo como objeto de investigação para dissertação a declaração da ONU sobre os direitos de camponeses e outras pessoas que trabalham no meio rural, onde nosso querido professor Davis Gruber Sansolo cumpre a tarefa de coordenador do programa.

Estamos vivendo um período muito importante na humanidade com aprofundamento das crises política, social, econômica, ecológica e de valores em escala local, nacional e internacional, e o fato de estarmos aqui lutando, construindo novas experiências, nos ressignificando enquanto movimento social popular, pesquisadores e academia, tudo isso faz com que não percamos a esperança de alcançarmos a emancipação da classe trabalhadora. Podemos viver a esperança do verbo esperançar, da esperança renovada e não cansada.

Considerar que a crise ampliada do capital está conectado ao momento político de recrudescimento das desigualdades sociais, marcado pela forte redução e inumeráveis violações dos direitos dos trabalhadores e trabalhadoras, de privatização e destruição dos bens comuns da natureza, em que o capital se apropria ilegitimamente das terras, da água, dos minérios, do petróleo, das sementes e da biodiversidade, em clara ofensiva do agro-hidro-mineral-negócios, que só aumenta a exploração e a destruição dos bens da natureza e dos/as trabalhadores apenas para aumentar seus lucros.

Segundo a Organização das Nações Unidas para Alimentação e Agricultura (FAO/ONU), agravada pelas crises atuais, mais de 265 milhões de pessoas podem passar para uma situação de fome no mundo, sendo que África, Ásia e América Latina devem ser as regiões mais afetadas. Produção em queda, desemprego, perda de renda, queda de exportação, recessão global e crise sanitárias devem ser os principais ingredientes desse cenário considerado alarmante.

O modelo agrário brasileiro, com base em alianças políticas que conformam uma estrutura agrária injusta e extremamente concentrada, responsável pela alta desigualdade social e histórico de trabalho escravo no país, impõe o modo capitalista de desenvolvimento, com controle dos bens da natureza, invadindo grandes áreas para cultivos de culturas que afetam e destroem o meio ambiente e acarretam a impossibilidade de uma agricultura com camponesas e camponeses, cuja prioridade é a produção de alimentos.

No Brasil, vivemos um momento em que a reforma agrária tem sido banida, praticamente extinta, da política pública nacional. Por seu turno, o governo adota uma série de medidas, de entulhos autoritários com portarias, medidas provisórias, projetos de lei e normativas que objetivam apenas judicializar a reforma agrária, travar forte disputa ideológica com os movimentos sociais e a sociedade, titularizar os assentamentos para privatizá-los e regularizar as áreas públicas em favor da grilagem, especialmente na região amazônica. Além de desativar financeiramente os programas e desmontar as instituições responsáveis por esses eles, como o Ministério do Desenvolvimento Agrário e o próprio Instituto de Colonização e Reforma Agrária (Incra).

Essas medidas excluem o debate da função social da terra, sepultando a reforma agrária do serviço público, ignorando que se trata de uma política pública constitucional, ao mesmo tempo, reforça os problemas historicamente não resolvidos pelos conflitos na luta pela terra, reforçando/favorecendo os projetos do agronegócio com recursos públicos, medidas legislativas, propagandas midiáticas e articulações internacionais.

Porém, diante da globalização do capital e das diversas formas de exploração impostas em todo o mundo, da pandemia de coronavírus e seus efeitos sobre os trabalhadores mais pobres e das políticas contra a reforma agrária no Brasil, os movimentos camponeses enfrentam o grande desafio de desenvolver estratégias que rompam o corporativismo da atual conjuntura, ganhando apoio da sociedade e permitindo a reprodução social das camponesas e camponeses.

Diante disso, apresentou-se à sociedade, um programa com medidas que podem rapidamente promover a criação de milhares de empregos, produzir alimentos para todo o povo, movimentar os comércios locais, garantir renda e condições de vida dignas. Para realizá-las, é necessário democratizar o acesso à terra, distribuir riquezas e defender os direitos dos povos do campo, realizando múltiplas ações em torno da preservação ambiental, como o plantio massivo de árvores e a produção de alimentos agroecológicos, assinalando que a reforma agrária é fundamental para garantir que trabalhadores das cidades sejam abastecidos com alimentos saudáveis, a preço acessível:

> *terra e trabalho* – A desapropriação de latifúndios improdutivos em áreas próximas às cidades facilitaria a produção e o assentamento de famílias das periferias das cidades. Compreendendo que a garantia de terra e trabalho é fundamental para superação das desigualdades sociais.
>
> *produção de alimentos saudáveis* – A produção de alimentos saudáveis no Brasil só será completa com a ampliação do Programa de Aquisição de Alimentos (PAA) e com financiamento e difusão de máquinas agrícolas para a agricultura familiar e camponesa; além da liberação de linhas de crédito especial dos bancos públicos para financiar as agroindústrias cooperativas para produção de alimentos e liberar fomento emergencial para os assentamentos, estimulando a produção.
>
> *proteger a natureza, a água e a biodiversidade* – Apoiar e fomentar programas de massificação do plantio de árvores nativas e frutíferas em todo país, de acordo com o bioma. Nesse sentido, estimular as agroflorestas como forma de garantir diversidade e fartura de alimentos, aliada à multiplicação de florestas é um meio garantidor de produção de alimentos mesmo em meio à crise econômica.
>
> *condições de vida digna no campo para todo povo* – Lutar pela garantia de acesso das famílias do campo e da cidade aos programas de

assistência de moradia, trabalho, renda, educação e pelo fortalecimento do Sistema Único de Saúde (SUS), em todo país.

Esse programa de emergência exige medidas imediatas e vontade política dos governos locais, estaduais e federal para resolver os problemas de emprego, renda e alimentos para todo o povo. Ele é urgente para enfrentar os problemas imediatamente.

Acreditamos que a universidade como setor comprometido com a luta democrática, a exemplo dos diversos trabalhos apresentados neste livro, pode defender a urgência da reforma agrária popular e de um país justo, sem privilégios de classe e desigualdades sociais, pois a ela é necessária para atender a necessidade dos trabalhadores e trabalhadoras sem terra, para abastecer de alimentos as cidades, principalmente as periferias urbanas, e para garantir uma relação equilibrada entre seres humanos e a natureza.

Que lindeza encontrar nesta obra trabalhos que relatam uma realidade bem diferente daquela mostrada pelo governo atual, com profunda conexão entre universidade e movimentos sociais do campo, isto é, aqueles que lutam por outros projetos de desenvolvimento.

Quem visitar este livro vai encontrar descritos novos paradigmas da reforma agrária popular, fruto da resistência ativa dos movimentos populares organizados no campo por meio da luta e da conquista do repartimento da terra há mais de trinta anos; vai encontrar as delícias das trocas de sabores e saberes, da cooperativa agroecológica organizada por mulheres camponesas, da agroecologia com perspectiva massiva e contra-hegemônica, do rompimento de tradições puristas e idealistas, formando um movimento agregador e massivo, estímulo à cooperação agrícola.

Investimento na formação, conduta humana no ambiente e na sociedade, cuidados com a saúde humana e da natureza, tecnologias voltadas à soberania e à segurança alimentar enraizadas nos territórios como instrumentos de luta política, agroecologia vista como ciência política e socialmente comprometida com suas inovações técnicas e tecnológicas, sendo, portanto, instrumento de transformação social, soberania alimentar, reconhecimento do protagonismo feminino das mulheres camponesas e tantos outros assuntos comprometidos com tecnologia contra-hegemônica, que contribua verdadeiramente para a emancipação dos trabalhadores e da natureza!

Esta obra é um instrumento importantíssimo e uma leitura essencial para todas as pessoas que atuam e estudam o campo, suas contradições e perspectivas, pois é clara a contribuição dos textos com a definição tática do enfrentamento desses projetos e a construção de outro modelo, com tecnologia social como práxis que fomente a reforma agrária popular, aliada a educação popular.

Fora Bolsonaro! Vacina, já! Auxílio Emergencial, com *terra, teto* e *trabalho* para todos!

Rio de Janeiro, 19 de fevereiro de 2021

Introdução
Por um outro paradigma tecnológico para o campo

Felipe Addor
Farid Eid
Davis Gruber Sansolo

> *"Sob o capitalismo, a produção de tecnologia, teoricamente, visa à produção de mercadorias que, em termos imediatos, garantem o lucro e que, em termos menos imediatos, atendem a necessidade de reprodução do sistema em seu conjunto. Sendo assim, tanto o processo como o produto dele gerado são funcionais para o capitalismo; tal fato não implica, porém, homogeneidade da criação de tecnologias nem que as tecnologias deixem de provocar efeitos contraditórios nos contextos onde são produzidas e absorvidas. É essa complexidade do processo e de seus resultados que abre campo para escolhas e permite destacar a dimensão política da tecnologia. A identificação do campo de possibilidades (de escolhas) só pode ser feita a partir da análise de situações concretas, em que a tecnologia se apresenta como uma arma de poder."*
>
> *(Figueiredo, 1990, p. 134)*

A disputa do mundo rural brasileiro contemporâneo não é mais simbolizada por aquela velha dualidade entre latifúndio arcaico improdutivo e trabalhadores rurais pobres lutando por um pedaço de terra. Não que essa paisagem de conflitos não seja mais vista pelos rincões do país, mas o grande embate que se coloca atualmente é a disputa pelo modelo agrícola: de um lado, o modelo do agronegócio, alicerçado na prática da monocultura e no uso de tecnologias importadas, com capital intensivo, acentuado uso de agrotóxicos, exploração de trabalhadores e impactos ambientais; de outro lado, o modelo camponês, de base agroecológica e defesa da produção diversificada de alimentos saudáveis que sirva à proposta de soberania alimentar e esteja vinculada à busca de condições dignas de vida e trabalho dos trabalhadores e trabalhadoras rurais, em relação de respeito e interação simbiótica com a natureza.

Os três volumes do livro *Tecnologia social e reforma agrária popular* buscam trazer à tona o debate sobre o papel da tecnologia nessa disputa de modelos agrícolas territoriais, e a importância de se pensar uma outra forma de vida e de produção no meio rural. Nós temos o objetivo de articular dois campos de reflexão e atuação que, acreditamos, precisam estar mais integrados para avançar em suas respectivas construções.

Por um lado, esta publicação tem o intuito de influenciar o campo tecnológico, tentando desmascarar a tecnologia tradicional hegemônica no meio rural, que vem servindo para precarizar as condições de trabalho dos agricultores, aumentar o impacto sobre a natureza e concentrar a riqueza gerada nesse território. Além disso, ao pautar o conceito da "tecnologia social", buscamos mostrar a necessidade de se construir caminhos tecnológicos alternativos a partir de seus princípios, que devem servir a um outro modo de vida e de produção no campo.

Por outro lado, buscamos também promover debates sobre a luta pela reforma agrária popular, para promover maior reflexão sobre o papel da tecnologia nesse embate. É preciso se consolidar mais amplamente a ideia de que a tecnologia tradicional fortalece uma perspectiva hierárquica, patriarcal, exploratória (dos trabalhadores e da natureza), dependente. Portanto, para se pautar uma reforma agrária popular é fundamental ter visão crítica sobre tecnologia, que possa nos guiar na construção de novas soluções tecnológicas ou na adaptação de soluções existentes, para que a tecnologia possa realmente servir a um projeto popular, autônomo, democrático, que fortaleça uma organização coletiva autogestionária e uma produção que respeite as condições de vida e trabalho dos agricultores e agricultoras com o meio ambiente.

Esta publicação – uma parceria entre o Programa de Pós-Graduação em Desenvolvimento Territorial da América Latina e Caribe (TerritoriAL/Unesp), o Programa de Pós-Graduação em Tecnologia para o Desenvolvimento Social (PPGTDS/Nides/UFRJ) e o Programa de Pós-Graduação em Desenvolvimento Rural e Gestão de Empreendimentos Agroalimentares (PPGDRGEA/IFPA) – busca contribuir com a reflexão sobre uma nova prática no meio rural, fortalecendo a perspectiva da reforma agrária popular e pensando a ciência e a tecnologia e a própria atuação da universidade a partir de outros parâmetros, de forma que elas estejam mais vinculadas aos reais problemas da maioria da população brasileira.

Nesta introdução trazemos alguns elementos que consideramos relevantes para abrir o debate apresentado pelos 35 artigos que compõem os três volumes deste livro.

A trajetória tecnológica no mundo rural

Se há algumas décadas a diferença de aporte tecnológico não era algo que diferenciava tanto o pequeno do grande produtor rural, foi a partir das décadas de 1960 e de 1970 que o modelo atual de desenvolvimento tecnológico no mundo rural brasileiro foi sendo forjado. Carregado pela chamada revolução verde, o sistema capitalista, naquela época, começou a olhar para o mundo rural com diferentes olhos. Todo investimento público e privado para a implementação de uma lógica da exploração de todos recursos disponíveis, humanos e naturais, tinha como objetivo desconstruir a resistência/resiliência de um território que ainda preservava algumas características (princípios, hábitos, valores, cultura) de um tempo pré-capitalista, em que nem tudo era visto como mercadoria, nem toda relação econômica era mediada pelo dinheiro, e termos como produtividade e eficiência não se sobrepunham a aspectos como o bem-estar, a dignidade, as relações pessoais.

Esse processo de "modernização conservadora" da agricultura brasileira se deu a partir de uma dinâmica de importação de novas tecnologias que serviram como base para uma série de políticas públicas, atreladas a interesses de grandes empresários brasileiros e de multinacionais, que continuam transformando, estruturalmente, o modo de vida e de produção da área rural. Políticas de crédito, subsídios para produtos estratégicos, investimento em capital fixo, política de seguros, incentivos à exportação formam uma ampla política de "modernização" da agricultura com base na perspectiva da "absorção de tecnologias modernas" (máquinas, fertilizantes e defensivos químicos) (Figueiredo, 1990; Carvalho, 2007).

Importante destacar que essa estratégia esteve atrelada a um objetivo implícito de gerar êxodo rural intenso, de forma a aumentar o exército de reserva disponível nas grandes cidades, buscando transformar a atividade rural, antes centrada na grande inversão em trabalho, tornando-a um processo de grande intensidade tecnológica. Ana Terra, Daniel Mancio e Renata Couto Moreira (2021, p.83) destacam, no segundo capítulo do volume 1, como todo o processo de "modernização" se deu "sem alterar as relações arcaicas que sempre marcaram a questão agrária brasileira", resultando na consolidação de uma "agricultura subordinada às demandas da agroindústria capitalista, dependente do Estado e do mercado internacional e mantenedora de padrões de superexploração do trabalho e de destruição do meio ambiente" (ibidem, p.84).

Essa mudança, além de produzir uma série de "efeitos perversos" para o camponês e/ou para o pequeno produtor rural, resultou em uma drástica transformação no processo de inovação, desenvolvimento e apropriação de conhecimentos e técnicas por parte dessas famílias. Como afirmou Figueiredo (1990, p. 140), "a modernização tecnológica, tal como foi realizada a partir da década de 1970, desconsiderou ou mesmo destruiu o saber do homem do campo". O conhecimento desenvolvido e compartilhado pelos camponeses ao longo de séculos começa a ser substituído por máquinas, insumos e aditivos não produzidos para aquele contexto e cujo processo de produção era completamente desconhecido pelos trabalhadores(as) que os utilizavam.

O trabalhador rural deixa de ser o *inventor*, que produz, adapta e compartilha suas tecnologias, e passa a ser o *receptor*, agente passivo que busca recursos (crédito, investimento) para adquirir novas tecnologias vindas de fora. A criação da Empresa Brasileira de Assistência Técnica e Extensão Rural (Embrater), em 1972 (extinta no governo Collor), e da Empresa Brasileira de Pesquisa Agropecuária (Embrapa), em 1973, serve para reforçar a disseminação dessa nova dinâmica de produção.

Esse processo se acentua a partir da década de 1990, no contexto histórico da globalização mundial neoliberal, quando a burguesia agrária adota outro modelo de agricultura para o país, conforme afirma Carvalho (2014, p.22), com:

> aceitação e incorporação massiva das concepções internacionais dominantes da agricultura capital-intensiva dependente do capital estrangeiro e agroexportadora, incorporando as novas e renovadas tecnologias que foram acrescidas ao saber dominante pelos avanços científicos e tecnológicos das forças produtivas mundiais.

Como resultado, além de reforçar a desnacionalização das empresas capitalistas nacionais e acentuar a dependência do capital estrangeiro, os montantes financeiros exigidos para o acesso às principais tecnologias começa a tornar-se uma barreira competitiva muitas vezes intransponível aos pequenos produtores. Se antes um dos principais fatores associados à *pobreza rural* era o *tamanho do estabelecimento*, este começa a ser substituído pelo fator *tecnologia*, ou seja, a dificuldade de acesso à tecnologia seria o principal aspecto que causaria a dificuldade de sobrevivência dos pequenos produtores rurais.

Carvalho (2007, p.2) ressalta como essa nova dinâmica, imposta pela classe dominante, "não respeita os tempos culturais dos camponeses e tende a homogeneizar o modo de produção no campo".

O autor conclui que a política de crédito e as tecnologias "induzem os camponeses a mudarem seus referenciais de produção", tanto para se inserirem no mercado quanto pela disseminação de novas demandas de consumo criadas pela cultura capitalista.

O pouco acesso dos pequenos agricultores a políticas direcionadas sempre foi um obstáculo para que pudessem desenvolver dinâmicas alternativas que os tornassem independentes da matriz tecnológica dominante. Apesar de 77% (3,9 milhões) dos estabelecimentos rurais serem de pequeno porte, envolvendo cerca de dez milhões de trabalhadores (67% do total) e produzindo em torno de 70% da alimentação consumida no país, essa produção é realizada em apenas 20% das terras produtivas (IBGE/Censo Agropecuário 2017). Propriedades rurais com até dez hectares representam metade do total de estabelecimentos e ocupam apenas 2% da área total, enquanto 1% dos proprietários de terra controlam quase 50% da área rural (Tricontinental, 2020). Quanto à produção para exportação, 16% dos imóveis rurais ocupam 80% do território nacional e foram responsáveis por 61% das exportações brasileiras no mês de maio de 2020. Para o Plano Safra 2020/2021, anunciado em meados de 2020, alguns programas governamentais foram descontinuados ou reduzidos, como é o caso do Plano Nacional de Agroecologia e Produção Orgânica (Planapo), nem sequer mencionado, e do Programa de Aquisição de Alimentos (PAA), que recebeu uma dotação de R$220 milhões, enquanto a demanda dos movimentos sociais era de R$1 bilhão (Guadagnin; Cabral, 2020).

A realidade dos assentamentos da reforma agrária no Brasil se aproxima desse contexto. Ainda que na Lei da Reforma Agrária (Lei n.8.629 de 25 de fevereiro de 1993) conste que o Estado deve fornecer não apenas a terra para que as famílias vivam e produzam, mas também a concessão de créditos de instalação e a inclusão dos investimentos públicos com estrutura que garanta seu bem-estar e a viabilidade de se instalar um processo produtivo (luz, estradas adequadas, saneamento etc.), via de regra se observa um completo descaso em relação às condições nas quais as famílias são assentadas. Por serem, muitas vezes, regiões isoladas e com poucos investimentos do poder público, essas famílias não têm acesso aos serviços de infraestrutura básica.

Foi no âmbito dessa problemática e da necessidade de se pensar a pauta da reforma agrária a partir de uma abordagem mais holística e transformadora da realidade do campo que começou a se desenhar a ideia da *reforma agrária popular*.

A reforma agrária popular e a tecnologia

Há algumas décadas, os movimentos sociais do campo e, particularmente, o Movimento dos Trabalhadores Rurais Sem Terra (MST) vêm elaborando uma pauta de luta que não se limita à distribuição da terra. A conjuntura político-econômica que se desenhou nos últimos cinquenta anos no Brasil somada às dificuldades enfrentadas pelos camponeses para avançar na conquista de condições dignas de vida e trabalho em seus assentamentos qualificou o debate e tornou necessário adjetivar a reforma agrária desejada, classificando-a com a denominação de *popular*. Não mais se colocava em pauta a luta pela reforma agrária clássica, que, na maioria dos casos, era coordenada pelo Estado e estava vinculada à busca de inserção do meio rural ao modo de produção capitalista. Conforme destaca o dossiê do Instituto Intercontinental (2020), essa reforma tinha como funções principais gerar alimentos baratos para viabilizar a redução dos salários urbanos, produzir matérias primas para as indústrias (que os latifúndios não conseguiam cumprir), liberar força de trabalho barata para engrossar o exército industrial de reserva nas cidades e, por fim, constituir um mercado consumidor para produtos industrializados.

É só a partir dessa atualização qualificada da discussão sobre um projeto da reforma agrária popular (RAP) que se aprofunda o debate sobre o modelo tecnológico do campo. Christoffoli et al. (2021, p.49-50) destacam, no primeiro capítulo do volume 1, como o nascimento do MST é um desdobramento direto dos impactos tecnológicos das décadas de 1970 e 1980, principalmente ligado à "introdução de um modelo produtivo e tecnológico socialmente excludente denominado de revolução verde" e aos efeitos das "grandes obras hidrelétricas erigidas pela ditadura militar, com o desalojo de dezenas de milhares de famílias de suas terras, produzindo centelhas que incendiaram o campo e contribuíram para a emergência do sujeito social sem terra".

Apesar disso, os autores ressaltam que "até o início dos anos 1990, não havia nas suas instâncias [do MST] o questionamento do modelo tecnológico e produtivo dominante na agricultura" (ibidem, p.51). Ou seja, apesar dos prejuízos que aquele modelo de produção vinha causando, de forma ampla, aos camponeses, a luta pela terra ainda não abrangia diretamente um questionamento a ele e a proposição de caminhos alternativos. Inclusive, algumas cooperativas regionais do MST absorveram essa perspectiva produtivista vinda do capital, com a visão da *modernização da agricultura*. Entretanto, os mesmos autores argumentam que:

> A perspectiva produtivista, que mimetizava a visão presente tanto nas experiências das cooperativas brasileiras como nas experiências socialistas de então, começa a entrar em crise em todo o período da década de 1990, especialmente no triênio 1998-2000. As cooperativas foram fortemente afetadas pela crise que se abateu sobre a agricultura brasileira, com a introdução de políticas neoliberais no governo FHC, que promoveu a abertura descontrolada das importações, a privatização e desmonte de estruturas estatais de sustentação de preços e demanda agrícolas e a retirada de subsídios no sistema de crédito. (ibidem, p.52-53)

No segundo capítulo do volume 1 deste livro, Ana Terra et al. (2021, p.87) apontam que:

> Havia por parte do MST o questionamento das relações de produção, mas não havia amadurecimento no que se referia às alternativas ao modelo oriundo dos pacotes tecnológicos voltados à produção com intensivo uso de insumos. A estratégia adotada era vinculada à produção de matérias-primas e de beneficiamento da produção em

grandes agroindústrias. O modelo adotado causou endividamento das cooperativas e associações, que não conseguiram avançar em face do processo de centralização e verticalização que ocorreu durante os anos 1990.

Se, por um lado, o enfraquecimento dessas experiências teve impactos negativos na receptividade do tema da cooperação em muitos assentamentos posteriores, por outro lado, contribuiu para a construção de uma visão crítica ao modelo produtivista e para a necessidade de se pensar alternativas tecnológicas que servissem à pauta da reforma agrária a partir de uma perspectiva popular que considerasse a realidade das famílias camponesas. Um dos principais símbolos dessa reviravolta é a proposição, cada vez mais difundida, de um modelo agroecológico de produção.

Entretanto, o conceito de RAP que começa a ganhar força não se limita à reformulação do modelo produtivo e tecnológico no campo, mas é proposto como projeto societário de transformação da realidade do campo brasileiro, cujo avanço está visceralmente ligado à sua relação com a cidade. A contestação do modelo capitalista de produção agrícola passa pela defesa de um processo de produção rural que busque garantir o acesso a alimentos saudáveis por toda a população, avançando na pauta da soberania alimentar que permita uma relação mais próxima entre trabalhadores e trabalhadoras do campo e da cidade e enfatize outras pautas relevantes para a vida camponesa, como a educação e a igualdade racial e de gênero.

> Semear a reforma agrária popular no atual tempo histórico representa modificar a forma hegemônica de se produzir alimentos. Pressupõe disputar os meios de produção, tendo na agroecologia e na cooperação os instrumentos de estudo e aplicação teórico-prática em contraponto ao agronegócio. [...]. Porém, o conceito de reforma agrária popular vai muito além das questões produtivas. Perpassa também pela construção de novas relações humanas, sociais e de gênero, enfrentando o machismo e a lgbtfobia, por exemplo. Perpassa por garantir o acesso à educação em todos os níveis no

meio rural, ao mesmo tempo que tem como propósito construir formas autônomas de cooperação entre os trabalhadores que vivem no campo e na relação política com as massas urbanas. (Tricontinental, 2020, p.23-25).

Apesar do avanço conceitual representado pela RAP, o caminho para a construção desse projeto ainda está sendo forjado. Destaca-se muito, na perspectiva tecnológica, a defesa da produção agroecológica como pauta fundamental e caminho que contraria o modo de produção capitalista, conforme pode ser visto em alguns artigos que compõem este livro. Entretanto, ainda falta uma reflexão ampla sobre o arcabouço tecnológico que sustenta o cotidiano da vida camponesa, incluindo, por exemplo, o avanço tecnológico alternativo direcionado a outras questões, como acesso à energia, ao saneamento básico, à moradia de qualidade etc. É na busca por essa abordagem ampliada sobre a necessidade de um novo paradigma tecnológico que esta publicação tenta contribuir.[1]

Discorremos sobre dois elementos estruturantes para traçar esse caminho, processo de trabalho e autogestão, para, em seguida, explicitar a pauta tecnológica necessária para fortalecer o projeto da RAP.

Reflexões sobre o processo de trabalho

Uma categoria essencial quando articulamos debate teórico com experiências concretas entre tecnologia social e reforma agrária popular é o processo de trabalho.

Discutir sobre ele significa refletir quatro dimensões:

---

1 Vale destacar que a luta contra os impactos do modelo agrícola capitalista já vem mobilizando trabalhadores em diversos lugares do mundo (*Impactos de revolução verde na Índia*, disponível em: https://outraspalavras.net/mercadovsdemocracia/india-por-que-eclodiu-a-grande-revolta/), e vem promovendo discussões internacionais sobre alternativas ao modelo do monocultivo, disponível em: https://outraspalavras.net/terraeantropoceno/combate-monocultivo-chega-a-cupula-do-nobel/).

1. *técnica*, pelo modo como se organiza a produção;
2. *social*, pelas relações sociais de produção que se estabelecem historicamente, pela cooperação na sociedade primitiva e exploração/dominação na sociedade dividida em classes;
3. *política*, pela relação de comando entre os que mandam e os que são mandados;
4. *econômica*, pelo controle dos meios de produção (EID, 1986).

Ao pensar e associar essas quatro dimensões, pode-se afirmar que produzir é reproduzir e transformar a sociedade. Karl Marx (1985) afirma que o processo de trabalho é um processo de transformação da natureza; seus elementos estruturantes são o trabalho que cria valor, o instrumental de trabalho a ser utilizado pelo trabalho e o objeto de trabalho a ser transformado em produto.

No processo de trabalho capitalista, o trabalho vivo é subsumido ao empresário capitalista, proprietário dos meios de produção, da tecnologia, que se enquadra como ferramenta no processo de exploração do trabalho alheio. Ao longo da jornada diária de trabalho, o processo de trabalho capitalista pode garantir ao empresário a mais-valia absoluta, via prolongamento do tempo de trabalho (expressão material da subsunção formal do trabalho ao capital), e a mais-valia relativa, extraída pela intensificação do ritmo de trabalho (expressão material da subsunção real do trabalho ao capital), a qual se dá por meio de mudanças na base técnica e nas relações sociais de produção. O fim do produto capitalista não é o valor de uso, seu objetivo é a realização da mais-valia, na esfera da circulação, com a venda do produto já considerado mercadoria, pois incorpora em seu valor de troca uma taxa de mais-valia, extraída no processo de produção.

Seguindo essa linha de raciocínio, podemos definir processo de trabalho capitalista como sendo o processo pelo qual o trabalho humano (trabalho vivo) sob a relação salarial formal ou disfarçada (uma relação política) é consumido enquanto força de trabalho, e as matérias-primas e outros insumos são transformados em mercadorias pela utilização intensificada da maquinaria (trabalho morto) cada vez mais complexa.

O sistema capitalista precisou impor às classes trabalhadoras, desde seu processo de formação, a criação do mercado de terras, do mercado da moeda e do mercado de trabalho. Esse sistema degradante tem como utopia a promessa de garantir o pleno emprego e reproduzir o discurso da revolução francesa pelo tripé "liberdade, igualdade e fraternidade".

De fato, transformou a luta histórica por: *liberdade*, em liberdade de mercado, o *laissez faire*, o qual supõe, em teoria, a economia sem interferência do Estado nos negócios do patronato, a não ser o socorro em momentos de crise aguda; *igualdade*, pressuposto de inexistência de classes sociais, em igualdade de oportunidades no mercado, onde todos supostamente concorrem entre si, em condições iguais desde seu nascimento; *fraternidade*, transformando-a em caridade, em assistência aos pobres, aos que não conseguiram se transformar em empreendedores bem-sucedidos.

Em um movimento de transformação da sociedade, poderia ser perguntado se os movimentos sociais de esquerda têm capacidade em recuperar o conceito de fraternidade enquanto elemento estruturante na construção de uma sociedade justa, em paralelo, avançar na conquista da liberdade e da igualdade.

No Brasil, a partir dos anos 1970, com a crescente internacionalização e desestatização da economia mundial, associada ao movimento acelerado de concentração e centralização de capitais, é determinante o ressurgimento da economia mercantil e informal em proporções jamais vistas. Nesse processo, se, por um lado, ocorre uma intensificação da precarização do trabalho, por outro, o setor de serviços mostra-se incapaz de absorver os milhões de trabalhadores desempregados. Como resultado, tem-se um crescimento nunca observado antes do desemprego de longa duração, da miséria, da marginalidade e da violência. Este processo é marcado pela subproletarização aumentada, presente na expansão do trabalho sem direitos sociais e trabalhistas, em tempo parcial, temporário e itinerante, em que o trabalhador se desloca para outras regiões do país, afetando fortemente suas relações familiares e de amizade e seu pertencimento ao grupo social.

Essencialmente, trata-se de trabalho precário, que marca a sociedade dual no capitalismo avançado. Segundo dados da ONU (2020), estima-se que existam cerca de 1,3 bilhão de pessoas pobres ou miseráveis, somente em 101 países analisados. Leva-se em consideração não somente o rendimento, mas também saúde precária, má qualidade do trabalho e ameaça de violência. Trata-se de 16,9% das 7,7 bilhões de pessoas no planeta. E o Brasil, em 2019, já possui 52 milhões de pessoas pobres e 13 milhões de miseráveis (IBGE, 2020).

Por outro lado, na história do capitalismo sempre existiram movimentos sociais de resistência ativa aos modelos de concentração de renda, terra e poder, articulados por trabalhadores organizados ou de forma espontânea.

Autogestão e economia solidária

Uma das frentes de lutas importantes nessa resistência que dialoga intensamente com a questão tecnológica no meio rural é a da Economia Solidária.

Experiências populares históricas de auto-organização dos trabalhadores buscaram construir bases para a superação do modo de produção capitalista. Essas lutas procuravam superar a organização taylorista do trabalho, centralizadora e excludente, no sentido de recolocar a questão da democracia interna na gestão sustentável dos territórios e do trabalho coletivo autogestionário, ao mesmo tempo que buscava manter e aprofundar relações de fraternidade com comunidades locais e regionais.

Muitos artigos apresentados neste livro buscam a construção dessas alternativas com base na perspectiva da autogestão e da economia solidária. Estariam essas experiências reduzidas a uma alternativa de geração de trabalho e renda diante da intensificação da precarização do trabalho, característica fundamental do capitalismo contemporâneo, ou teriam um significado a mais para os trabalhadores, sinalizando ser possível recuperar a utopia de um novo modo de produção, da concretização de uma reforma agrária popular?

Um dos pilares dessa nova concepção da economia é que a racionalidade técnica esteja subordinada à racionalidade social, fundamentada na cooperação. A manutenção de cada posto de trabalho tem prioridade maior do que a expansão do empreendimento, que deve estar subordinada ao atendimento das necessidades definidas pelo coletivo de trabalhadores e das comunidades em seu entorno.

A importância da propriedade coletiva dos meios de produção e de trabalho pelos coletivos de trabalhadores associados perpassa a questão da equidade entre os trabalhadores vinculados, avançando para questões relativas à administração e à produção material. A busca pela democratização das relações de poder permeia a estrutura produtiva, a organização do trabalho coletivo e o arcabouço tecnológico disponível, possibilitando reduzir significativamente os níveis hierárquicos.

Nesse debate, pode-se recuperar a noção de politecnia, que se baseia no rearranjo dos saberes sobre o trabalho, possibilitando a universalização dos conhecimentos gerais, sem limitá-los a uma única atividade, profissão ou classe social, sendo os trabalhadores dotados do conhecimento indissolúvel sobre os aspectos manual e intelectual do trabalho. Assim, o processo de construção da autogestão plena sugere que, pela coletivização dos meios de produção, o conhecimento relativo tanto ao planejamento quanto à execução das atividades seja de domínio de todo o corpo de trabalhadores associados, combinando múltiplas técnicas, cuja utilização sejam definidas por eles próprios para reafirmar sua autodeterminação. Esse princípio da autogestão está plenamente afinado com a perspectiva que a tecnologia social vem buscando construir.

Em atividades rurais, é comum o desenvolvimento de formas mais embrionárias de cooperação, tais como mutirões, trocas de dias de serviço e roças comunitárias. Faz-se necessário estimular a cooperação autogestionária, com a propriedade conjunta dos meios de produção e o compartilhamento do processo decisório na luta pela terra e na viabilização da vida no campo. O cooperativismo, para assentados do MST, entre outros movimentos sociais do campo, é entendido como um dos caminhos para a emancipação humana.

Busca-se a aprendizagem e o desenvolvimento organizacional por meio da motivação coletiva para o trabalho associado. Há compromisso e disciplina pessoal de seus membros com o cumprimento dos objetivos sociais. Na definição das estratégias de crescimento econômico, a busca pelas sobras líquidas não é a referência principal, mas sim o desenvolvimento do ser humano, com resgate da dignidade e construção da cidadania plena. No entanto, atualmente, boa parte da produção dos assentados da reforma agrária é escoada via "atravessador", o que reduz o fruto da comercialização dos produtos – geralmente matérias-primas e produtos *in natura* com baixo valor agregado percebido.

Por isso, enfrentar os desafios de forma objetiva, amadurecendo seus conhecimentos e culturas de grupo, buscando desenvolver a coesão social por meio da responsabilização de cada um dos indivíduos para o desenvolvimento do projeto coletivo, torna-se estratégico para ampliar a capacidade de resistência dessas experiências.

É nessa linha de preocupação que entendemos a construção de uma outra economia enquanto articulação de movimentos sociais de resistência, organizando experiências pilotos bem-sucedidas, que sirvam como referência para que outros trabalhadores compreendam que é possível romper com a cultura da subalternidade e da suposta necessidade de uma gerência científica que planeje o trabalho e ordene o que cada trabalhador deve executar, um dos pilares da ideologia capitalista.

No entanto, as experiências solidárias e autogestionárias, em geral, têm sido marcadas pelo isolamento, existência efêmera e servem notadamente como espaços de sociabilidade e com pouca repercussão para a gestação de uma economia do trabalho que pretenda se tornar uma alternativa concreta ao modo de produção capitalista. Aí reside a importância da verticalização da produção, por meio da implantação de agroindústrias, da diversificação e diferenciação de produtos e serviços, dos circuitos curtos de produção e da comercialização por trabalhadores, trazendo impactos positivos no desenvolvimento territorial de suas localidades.

Pavimentando outro paradigma tecnológico

Os argumentos e conceitos apresentados até o momento estruturam os pilares necessários para se pensar um novo paradigma tecnológico que, em lugar de frear, alimente o projeto da RAP, tão necessário para a melhoria de vida e trabalho dos camponeses no Brasil. Eles podem, na perspectiva tecnológica, ser abraçados por um outro conceito que ganha cada vez mais espaço no meio acadêmico, nas políticas públicas e nos debates estratégicos dos movimentos sociais: *tecnologia social*.

O campo da tecnologia social (TS) tem como pressuposto o questionamento da ideia de neutralidade da ciência e da tecnologia e nasce a partir de uma percepção da inadequação entre o modelo de desenvolvimento tecnológico hegemônico e as bandeiras das lutas populares. Conscientes de que a tecnologia convencional fortalece a perspectiva capitalista de visão da sociedade (individualista, hierárquica, exploradora dos trabalhadores e da natureza), uma série de atrizes/atores da sociedade se articulam para fortalecer essa proposta alternativa no campo tecnológico.

O conceito de TS carrega como pauta, principalmente, deixar de pensar a tecnologia *para as(os)* trabalhadoras(es), como ocorre no meio tecnológico, para passar a pensar a tecnologia *com as(os)* trabalhadoras(es). Ou seja, mais do que resolver problemas sociais imediatos e pontuais, o pano de fundo da proposta da tecnologia social é democratizar o processo de desenvolvimento tecnológico, de forma que seus resultados sejam fruto de um processo coletivo, participativo, cooperativo, que permita intensa troca de diferentes saberes e conhecimentos presentes, adequado aos valores socioculturais e ambientais daquela comunidade/território e que garanta a apropriação coletiva por todos envolvidos, para viabilizar sua autonomia e emancipação de atores externos para o desenvolvimento e manutenção de tecnologias que afetem sua realidade.

Dessa forma, o que caracteriza centralmente a proposta da TS não está no *produto* tecnológico que se constrói, mas no *processo* como se dá a análise dos problemas e a construção das soluções tecnológicas

(Addor, 2020). Não é por outro motivo que uma das principais referências que orientam esse campo é Paulo Freire e sua defesa de que os trabalhadores tenham a capacidade de desenvolver uma análise crítica sobre sua realidade para transformá-la (Addor; Franco, 2020). Nesse sentido, é inexorável ao desenvolvimento de um projeto no campo da TS que se promova um processo de formação emancipadora para seus envolvidos, de forma que ampliem sua capacidade técnica e organizativa de promover impactos positivos sobre suas condições de vida e trabalho. Compreendemos que essa proposta, no mundo rural, é profundamente afinada com a pauta da RAP.

Para tanto, duas rupturas culturais são fundamentais. Um primeiro exercício importante é que os profissionais do campo tecnológico desenvolvam uma capacidade de trabalho dialógico, enfrentando a cultura hierárquica imposta, que os coloca como *superiores* em uma suposta "transferência" de conhecimento, para estabelecer uma prática horizontalizada, democrática, de valorização dos diferentes saberes, e de reconhecimento da cultura local no território. No volume 2 desta obra, no capítulo "Por um novo paradigma tecnológico na luta pela reforma agrária: a experiência do TecSARA", Franco et al. se referem ao engenheiro, mas a análise que pode ser expandida a outras(os) técnicas(os),

> o engenheiro se forma em uma postura pouco dialógica, positivista e que percebe sua atuação como algo puramente técnico, distanciado de questões sociais e culturais, como se houvesse uma racionalidade técnica superior que não pode e não deve ser afetada por questões político-ideológicas. [...]. [Na TS] o papel do engenheiro deixa de ser o de fornecer a solução tecnológica e passa a ser o de mediar processos participativos que propiciarão: um diagnóstico fidedigno e complexo da realidade; a construção coletiva ou a apropriação crítica de uma solução tecnológica pertinente; e, mais amplamente, o engajamento na luta pela democratização do desenvolvimento tecnológico. Desse modo, o engenheiro deixa de ser o responsável pela solução e passa a contribuir para o diálogo entre os saberes acadêmicos e populares. (Franco et al., 2021, p.71)

É no bojo desse debate que os autores argumentam que pode haver dois olhares tecnológicos para a luta pela reforma agrária. Um primeiro apresenta *uma visão limitada da tecnologia para a reforma agrária*, que busca resolver os problemas dos camponeses de forma rápida e barata e aprofunda sua dependência tecnológica em relação a atores externos. E um segundo olhar, que consolida *uma visão ampliada da tecnologia para reforma agrária*, que percebe que o caminho para a solução de um problema técnico deve abarcar um processo educativo "de forma a fortalecer a emancipação dos trabalhadores e a consolidar uma relação saudável com o meio ambiente" (Franco et al., 2021, p.87). Em função desse argumento, a questão da educação/formação é um elemento estruturante para se pensar um novo paradigma tecnológico que sirva à RAP e, por isso, se faz tão presente neste livro a partir de reflexões pedagógicas desde diferentes abordagens, inclusive no segundo volume, no capítulo "ENFF: uma tecnologia social em Movimento", de Rosana Cebalho Fernandes, sobre o papel da Escola Nacional Florestan Fernandes, principal espaço de formação dos movimentos sociais do campo na América Latina, nessa construção.

Esse processo de formação pode contribuir para a segunda ruptura cultural que está ligada à necessidade de os camponeses compreenderem cada vez mais sua capacidade de intervenção tecnológica em seus territórios, assumindo uma postura proativa em relação ao enfrentamento dos problemas produtivos e tecnológicos e percebendo sua capacidade de inovação na busca pela resolução dos problemas cotidianos de vida e trabalho. Sem prescindir do apoio de técnicos e parceiros externos, é importante que os assentados avancem na consolidação de sua emancipação tecnológica, propiciando dinâmica de inovação e de intercâmbio de conhecimento popular que os permita dar conta das demandas que se apresentam.

É interessante, para se pensar a TS no embate do mundo rural, recuperar a perspectiva exaltada por Horácio Martins de Carvalho (2014) de se constituir um *modo de produção camponês*. Para o autor, é possível perceber nesses trabalhadores a defesa de um modo de viver e produzir diferente do modo de produção capitalista. Essa defesa apresentaria elementos básicos teórico-práticos que permitem superar "a situação subalterna que os caracteriza como 'povos sem destino' para uma proposta de se afirmarem como sujeitos sociais com intencionalidade de se tornarem um modo de produção diferente e não subordinado ao dominante" (Carvalho, 2014, p. 19). Para tanto, seria fundamental dar destaque à *racionalidade camponesa* para a definição dos caminhos produtivos e tecnológicos, pois só assim seria possível enfrentar o modelo capitalista de artificialização e estandartização da agricultura (ibidem, p. 35).

O reconhecimento e a exaltação da *racionalidade camponesa* e a atuação dos camponeses como transformadores da sua realidade são princípios fundamentais para se pensar um novo paradigma tecnológico que fortaleça a proposta da RAP.

Além disso, a dinâmica proposta pela TS tem o potencial de aprofundar alguns debates de grande importância na construção do projeto da RAP, como o debate da igualdade de gênero. Como argumentam Moreira e Amaral, no capítulo "O papel da agroindústria e da cooperação na construção da reforma agrária popular e de novas relações de gênero", no volume 2 deste livro, a abordagem tecnológica tradicional é profundamente machista, produzindo uma divisão sexual do trabalho hierarquizada, colocando "a esfera da reprodução como obrigação da mulher, e portanto, invisibilizada como trabalho e não remunerada, enquanto a esfera da produção, considerada a única da produção de riquezas, é tida como responsabilidade do homem" (Moreira; Amaral, 2021, p.238). Faz-se necessário promover processos tecnológicos que fortaleçam a auto-organização das mulheres, fortalecendo seu papel enquanto trabalhadoras do campo e lhes propiciando uma dinâmica de "resistência contra o modelo de agricultura capitalista e do patriarcado" (ibidem, p.243).

Os três volumes deste livro

Os artigos que compõem os três volumes deste livro buscam contribuir para o aprofundamento do debate sobre a importância de se repensar o campo tecnológico para avançar na luta por uma reforma agrária popular. Para a seleção dos artigos foi aberto um edital para o qual foram enviados 45 artigos. Os trabalhos foram avaliados por uma comissão de avaliadores *ad hoc*, tendo sido aprovados 35 textos para esta publicação. Desse total, houve maior participação da região Sudeste, com quinze artigos, seguida por Sul e Nordeste, com sete cada região, mais três artigos do Norte e dois do Centro-Oeste, além de um artigo colombiano. A partir desse conjunto de artigos, buscamos organizar os três volumes para agrupar temáticas aproximadas, conforme pode ser visto no sumário dos três volumes que se encontra nas próximas páginas.

O volume 1 é dividido em duas partes. A primeira parte, "Reflexões teóricas sobre a trajetória tecnológica na reforma agrária", agrega artigos que refletem sobre a história do processo tecnológico no mundo rural, travando o diálogo com a pauta da reforma agrária popular e explorando alguns temas-chave nessa articulação, como a questão da agroecologia e das agroindústrias. Na segunda parte, "Reflexões em torno da solução tecnológica", buscamos destacar, a partir de uma perspectiva mais prática, o processo de desenvolvimento de soluções tecnológicas embasadas em experiências que dialogam com os princípios da tecnologia social, na busca pela emancipação dos trabalhadores e pelo fortalecimento organizativo na luta pela reforma agrária popular.

O volume 2 contém três partes. Na primeira, "Tecnologia, educação e reforma agrária", agrupamos artigos que destacam processos educativos que contribuem para a construção de um novo paradigma tecnológico voltado para a reforma agrária popular, abordando desde a experiência da Escola Nacional Florestan Fernandes e a experiência de Estágio de Vivência (EIV), até outras práticas ligadas à extensão universitária e à educação do campo. Na segunda parte, "A importância da perspectiva de gênero na construção de outra tecnologia para a reforma agrária", buscamos reunir os artigos que ressaltam a importância do debate de gênero na luta pela reforma agrária e destacam o protagonismo de mulheres no desenvolvimento de experiências de inovação tecnológicas, a partir dos princípios da tecnologia social. Por fim, na terceira parte, "Questão agrária, autonomia camponesa, agroindústria e agroecologia", articulamos artigos que trazem elementos complementares importantes no debate tecnológico da reforma agrária, apresentando reflexões com base em experiências que ajudam a consolidar essa nova abordagem conceitual.

O volume 3 está igualmente dividido em três partes. A primeira parte, "Autogestão, assessoria e comercialização na reforma agrária", destaca experiências e reflexões baseadas em processos de assessoria que buscam ampliar o processo participativo e a perspectiva autogestionária em coletivos de produção e comercialização de produtos de assentamentos da reforma agrária. Essa parte articula, de alguma forma, com a temática da Economia Solidária e da assessoria técnica a empreendimentos. Na segunda parte, "Desenvolvimento local e organização comunitária pela reforma agrária", destacam-se trabalhos com foco na questão territorial, apresentando experiências de luta articuladas à perspectiva do desenvolvimento local e do vínculo com o território e com a comunidade. Incluiu-se aqui um artigo que apresenta uma experiência colombiana de organização comunitária em uma área rural, antes zona de conflito, em um projeto vinculado ao processo de pacificação de territórios do país. Por fim, a terceira parte, "Desenvolvimento de tecnologia social a partir de outros parâmetros", apresenta artigos que ilustram uma diversidade de experiências no âmbito da agricultura familiar camponesa no desenvolvimento de tecnologias a partir de novas perspectivas, também contribuindo nas bases para se pensar o novo paradigma tecnológico proposto nesta publicação.

O intelectual Horácio Martins de Carvalho, grande referência para se discutir alternativas tecnológicas voltadas para o avanço da reforma agrária no país, apresentou, em 2014, um importante argumento:

> as tecnologias utilizadas pelos camponeses deveriam ser apropriadas ao seu modo de produzir, o que implicaria que a geração de tecnologias deveria ser orgânica aos seus interesses de classe e de sua

> reprodução social como camponeses, e não ficar sob as concepções supostamente distintas oferecidas para a pequena burguesia agrária. Ora, essa premissa exigiria a presença teórico-prática de um projeto histórico para o campo que desse conta das perspectivas de realização do campesinato no Brasil. *Projeto esse que não temos*. Essa ausência de um projeto histórico para o campo facilita a reprodução da hegemonia capitalista. E traz consequências significativas inclusive para as formas como se adota tecnologias apropriadas. Estas tenderiam, então, nesse contexto, a se constituírem não numa negação lógica de produção capitalistas, mas apenas em alternativas tecnológicas. (Carvalho, 2014, p. 37)

Esta publicação representa a busca para se pensar uma dinâmica *orgânica* de desenvolvimento de tecnologias vinculadas aos interesses dos camponeses e de sua reprodução social, com o intuito de contribuir para a consolidação desse *projeto histórico* para o campesinato. Conforme destaca Vilma Figueiredo na epígrafe desta introdução, a complexidade do processo tecnológico e de seus resultados destaca a dimensão política da tecnologia, e é preciso entendê-la como uma *arma de poder* que ajudará a definir as possibilidades de caminho a serem traçados.

Acreditamos que quanto mais avançarmos no aprofundamento da reflexão e da prática da tecnologia social nos espaços de luta no meio rural e de construção da reforma agrária popular, mais próximos estaremos de consolidar um novo arcabouço tecnológico que dialogue com a cultura camponesa, que interaja com a realidade dos assentados e que possa servir de base para a construção de um novo projeto societário para o campo brasileiro, priorizando não o lucro do fazendeiro a qualquer custo, mas o bem-estar dos trabalhadores e o acesso à alimentação saudável para população.

Esperamos que aproveitem as reflexões e experiências aqui apresentadas e que elas contribuam para uma mobilização cada vez mais forte para a construção da reforma agrária popular.

Referências

ADDOR, F. Extensão tecnológica e tecnologia social: reflexões em tempos de pandemia. *Revista NAU Social*, v.11, n.21, p.395-412, 2020.

ADDOR, F.; FRANCO, N A. R. A extensão universitária e o movimento da tecnologia social: uma perspectiva freireana. In: ZART, L. L.; BITENCOURT, L. P. (Orgs.). *Culturas e práticas sociais:* leituras freireanas. Cáceres: Unemat Editora, 2020.

CARVALHO, H. M. de. As lutas sociais do campo: modelos de produção em confronto. In: CALDART, R. S. e ALENTEJANO, P. (Orgs.). *MST, universidade de pesquisa*. São Paulo: Expressão Popular, 2014.

CARVALHO, H. M. de. Desafios para o agroecologista como portador de uma nova matriz tecnológica para o campesinato. Curitiba, 31 jul. 2007. (mimeo)

CHRISTOFFOLI, P. I. et al. Desafios da construção de um movimento popular, socialista e agroecológico. In: SANSOLO, D. G.; ADDOR, F.; EID, F. (Orgs.). *Tecnologia social e reforma agrária popular – Vol. 1*. São Paulo; Rio de Janeiro; Belém: Cultura Acadêmica; Nides/UFRJ; IFPA, 2021. p.49-77.

EID, F. *Assalariados de usinas de açúcar e destilarias de álcool:* um estudo sobre processos de trabalho e novas correlações de força. João Pessoa, 1986. Dissertação (Mestrado) – Universidade Federal da Paraíba.

FIGUEIREDO, V. de M. O campo histórico-político da tecnologia e os trabalhadores rurais sindicalizados. *Cadernos de Ciência & Tecnologia*, v.7, n.1/3, p.133-147, 1990.

FRANCO, N. A. R. et al. Por um novo paradigma tecnológico na luta pela reforma agrária. In: SANSOLO, D. G.; ADDOR, F.; EID, F. (Orgs.). *Tecnologia social e reforma agrária popular – Vol. 2*. São Paulo; Marília: Lutas Anticapital, 2021. p.25-60.

GUADAGNIN, J.; CABRAL, P. A agricultura familiar no Plano Safra 2020-2021. *Brasil de Fato*, 27 jun. 2020. Disponível em: <https://www.brasildefato.com.br/2020/06/27/a-agricultura-familiar-no-plano-safra-2020-2021>. Acesso em: 12 mar. 2021.

IBGE. *Censo Agropecuário 2017:* resultados definitivos. Rio de Janeiro: IBGE, 2019.

IBGE. *Síntese de indicadores sociais:* uma análise das condições de vida da população brasileira, Rio de Janeiro: IBGE, 2020.

MARX, K. *O Capital:* crítica da economia política. São Paulo: Nova Cultural, 1985.

MOREIRA, R. C.; AMARAL, M. M. B. P. do. O papel da agroindústria e da cooperação na construção da reforma agrária popular e de novas relações de gênero. In: SANSOLO, D. G.; ADDOR, F.; EID, F. (Orgs.). *Tecnologia social e reforma agrária popular – Vol. 2*. São Paulo; Marília: Lutas Anticapital, 2021. p.195-224.

ONU. *Relatório Índice Multidimensional de Pobreza*, 2020.

REIS, A. T.; MANCIO, D.; MOREIRA, R. C. Agroindústrias e a reforma agrária da formação capitalista à tecnologia social. In: SANSOLO, D. G.; ADDOR, F.; EID, F. (Orgs.). *Tecnologia social e reforma agrária popular – Vol. 1*. São Paulo; Rio de Janeiro; Belém: Cultura Acadêmica; Nides/UFRJ; IFPA, 2021. p.79-98.

TRICONTINENTAL. *Reforma agrária popular e a luta pela terra no Brasil*. Instituto Tricontinental de Pesquisa Social, dossiê n.27, abr. 2020.

Parte 1
Reflexões teóricas sobre a trajetória tecnológica na reforma agrária

1
Desafios da construção de um movimento popular, socialista e agroecológico

A trajetória do modelo produtivo nos assentamentos do MST no período 1985-2020

Pedro Ivan Christoffoli, Valdemar Arl,
Jamil Abdalla Fayad e Olivo Dambros

Introdução

A relação do Movimento dos Trabalhadores Rurais Sem Terra (MST) com a questão da tecnologia é um tema importante, ainda que não tantas vezes abordado de uma perspectiva histórica. O presente artigo busca discutir esse tema à luz de elementos do materialismo histórico e dialético (MHD) como matriz de análise, elencando fatores que contribuíram para a consolidação dessa discussão nos assentamentos, bem como procura discutir perspectivas futuras para o desenvolvimento da reforma agrária, com base nas teorias acerca das tecnologias sociais e do MHD.

O MST surge a partir de lutas sociais isoladas no final dos anos 1970 e vai se conformar em organização política no ano de 1984 e com seu primeiro congresso, em janeiro de 1985. É caudatário das lutas camponesas históricas, mas tem suas raízes recentes na mobilização popular contra a ditadura militar no final da década de 1970. Curiosamente, pode-se afirmar que as raízes do MST remontam à introdução de um modelo produtivo e tecnológico socialmente excludente denominado revolução verde, a partir dos anos 1950, como também das grandes obras de hidrelétricas erigidas pela ditadura militar, com o desalojo de dezenas de milhares de famílias de suas terras, produzindo centelhas que incendiaram o campo e contribuíram para a emergência do sujeito social sem terra.

Nesse momento histórico do processo de luta pela terra, o Movimento dos Sem Terra tinha como horizonte principal a posse da terra como um fim em si. Passados os anos, foi-se percebendo que a divisão e o acesso à terra tão somente não dariam condições de vida dignas às famílias assentadas. Entretanto, se a posse da terra, por si só, não representava o sucesso dessa conquista, o modelo hegemônico que predominava na vizinhança dos assentamentos, baseado em máquinas caras, insumos químicos e outros componentes que reproduziam a revolução verde, tampouco contemplava a luta dessas famílias e do MST. Surge então o debate sobre a agroecologia.

Em relação à agroecologia, de forma geral, os movimentos populares do campo assumem a produção de alimentos saudáveis, sistemas produtivos diversificados, entre outros, nas suas estratégias de luta a partir do final da década de 1990 e início da década de 2000. Alguns desses movimentos surgem exatamente no final da década de 1990, já com a agroecologia imbricada nos seus objetivos. Em outros, mesmo não tendo a agroecologia entre suas estratégias centrais, nos mais diversos espaços, foram sendo construídas iniciativas, seja nos assentamentos de reforma agrária, seja nas comunidades rurais. Juntamente com os movimentos e outras organizações do campo, lideranças do MST vão construindo e participando das articulações e mobilizações em torno dessa temática.

Oficialmente, foi no 3º Congresso Nacional do MST, em 1995, que se reforçaram as questões relacionadas com o meio ambiente e a produção de alimentos sadios, dentro do grande tema "Reforma agrária, uma luta de todos", em que a terra é um bem de todos e deve estar a serviço de toda a sociedade com valores igualitários, humanistas e socialistas, contemplando a produção de alimentos de qualidade e baratos, com a preservação do meio ambiente.

A relação com as tecnologias entre o período inicial da luta pela terra e a consolidação do movimento

Se atualmente a proposta do Movimento Sem Terra para a agricultura é claramente defensora da agroecologia, nem sempre foi assim. Visto ser o MST um movimento camponês e refletir de forma orgânica o nível de compreensão das massas camponesas sobre a agricultura, no seu período inicial até o início dos anos 1990 não havia nas suas instâncias o questionamento do modelo tecnológico e produtivo dominante na agricultura. Os lemas saídos do 1º Congresso Nacional, em 1985, refletem a centralidade do acesso à terra como bandeira principal e praticamente única do movimento: "Terra para quem nela trabalha" e "Ocupação é a única solução". Essas orientações políticas foram acertadas no sentido de propiciar a conquista de assentamentos para um número significativo de famílias. Mas foram os problemas daí derivados que impulsionaram gradativamente a adoção de novas bandeiras de lutas e reivindicações (como educação, saúde, acesso a crédito e infraestruturas). Foi um processo histórico e explicado por uma práxis política que prima pela ação a partir das condições históricas e das condições da luta social.

Essa visão global que privilegiava a luta pela terra e a produção de alimentos, sem atentar para a questão da contaminação por agroquímicos, refletia em parte o fato de que na base dos acampamentos e assentamentos havia dois tipos de agricultura sendo desenvolvidas. De um lado, uma agricultura tradicional, oriunda da experiência dos camponeses pobres, em que se utilizava pouco ou nada de insumos industriais como sementes híbridas, fertilizantes e agrotóxicos, uma opção influenciada pela tradição, mas também induzida pela extrema carência econômica dessas famílias, que não dispunham de acesso a capital ou crédito para aquisição desses insumos. Elas formavam parte da grande massa de camponeses que nunca tiveram acesso à terra, os que foram expulsos do processo produtivo ou mantidos à margem do modelo da revolução verde, fortemente excludente, do período da ditadura militar.

O outro segmento, minoritário, da base assentada era formado por uma parcela de camponeses de renda baixa a média, possuidores de algum capital e/ou acesso a crédito bancário, que já haviam sido alcançados pelo modelo da agricultura quimificada ainda nos anos 1970 e 1980, na sua maioria orientados pela extensão rural estatal. Essa parcela enxergava no acesso à terra a oportunidade para poder produzir nos mesmos moldes dos "granjeiros", os médios e grandes agricultores do Centro-Sul do país, e contribuiria para a criação de cooperativas regionais de comercialização[1] ligadas ao MST, no final dos anos 1980 e início dos anos 1990, tendo como modelo as grandes cooperativas agrícolas capitalistas, criadas por indução estatal, para difusão do modelo produtivo da revolução verde.

Essas primeiras cooperativas regionais do MST adotavam um discurso de modernização da agricultura e acabaram impulsionando o modelo produtivista. Entre elas, destacam-se a Cooperativa Agrícola Novo Sarandi (Coanol) (RS), a Cooperativa dos Trabalhadores Rurais e Reforma Agrária do Centro-Oeste do Paraná (Coagri) e a Cooperativa Regional de Comercialização do Extremo Oeste (Cooperoeste) (SC). A perspectiva produtivista, que mimetizava a visão presente tanto nas experiências das cooperativas brasileiras como nas experiências socialistas de então, começa a entrar em crise em todo o período da década de 1990, especialmente no triênio 1998-2000. As cooperativas foram fortemente afetadas pela crise que se abateu sobre a agricultura brasileira, com a introdução de políticas neoliberais no governo FHC, que promoveu a abertura descontrolada das importações, a privatização e desmonte de estruturas estatais de sustentação de preços e demanda agrícolas e a retirada de

1 Antes desse movimento de criação de cooperativas regionais, o MST desenvolveu a experiência das cooperativas totalmente coletivas, que se organizaram parcialmente inspiradas nos modelos das Cooperativas de Producción Agropecuaria (CPA) cubanas. A criação de coletivos totais ou parciais foi a principal bandeira do MST de 1988 até aproximadamente 1994. Dezenas dessas cooperativas ainda seguem atuantes e muitas delas conseguiram atingir elevados níveis de condição de vida para as famílias integrantes. Esse modelo atualmente não é mais priorizado pelo movimento.

subsídios no sistema de crédito (Delgado, 2012). Combalidas pela crise e perseguidas pelo Estado policial inquisitório, as cooperativas do MST foram seriamente atingidas, tendo muitas delas encerrado as atividades, deixando na base social associada, igualmente, um rastro de dependência e endividamento. A consequência desse período duro, no interior do movimento, impulsionou a perspectiva de rompimento com o modelo produtivo da revolução verde, abrindo espaço para o crescimento da agroecologia como orientação tecnológica e de organização social estratégica para o MST. Entretanto, também abalou a crença dos militantes na cooperação agrícola, resultando num longo período de desestímulo à cooperação nos assentamentos.

É importante registrar que desde o início dos anos 1990 a crítica ao modelo produtivo começa a pipocar nos assentamentos, mas não é claramente consolidada e formulada nas instâncias do movimento, vista a pujança artificialmente induzida pelo acesso a recursos públicos de custeio e investimentos, basicamente financiados pelo extinto Programa de Crédito Especial para a Reforma Agrária (Procera).

Ao longo da década de 1990, cresce a discussão sobre as questões ambientais, como o plano de plantio de árvores nos assentamentos (primeira tentativa massiva nesse período) e a adoção de linhas ecológicas nas definições políticas dos encontros nacionais e, especialmente, desde o 3º Congresso Nacional do MST, em 1995.

O programa de assistência técnica chamado Projeto Lumiar, entre 1997 e 2000, foi executado em parceria com muitas instituições e organizações não governamentais que já reforçavam a perspectiva agroecológica para o desenvolvimento sustentável. A criação da BioNatur em 1997, hoje constituída numa rede nacional de produção e distribuição de sementes crioulas, foi talvez a mais significativa ação agroecológica do MST até então. Destaca-se também a Festa Nacional das Sementes Crioulas, que se realiza anualmente em Santa Catarina, da qual o MST é parceiro organizador.

Porém, é no 4º Congresso Nacional, em 2000, que o MST assume a agroecologia como uma bandeira de luta estratégica. Em 2001, o movimento criou o Grupo Nacional de Meio Ambiente, que realizou diversas reuniões internas e discussões sobre o meio ambiente e a matriz tecnológica. Foram criadas várias escolas para formação em Agroecologia e, nesse contexto, podemos destacar também a Jornada de Agroecologia, realizada no Paraná, que desde 2002 reúne milhares de campesinos e campesinas e já está em seu 18º encontro.

Nos anos 1990 surgem, também no Paraná, os primeiros cursos longos sobre Agroecologia, com um mês de duração, mas sem um modelo tecnológico claro para propor (delineavam-se mais como um arranjo de técnicas e uma estrutura frágil dos conceitos). Posteriormente, vão se estruturando cursos formais de nível técnico de Agroecologia, inicialmente. Até 2009, o MST irá organizar onze escolas técnicas de nível médio e dois cursos de graduação de Agroecologia, estes últimos no Instituto de Agroecologia Latino-Americano (Lapa, PR) em parceria com a Universidade Tecnológica Federal do Paraná (UTFPR) e outro em parceria com a Universidade do Estado do Mato Grosso (Unemat).

Com a expansão das experiências agroecológicas nos assentamentos, crescem as perspectivas políticas para se propor uma nova matriz produtiva e o movimento passa a se identificar cada vez mais como produtor de alimentos saudáveis. No documento de preparação para o 6º Congresso Nacional, realizado em fevereiro de 2014, a agroecologia assumia importância crescente junto das estratégias do MST, tanto nos fundamentos como na proposta para o programa de reforma agrária popular, e, nessa perspectiva, incorpora os seguintes elementos:

- Utilizar técnicas agroecológicas, abolindo o uso de agrotóxicos e sementes transgênicas.
- Preservar, multiplicar e socializar as sementes crioulas, sejam tradicionais ou melhoradas, de acordo com a biodiversidade dos nossos biomas regionais, para que todo campesinato possa usá-las. (MST, 2014, p.36)
- Priorizar a produção de alimentos saudáveis para todo o povo brasileiro, garantindo o princípio da soberania alimentar, livres de agrotóxicos e de sementes transgênicas. (ibidem, p.42)

- Exigir do Estado políticas de créditos, financiamentos subsidiados, pesquisas e aprendizados tecnológicos voltados para a produção agrícola de matriz agroecológica e com o incentivo à adoção de técnicas que aumentem a produtividade do trabalho e das áreas, em equilíbrio com a natureza.
- Desenvolver, por meio do Estado, programas de produção, multiplicação, armazenagem e distribuição de sementes crioulas e agroecológicas, dos alimentos da cultura brasileira, para atender as necessidades de produção dos camponeses, inseridos no princípio da soberania alimentar do país.
- Exigir do Estado a organização, fomento e a instalação de empresas públicas e cooperativas de camponeses para produção de insumos agroecológicos, armazenar e distribuir para todos os camponeses. Instalar unidades de transformação dos resíduos orgânicos das cidades em adubação orgânica e distribuí-los gratuitamente a todos camponeses.
- Exigir do Estado o combate à produção e comercialização de agrotóxicos e de sementes transgênicas. (MST, 2014, p.43)

Esse conjunto de elementos incorporados no programa de reforma agrária popular é base para as famílias assentadas se afirmarem ante as grandes mudanças estruturais e produtivas resultantes do avanço do agronegócio no campo brasileiro, exercido crescentemente por corporações empresariais, articuladas com a produção de insumos, capital financeiro e mercado globalizado. Assim, a agroecologia torna-se estratégia de disputa ideológica nos territórios realizada pelo MST e relacionada à sustentabilidade para o desenvolvimento (contaminação por agrotóxicos, monocultivos, destruição e perda da biodiversidade, aquecimento global...) e à soberania/segurança alimentar, na busca de respaldo e envolvimento do conjunto da sociedade, fornecendo novos argumentos para a ocupação e disputa física, tecnológica e política desses territórios.

Diante desse contexto, a reforma agrária popular passa a representar um novo salto qualitativo do MST na busca de ajuste de sua estratégia diante dos bloqueios que a reforma agrária sofreu nas últimas décadas, particularmente a partir dos anos 1990, e da reconfiguração da agricultura e da economia em geral sob comando do capital financeiro. A leitura de fundo é que a reforma agrária de tipo clássico, promovida pelo Estado capitalista em vários países do mundo, não teve nem terá lugar no Brasil. A reforma agrária clássica era dirigida pelo Estado burguês e visava cumprir uma série de funções, sendo as principais a geração de alimentos baratos para possibilitar o achatamento de salários urbanos, a produção de matérias-primas para as indústrias (que os latifúndios não conseguiam cumprir), a liberação de força de trabalho barata para engrossar o exército industrial de reserva e, finalmente, constituir um mercado consumidor para produtos industriais, complementando a equação de desenvolvimento de tipo nacional (Instituto Tricontinental de Pesquisa Social, 2020).

Ora, essas funções, no caso brasileiro, foram cumpridas pela modernização do latifúndio e de uma parte das unidades produtivas da agricultura familiar, integradas e subordinadas ao capital agroindustrial (agora sob controle direto do capital financeiro e aliado aos aparatos dos grandes grupos de mídia que fabricam o consenso nacional). Esse modelo produtivo e tecnológico resultou na concentração fundiária e de riquezas e implica o uso de pesticidas extremamente poluentes e causadores de sérios problemas ambientais e de saúde pública.

Todavia, é importante ressaltar que mesmo governos populares não conseguem mais equacionar a inserção da reforma agrária na agenda política nacional, como bem demonstrou a dificuldade de avanço dos assentamentos nos governos Lula e Dilma, recentemente. A aliança estratégica entre o latifúndio, o capital industrial e o segmento financeiro, facilitada por uma legislação eleitoral que distorce a representatividade popular, construiu um bloco hegemônico que vem se mantendo no poder desde o período da ditadura militar, nos anos 1960.

Nesse sentido, a reflexão estratégica do MST aponta para a necessidade de promover um *aggiornamento* na proposta de reforma agrária e de desenvolvimento do campo, configurada no que se chama de reforma agrária popular. Essa proposta não contempla apenas a redistribuição de terras dos latifúndios (essencial para quebrar a espinha dorsal do conservadorismo e da reação no país), mas incorpora a necessidade de se produzirem alimentos saudáveis para toda a população, resultando, portanto, numa melhoria direta para todo o povo. A ideia é postular a importância da reforma agrária não apenas para os sem-terra, mas para a população das cidades. Agora, portanto, a agroecologia passa a ocupar lugar central, estratégico para a luta do MST.

A proposta da reforma agrária popular não se restringe às questões produtivas e tecnológicas, envolvendo também a construção de novas relações humanas, sociais e de gênero, a luta por educação do campo em todos os níveis no meio rural e a construção de formas autônomas de cooperação entre os trabalhadores rurais e urbanos (ibidem).

O contexto do surgimento da agroecologia no Brasil e a aproximação do MST com a temática

O movimento da contracultura fez eco no Brasil nos anos 1970 e início dos anos 1980, junto com o nascente movimento ecologista, de setores da esquerda estudantil e de profissionais das Ciências Agrárias. Eles incidiam no debate sobre a questão agrícola e agrária via intelectuais, estudantes e políticos progressistas, evidenciando os impactos sociais, econômicos e ambientais do modelo de modernização conservadora implantado no Brasil pela ditadura. No final da década de 1970, cresce o movimento pela instituição da Lei dos Agrotóxicos (e não "defensivos", como queriam os fabricantes), impondo limites parciais ao uso desenfreado de pesticidas no país. Debatia-se também a proibição de alguns agrotóxicos já questionados ou proibidos em outros países, como os denominados "clorados".

Nos anos 1980, dessa aproximação de interesses populares e de setores médios, emerge um período de mobilizações de massa, como nos Encontros Brasileiros de Agricultura Alternativa (EBAAs), confluindo processos formativos e organizativos regionais. Nessa década, como reflexo e como parte dessa sensibilidade social para com as questões ambientais, criam-se várias ONGs que implementam processos, estimulam grupos e práticas e fomentam a produção técnica e teórica sobre a agroecologia em várias regiões do país. Nas universidades, pipocam grupos de estudos sobre agricultura alternativa e posteriormente agroecologia formados por estudantes, confrontando a visão hegemônica do capitalismo agrário e da agricultura produtivista e destruidora do meio ambiente.

No decênio 1985-1995, surgiram centenas de experiências agroecológicas por todo o país, fruto dessa efervescência política e social. Essas experiências buscavam mostrar que era possível essa nova concepção de agricultura. A produção cresceu, mas o mercado consumidor ainda não estava aberto para absorvê-la. O movimento já forte em outros países demorou a tomar força no Brasil, recém-saído de uma ditadura e de uma década perdida por causa da crise internacional da dívida dos anos 1980.

Entretanto, já em meados da década de 1990 evidenciaram-se disputas em torno da proposta da agroecologia envolvendo as concepções populares históricas e a emergência do capitalismo verde/econegócio. Essa disputa se acirra no período da construção do marco legal da agricultura orgânica no Brasil. Nesse momento, os movimentos sociais do campo ainda não incorporavam a agroecologia nas suas estratégias. Assim, foi necessário criar um movimento próprio nessa direção, tendo como objetivos principais garantir a identidade popular e transformadora na continuidade da construção histórica da agroecologia e responder, de forma coletiva e propositiva, a desafios concretos, a questões políticas e técnicas, nos cenários local, nacional e internacional, tarefa fortemente exercida naquele momento pela Rede Ecovida de Agroecologia em articulação com outras redes regionais.

A Rede Ecovida se constitui formalmente em 1998, fruto desse largo processo anterior, e reúne experiências de ONGs, grupos e cooperativas de agricultores ecologistas, organizações da agricultura familiar e movimentos sociais. Especificamente, a rede objetivou desenvolver e multiplicar as iniciativas agroecológicas; incentivar o associativismo na produção e no consumo de produtos ecológicos; gerar, articular e disponibilizar informações entre organizações e pessoas; aproximar, de forma solidária, agricultores e consumidores; construir o mercado justo e solidário; ter uma marca e um selo que expressem o processo, o compromisso e a qualidade por meio de métodos de certificação participativa em rede; e fomentar o intercâmbio, o resgate e a valorização do saber popular. E nesse caminho deliberou-se pela organização em mais de vinte núcleos regionais, distribuídos nos três estados do Sul do Brasil.

Na região Nordeste do Brasil houve forte atuação de ONGs e da Articulação Semiárido Brasileiro (ASA), contribuindo para um aprendizado do movimento da produção agroecológica em um contexto de secas recorrentes e domínio do latifúndio. Na esfera nacional, com o Encontro Nacional de Agroecologia (ENA), em 2002, retoma-se o processo de mobilização nacional, criando-se a Articulação Nacional de Agroecologia (ANA), que significou uma grande aproximação política e unificação do movimento brasileiro pela agroecologia. A ANA tornou-se o espaço de convergência de movimentos, redes e organizações da sociedade civil envolvidas em experiências concretas dessa luta nas diferentes regiões do Brasil.

No campo acadêmico e técnico, cria-se em 2004 a Associação Brasileira de Agroecologia (ABA), hoje articulada na ANA. A ABA tem como objetivos incentivar e contribuir para a produção de conhecimento científico no campo da agroecologia; promover a agroecologia levando em conta as suas diversas dimensões (científica, econômica, social, ecológica, cultural, política e ética); pugnar pela proteção da agrobiodiversidade; ser um fórum permanente de ensino em agroecologia, práticas sustentáveis e cooperação internacional.

Portanto, no Brasil a construção agroecológica deu-se sustentada sobre uma base ideológica ampla com perspectiva opositora ao modelo da revolução verde, mas também transformadora, buscando se aproximar dos movimentos populares e se nutrir deles. Durante a década de 1990, cresce a demanda mercadológica e ampliam-se os espaços de comercialização indireta, e aumenta o distanciamento entre agricultores e consumidores. Por outro lado, o agravamento da crise rural, os impasses e limites ambientais, a luta pela sobrevivência associados à expansão da oportunidade de mercado dos "orgânicos" estimulam a visão de um "produto" para um "nicho de mercado". Do ponto de vista tecnológico, ganha força a concepção da não utilização de agrotóxicos via substituição de insumos.

Esse contexto ganha impulso com os governos populares da década de 2000, nos quais se amplia a institucionalização da agroecologia no Brasil, que se dá mais efetivamente a partir da construção do marco legal por meio da Lei nº 10.831/2003 e de programas públicos como o Programa de Aquisição de Alimentos (PAA) e Programa Nacional de Alimentação Escolar (PNAE). Outra iniciativa foi o Plano Nacional de Agroecologia e Produção Orgânica (Planapo), criado pelo Decreto nº 7.794/2012, resultante de processo histórico de construção e pressão do movimento agroecológico e apoio dos movimentos sociais do campo, que encontrou apoio dentro dos governos populares, não tendo contudo efetiva implementação. Esses diversos programas, bem como ONGs, movimentos e pesquisadores, contribuíram para impulsionar avanços na produção agroecológica por todo o país, que atualmente sofrem processos de desmonte.

A seguir, temos um quadro sinóptico com as principais influências impulsionadoras da agroecologia no Brasil, dos anos 1960 até 2020.

Quadro 1.1 – Bases tecnológicas que influenciaram o campo da agroecologia e o MST

Referência tecnológica ou política	Período	Influências
Livro *Primavera silenciosa*, de Rachel **Carson** (2010)	Anos 1960	Influenciou toda uma geração de lutadores sociais e estudantes que mais tarde iriam se somar às lutas contra os agrotóxicos.

Referência tecnológica ou política	**Período**	**Influências**
Prof. Adilson Paschoal	1977	Paschoal cria a disciplina Ecologia e Conservação dos Recursos Naturais, que será convertida em 1988 em Agroecologia e Agricultura Orgânica. Praticamente a primeira cadeira nas universidades brasileiras a discutir o tema.
José Lutzenberger	1977-1990	Lutzenberger teve grande influência ao fazer críticas contundentes à indústria agroquímica e aos pesticidas. Impactou o movimento da agronomia, publicou vários livros e estimulou o surgimento de grupos de agricultura alternativa (AA).
Ana Primavesi	1979	Primavesi (2017) publica o livro *Manejo ecológico dos solos*, que terá grande influência científica no movimento da AA. Adotava um enfoque mais tecnológico do que político.
Associação de Engenheiros Agrônomos de São Paulo	1979-1982	Lidera e consegue em São Paulo a aprovação da primeira Lei dos Agrotóxicos (1984). Apoia a criação do Grupo de Agricultura Alternativa, que dará origem mais tarde à Associação de Agricultura Orgânica de São Paulo (1989) e à criação da Feira do Parque da Água Branca (1991), na capital paulista.
Movimento massivo pela agricultura alternativa e redescoberta dos clássicos da crítica tecnológica à quimificação da agricultura (anos 1920-30)	Anos 1980	Ligado aos movimentos da agronomia – Federação dos Estudantes de Agronomia do Brasil (Feab) e Federação das Associações dos Engenheiros Agrônomos do Brasil (Faeab). Organizou Encontros Brasileiros de Agricultura Alternativa (Ebaas), o primeiro em abril de 1981, em Curitiba. Influenciou a junção do debate tecnológico com a luta pela transformação social, formando centenas de jovens que irão implementar experiências concretas de agroecologia nos anos 1980-1990.

Referência tecnológica ou política	Período	Influências
Livro *Agroecologia: bases científicas para uma agricultura sustentável*, de Miguel **Altieri** (2012)	Anos 1980	Exerce influência na formação de profissionais e praticantes da agroecologia. De início, defendia posições polêmicas no sentido de não vincular a agroecologia com a luta pela reforma agrária. Posteriormente se aproxima dos movimentos sociais do campo na América Latina.
Experiências geradas com e a partir de ONG	Anos 1990	Muitas ONGs desenvolveram com agricultores familiares experiências de agroecologia. Algumas dessas experiências irão influenciar as práticas nos assentamentos. Destacam-se Rede AS-PTA, Centro de Estudos e Promoção da Agricultura de Grupo (Cepagro) (SC), Centro de Tecnologias Alternativas Populares (Cetap) (RS) e ASA, no Nordeste.
Práticas geradas pelo saber-fazer popular	Anos 1990-2000	Muitas práticas foram geradas por agricultores e posteriormente difundidas pelas várias redes. Dessas experiências surgem redes como Ecovida e ASA, entre outras.
Políticas Públicas: criação do Programa Nacional de Fortalecimento da Agricultura Familiar (Pronaf)	1996	O Pronaf tem um efeito contraditório sobre o modelo produtivo da agricultura familiar (AF). Se de um lado promoveu a estruturação produtiva de aproximadamente ¼ dos estabelecimentos da AF, de outro estimulou a adoção do modelo produtivo do agronegócio pelos assentados e agricultores familiares.
Movimento contra os transgênicos	Anos 1990 e 2000	Propõe a rejeição ao plantio de organismos geneticamente modificados (OGMs). Os OGMs foram amplamente adotados pela agricultura familiar no país. Contradições entre a posição do MST e a base social nos estados do Centro-Sul.

Referência tecnológica ou política	Período	Influências
Sistema de Pastoreio Racional Voisin (PRV), prof. Luiz Carlos Pinheiro Machado	Anos 2000	Com base nas lições de Voisin, é elaborado o Projeto Leite Sul, com o Movimento dos Pequenos Agricultores (MPA) e o MST. Realizam-se cursos técnicos de formação em Agroecologia com ênfase no Sistema PRV, no Centro de Desenvolvimento Sustentável e Capacitação em Agroecologia (Ceagro) (PR), e o curso Especialização em Produção de Leite Agroecológico, na Universidade Federal da Fronteira Sul (UFFS). Como resultado, houve a introdução de dezenas de experiências de produção de leite agroecológico na região Sul.
Homeopatia animal e vegetal	Anos 2000	Utilização da homeopatia no tratamento de animais leiteiros (assentamentos do Paraná e Rio Grande do Sul).
Sistemas agroflorestais (SAF), Cooperafloresta (PR), Ernest Götsch (BA)	Anos 2000	A partir das experiências da Cooperafloresta (PR), implantam-se experiências em vários assentamentos (Lapa, Ribeirão Preto e em processo de difusão cada vez mais ampliada). Há, entretanto, visões e estratégias diferenciadas com o movimento da agricultura sintrópica (Götsch) em relação à contestação ao modelo capitalista.
Método de Validação Progressiva (MVP) Horácio Martins de Carvalho	Anos 2000 em diante	A contribuição principal foi a proposição de uma nova organicidade que envolve radicalmente as famílias em todo o processo de planejamento e decisão do MST. Implantado no Rio Grande do Sul, teve grande influência na construção da proposta de produção do arroz ecológico naquele estado.
Políticas públicas recentes – abertura de mercados institucionais	Anos 2003 em diante	Institucionalização/ampliação do PAA e do PNAE abre parcela do mercado institucional para produtos da agricultura familiar/assentamentos, impulsionando a cooperação e a produção agroecológica

Referência tecnológica ou política	Período	Influências
Movimento de tecnologias sociais (TS)	Anos 2010	Discute as implicações políticas das tecnologias. O MST inicia uma aproximação com esse debate via agroecologia. Internamente há muita proximidade na lógica argumentativa do MST com o movimento de TS.
Livro ***Dialética da agroecologia***, de Luiz Carlos Pinheiro Machado e Luiz Carlos Pinheiro Machado Filho (2014)	2014	O livro discute vários aspectos da agroecologia, em especial a questão da necessidade do crescimento da escala para enfrentamento do agronegócio e da produção de alimentos para a população mundial.
Movimento **Sistema de Plantio Direto de Hortaliças** (SPDH): Empresa de Pesquisa Agropecuária e Extensão Rural de Santa Catarina (Epagri) e Cepagro (SC) Livro *Sistema de Plantio Direto de Hortaliças:* ***método de transição para um novo modo de produção***, de Jamil Abdalla **Fayad** e outros (2019**)**	2019	Acumula avanços científicos e metodológicos na construção de sistemas agroecológicos altamente produtivos, que superam os resultados convencionais, com base no método da práxis (materialismo histórico-dialético). Em processo de introdução e desenvolvimento (sistema para grãos) nos assentamentos do Paraná.

Apesar dos evidentes avanços qualitativos e quantitativos acumulados pelos movimentos sociais, agricultores ecologistas, redes e ONGs, a agroecologia está longe de se tornar significativa em termos de representatividade no meio rural brasileiro. Os dados do censo agropecuário de 2017 mostram a gravidade da situação enfrentada na atualidade. Apenas 64.690 estabelecimentos se declararam produtores com base orgânica certificada[2] (1,27% do total de estabelecimentos) (IBGE, 2019).

2 "No Censo Agropecuário de 2006 foi indagado se no estabelecimento se fazia agricultura orgânica, para este questionamento, 90.498 produtores responderam que sim, após se a resposta foi positiva era feita outra pergunta se a produção era certificada por entidade credenciada, para esta segunda pergunta

O modelo produtivo dominante da agricultura brasileira é ainda baseado na quimificação. O consumo de agrotóxicos no Brasil alcança 33,1%, ou 1,68 milhão dos estabelecimentos, concentrados nas regiões agrícolas de alta produção. Esse número é 20% maior do que no censo de 2006. Apesar de o aumento na utilização se dar especialmente nos latifúndios, com mais de 500 hectares de lavouras, 80% dos estabelecimentos que se utilizam de agrotóxicos têm menos de 5 hectares de lavouras, ou seja, são de agricultores familiares de pequeno porte. Nesses estabelecimentos que se utilizaram de pesticidas, 16% dos responsáveis não sabiam ler e escrever, comprometendo seu entendimento dos riscos de uso dos produtos. O acesso à assistência técnica também foi marginal: somente 11% dos agricultores analfabetos e 31% dos alfabetizados receberam orientação técnica. Ou seja, o uso de pesticidas está sendo feito de forma irregular, impulsionado pela orientação duvidosa de vendedores de balcão, ao passo que falta orientação também para cultivos agroecológicos.

Ainda, os agrotóxicos se converteram no terceiro principal item de despesa nas atividades agrícolas, crescendo fortemente em volume físico e financeiro. Sua participação no total das despesas, nos três últimos censos agropecuários, foi de 5% em 1995 (R$ 1,4 bilhões), 12% em 2006 (R$ 13,4 bilhões) e 10% em 2017 (R$ 31,8 bilhões). A despesa com adubos e corretivos, segundo item de gasto, foi de 14,06% (ibidem). A adoção de transgênicos também já se tornou dominante na produção de soja, milho e algodão e cresce em outros cultivos.

Portanto, a agricultura brasileira é marcada por uma evidente supremacia do modelo de produção orientado pela matriz convencional da revolução verde, em termos de volume de produção, ao

responderam positivamente 5.106 produtores" (IBGE, 2019, p.80-1). No censo agropecuário de 2017, foi perguntado apenas se o produtor fazia agricultura ou pecuária orgânica certificada. O número de produtores orgânicos foi de 64.690, ou seja, um crescimento de mais de 1.000%, com aumento de 59.584 estabelecimentos. De acordo com esse critério, pode-se supor que o número de estabelecimentos com práticas de produção agroecológica, porém sem certificação, é muito superior ao apontado.

passo que o sistema de produção sustentável de base agroecológica é apenas marginal. Um amplo segmento de agricultores não adere plenamente ao modelo da revolução verde, contudo encontra-se sob sua esfera de influência técnica e ideológica. Essa realidade também perpassa a práxis dos agricultores assentados da reforma agrária.

As dificuldades enfrentadas para produzir com base nos princípios da agroecologia demonstram a urgência de políticas públicas que incluam crédito e assessoria técnica específica, bem como programas que assegurem a compra da produção, como o PAA e o PNAE, e a sustentação de preços.

A adesão dos pequenos agricultores e assentados à produção agroecológica exige também uma renovação no método de transição, que parta dos conhecimentos e valores que compõem a cultura desses sujeitos históricos. É importante compreender que descobertas tecnológicas e saltos técnicos acontecem no local da práxis do trabalhador, que compreende suas vivências e aprendizados na sua unidade produtiva e nas relações estabelecidas com os espaços locais, vizinhança, comunidades e territórios. Nessa nova abordagem participativa e orientada para o local, em que se juntam pesquisa, ação prática de campo e redes de consumidores, um dos métodos sistematizados recentemente é o Sistema de Plantio Direto de Hortaliças (SPDH).

A questão do método da transição para a massificação da agroecologia e os desafios da organização da base social do movimento no período da reforma agrária popular

O processo de construção da transição agroecológica tem preocupado há muito tempo agricultores e profissionais acerca das técnicas e estratégias mais adequadas a serem praticadas neste estágio da caminhada, enfrentando muitas dificuldades para dialogar nos territórios e no universo mais amplo da agricultura familiar e na complexidade da realidade concreta a que está submetida. Os valores hegemônicos que englobam inclusive os trabalhadores envolvidos inicialmente no movimento foram construídos no seio do atual modo de produção com ênfase no individualismo, produtividade, consumismo, lucro e competição. Valores relacionados com o poder na sociedade.

Se o movimento agroecológico e em especial o MST quiserem dialogar com esses trabalhadores, que ainda esposam outros valores sobre a realidade, é preciso romper com tradições puristas e idealistas, para formar um movimento agregador e massivo. É no interior e ao longo deste que se deve promover e facilitar que todos possam acessar novos valores societários de comunidade, solidariedade, cooperação e produção de alimentos de verdade para todos. Para modificar a atual realidade é necessário construir um processo de contra-hegemonia que inclua todos os trabalhadores do campo, que trazem consigo diversos interesses construídos na sua trajetória histórica.

Assim, é necessário um processo de mediação, que conecte o aqui e agora (atual modelo agroquímico e modo de produção capitalista) com o futuro desejado (modelo agroecológico e modo de produção socialista) como desafio do coletivo de trabalho. A chave está no processo de transição, que deve extrapolar o limite de grupos numericamente pouco expressivos no universo geral das comunidades e dos territórios, marcado, frequentemente, por uma agroecologia fechada em si e crescentemente enquadrada no paradigma do capitalismo agrário. A transição precisa incorporar uma competência que articule dimensões político-econômico-pedagógico-técnicas capazes de superar o limite da crítica discursiva ao modelo hegemônico, comum ao nosso campo democrático e popular, para dialogar com a realidade na sua totalidade concreta e, a partir dela, exercer um caminho possível satisfazendo às necessidades individuais e da sociedade, inclusive materiais.

O método construído com a iniciativa do SPDH, a partir de sua trajetória histórica de mais de vinte anos de construção, se apresenta como uma proposta técnica e sobretudo político-pedagógica de transição agroecológica para agregar toda a agricultura familiar/

camponesa, capaz de responder ao desafio de produzir alimentos de verdade e em quantidade para atender à demanda nacional, com elevada produtividade das lavouras associada ao baixo custo econômico e ambiental. A construção desse método iniciou-se com hortaliças, mas se aplica a todas as culturas na produção de alimentos, como grãos e frutas.

Caracteriza-se como uma proposta de transição agroecológica com dois eixos interligados de atuação. O político-pedagógico, centrado na concepção metodológica dialética, que costura as contradições na sociedade e a participação de profissionais, famílias agricultoras, comunidades, organizações e movimentos populares do campo e da cidade como sujeitos na transformação. E o técnico-científico, com base na promoção de saúde da planta, considerando-a como sistema de informação ecológica. A ligação umbilical entre os dois eixos tem como objetivo principal construir um movimento de transição que possibilite a todos os envolvidos reinterpretar os conhecimentos já produzidos e adaptar e produzir outros socialmente apropriados.

O principal espaço do exercício da práxis são as lavouras de estudo que se realizam em áreas de produção reais em unidades familiares selecionadas pelas próprias comunidades. Nestas, realizam-se encontros continuados com o conjunto das famílias da comunidade, nos quais são discutidas todas as tecnologias a serem adotadas, como a produção de biomassa, manejo da biomassa, plantio, nutrição das plantas, manejo dos cultivos e das plantas espontâneas etc. Nos encontros são pautados e discutidos os acúmulos das experiências práticas dos agricultores, os resultados de pesquisas. Por exemplo: a pesada carga de adubação de base confrontada com a taxa diária de absorção de nutrientes da planta (TDA), seus efeitos sobre a saúde da planta e a expressão dos sinais resultante desse excesso mineral na fase inicial do seu desenvolvimento. Essa mesma pauta se mantém em todos os encontros nas fases mais avançadas do ciclo de cultivo das plantas, quando estas muitas vezes padecem pela falta de alguns nutrientes. Ao longo desse processo são ajustadas as informações sobre os sinais de plantas. Nas experiências iniciais no cultivo do tomate, esse esforço de ajuste resultou em uma redução imediata de aproximadamente 70% na quantidade de adubos solúveis, melhorou a saúde das plantas, sendo possível conduzir o cultivo apenas com calda bordalesa, e reduziu drasticamente os custos mantendo os níveis de produtividade dos cultivos convencionais. Esse resultado deriva da associação de outras práticas, como a promoção da biodiversidade, a cobertura do solo e a produção de biomassa.

As trocas de experiências entre os lavoureiros (das várias lavouras de estudo), olhando para os mesmos aspectos, vai qualificando ainda mais as informações, que vão sendo sistematizadas coletivamente. É assim com vários outros aspectos, como produção de biomassa (plantas de cobertura de solo), produção de mudas, biodiversidade e manejo das plantas etc. Assim, ano após ano, vai sendo construído coletivamente o conhecimento necessário para redução das dependências e dos custos, aumento da saúde das plantas e do sistema, aumento da produtividade e produção de alimentos saudáveis, buscando crescente autonomia das famílias agricultoras. A coordenação de todo o processo se dá por um coletivo representativo das comunidades por elas escolhido, envolvendo duas ou mais pessoas por comunidade, contemplando a questão de gênero e geração. Todos os encontros das famílias nas lavouras de estudo, entre os lavoureiros ou da coordenação são momentos de formação, organização e articulação para multiplicação do processo.

Essa práxis se inicia por meio dos conhecimentos depositados, portanto do simples para o complexo, contido na totalidade concreta das relações humano-natureza-humano, reelaborados pelos sujeitos individuais e coletivos; e se dá mediada pelas atividades contratadas na forma de encontros, visitas, viagens, discussões e, centralmente, pelas lavouras e comunidades de estudos. Esse método, sistematizado no livro *Sistema de Plantio Direto de Hortaliças: método de transição para um novo modo de produção* (Fayad et al., 2019), da editora Expressão Popular, apresenta uma proposição de síntese metodológica, desde a perspectiva da práxis, da aplicação de elementos do materialismo histórico e dialético à dinâmica da transição agroecológica.

Esse método concentrou esforços para dialogar e envolver toda a agricultura familiar/camponesa, num movimento de contra-hegemonia ante o agronegócio, para produção de alimentos cada vez mais limpos e em agroecossistemas cada vez mais complexos. Esse movimento inclui todos como sujeitos na construção do novo modelo de produção, focando a promoção de saúde de plantas, com aumento de produtividade e diminuição dos custos econômicos e ambientais.

No eixo político-pedagógico, desafia a um processo social popular que busca a transformação de contextos, bem como dos sujeitos envolvidos, por meio da práxis, na interação dialética e unitária entre teoria e prática, em que a ação tem origem em um conhecimento, mas é geradora de novos conhecimentos. Envolve a perspectiva do holismo e da totalidade, e tem como pilares: a formação (técnica, tecnológica e política), a organização (produtiva, política e social – campo e cidade) e a multiplicação (horizontalização, massificação e verticalização) da luta. Exerce a efetividade técnico-científica por meio da construção social/coletiva do conhecimento resultante da interação e unidade entre conhecimento acadêmico e popular exercida nas "lavouras de estudo" e "comunidades de estudo", no exercício do "campesino a campesino", da troca de experiências e sistematizações em torno da práxis nas unidades reais de estudo.

O eixo técnico-científico focado na *promoção da saúde de plantas* tem bases técnicas desenvolvidas na região do Alto Vale do Rio do Peixe (SC), com início em 1994, até o lançamento do livro *Sistema de Plantio Direto de Hortaliças*, em 2019. Essas bases técnicas devem compor as lavouras de estudo com o objetivo de melhorar as condições de desenvolvimento da planta e, consequentemente, o conforto para que as raízes de todos os vegetais cultivados e espontâneos possam se desenvolver e expressar sua potencialidade, colaborando para o aumento da diversidade e da população da biota e da matéria orgânica por meio da exsudação de fotoassimilados e do trabalho de sanfonamento do solo (Loss et al., 2019). Com o amadurecimento do sistema, esse trabalho realizado pelo reino vegetal em prover o meio em que habita com alimentos de alta qualidade para a biota aumentará a saúde do sistema, diminuindo os estresses das

Figura 1.1 – Síntese esquemática do SPDH na condição de método e movimento

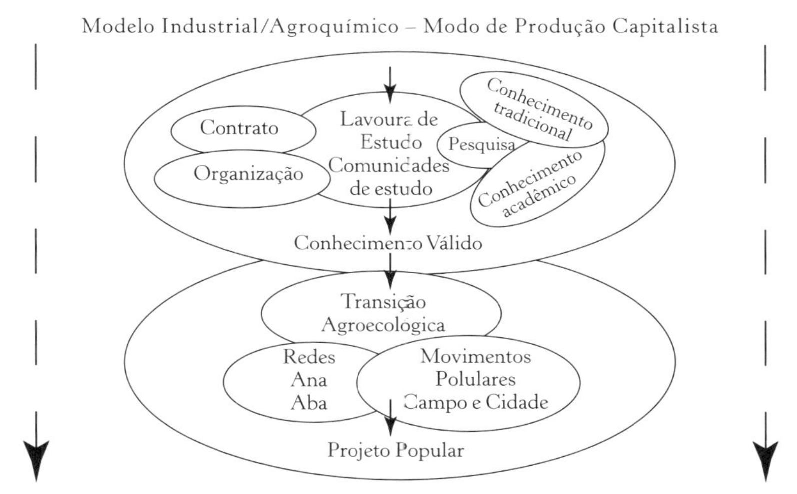

plantas e mantendo o seu equilíbrio dinâmico (Moreira; Siqueira, 2006). Essas bases podem ser resumidas na produção mínima de 10 toneladas de fitomassa (massa seca) por hectare e por ano no plano de rotação de culturas, adubos verdes cultivados e espontâneos, e com estes adentrando nos piquetes das criações manejadas no PRV, na cobertura vegetal permanente do solo e no manejo mecânico dos adubos verdes e das plantas espontâneas que resultem no *plantio direto no verde*.

Diminuir os estresses a que a planta está sujeita durante sua vida significa aumentar seu *conforto* desde a construção do berçário que receberá a muda ou a semente até a colheita, passando pelo manejo de arranjos espaciais e de condução. Para avaliar a *saúde* da planta segundo os princípios do SPDH, não basta obter qualitativa e quantitativamente os constituintes minerais, nutricionais, presentes no solo e na própria planta, por meio de análises químicas. É imprescindível olhar para a planta e procurar enxergar nela os sinais que indiquem aquilo que pode não estar bem para seu conforto.

Daí a necessidade de técnicos e agricultores desenvolverem capacidade analítica para ter noção de quão corretas ou incorretas estão sendo as operações de manejo nos cultivos. A ideia é interpretar a reação da planta à ação combinada dos agentes abióticos sobre sua vida diária, no meio em que vive, por meio de *sinais*, que são padrões de arquitetura e aparência, compondo uma parcela do conjunto sistêmico de informações desse organismo. A leitura dos sinais constitui uma temática de cunho visual preciso, claro e de aplicabilidade fácil e rápida, exigindo permanente refundação dessa informação, e, principalmente, procura relacioná-la às possíveis causas por meio das disciplinas de Agronomia, Ecologia, Física, Química e Biologia.

Um dos estresses mais comuns no cultivo convencional das hortaliças é o nutricional, geralmente ocasionado pelo uso excessivo do revolvimento do solo e de adubos formulados e orgânicos e incorporação superficial do calcário. É normal as análises do solo apresentarem excesso de fósforo e potássio e alto pH até 10 centímetros de profundidade, o que acarreta desequilíbrios e "falta" de alguns nutrientes, prejudicando a absorção de outros nutrientes. É necessário corrigir esses erros e melhorar a maneira de nutrir a planta conforme as taxas de crescimento e de absorção dos nutrientes minerais (TDA) que apresenta a quantidade e época de sua necessidade, possibilitando construir programas de adubação. Essas quantidades e época, que jamais se repetirão em outras plantações, devem ser atualizadas para as novas plantações, por meio das condições climáticas, do estoque de nutrientes no solo e dos sinais de plantas.

Como exemplo, podemos utilizar o tomateiro, espécie reconhecida pela dificuldade de produção em condições convencionais (agroquímica) ou mesmo na agroecologia tradicional. Um dos saltos na compreensão científica para a transição agroecológica situa-se na compreensão dos sinais de plantas. O tomateiro expressa sinais característicos na parte aérea, como:

- diferença no tamanho dos frutos entre os cachos, em que o ótimo é ter pequeno gradiente de diferença formando uma pirâmide de base estreita;

- o tamanho e a intensidade de cor verde da folha, sendo o verde-claro o mais próximo da saúde;
- a diferença na intensidade da cor verde entre as folhas velhas e novas, em que aproximadamente 20% da planta (folhas novas) esteja com verde mais claro;
- inexistência da ocorrência de sinais de retranslocação dos nutrientes das folhas baixeiras, com cor amarelada, indicando que a adubação é suficiente para suprir a demanda dos drenos (frutos e parte aérea novos).

Nesse exemplo, se as condições climáticas são ótimas, significa que devemos aumentar a adubação. Porém, se a cor verde das folhas novas for igual à das velhas, isso mostra excesso de adubação, então a decisão é diminuir ou eliminar a quantidade de adubação indicada na tabela (a partir da TDA).

Com os conhecimentos acumulados na condução dessa cultura, centenas de agricultores têm conseguido eliminar o uso total dos herbicidas, 80% dos fungicidas, 50% dos inseticidas e 70% dos adubos altamente solúveis, e, em paralelo, obtendo aumentos de produtividade com redução dos custos de produção em mais de 70%. Já agricultores ecológicos têm obtido produtividade similar à das lavouras convencionais altamente produtivas, com redução total de agroquímicos. Isso considerando que das plantas cultivadas o tomateiro é o maior desafio dessa transição, sendo as outras de maior facilidade de cultivo no SPDH ou SPDGrãos.

O "método" em construção no SPDH voltou-se especialmente para os sistemas integrados no "foco luminoso" da produção do modelo agroquímico e industrial de hortaliças, mas aponta avanços estratégicos para as iniciativas agroecológicas já em andamento, tanto no eixo político-pedagógico, destacando a perspectiva massiva e de contra-hegemonia, como no eixo técnico-científico, propondo importantes ajustes nas estratégias para a construção da agroecologia.

Conclusão

Este artigo buscou discutir, numa perspectiva histórica, a evolução da compreensão das questões tecnológicas e organizacionais da agricultura camponesa nos assentamentos de reforma agrária no Brasil. Apesar dos avanços conquistados ao longo de décadas de experiências e de debates, análises e saltos de compreensão dos processos envolvidos na introdução de um novo modelo produtivo para a agricultura, o que presenciamos é ainda um domínio avassalador do modelo implementado desde o processo da revolução verde, com base nas alianças políticas que conformam uma estrutura agrária injusta e extremamente concentrada.

Isso se explica em parte pelas diferenças históricas de apoio de políticas públicas como pesquisa, extensão rural, crédito subsidiado e mecanização sofisticada direcionadas a sustentar o modelo agroquímico, em relação à omissão e ao quase abandono da agricultura familiar e campesina. Essas diferenças de tratamento fizeram que a realidade de produção de alimentos saudáveis ficasse muito abaixo das demandas da sociedade. Evidentemente, essa demanda só se tornou muito maior por conta das razões de sustentabilidade compreendidas por uma parcela cada vez maior de consumidores.

As dificuldades enfrentadas pelas famílias de pequenos agricultores e assentados da reforma agrária para produção de alimentos saudáveis com base nos princípios da agroecologia exigem políticas públicas e parcerias que incluam novos aprendizados nos processos produtivos, buscando melhoria na produtividade e diminuição dos custos. Nesse novo aprendizado, há que se preocupar com o melhoramento genético, contemplando variedades crioulas e com maior diversidade genética, ajustar cuidados técnicos como épocas de cultivo, espaçamento, taxas de absorção diária de nutrientes de cada cultura, produção de biomassa e cobertura do solo, visando sobretudo a saúde das plantas e dos sistemas.

Nessa perspectiva, as tecnologias produzidas nas universidades e centros de pesquisa deverão ser construídas não mais em uma via mão única, da pesquisa para o campo, mas numa visão dialógica e participativa, mediada por ferramentas como as lavouras e comunidades de estudo. A implementação dessas novas técnicas demanda pesquisas e desenvolvimento e a adaptação de máquinas e equipamentos, geração de novas variedades, inspiradas nos princípios da transição agroecológica e nos avanços trazidos pelo SPDH, eventualmente o desenvolvimento de novos insumos e a validação, pela práxis científico-popular, de muitas experiências já em uso por agricultores experimentadores. Essa relação técnica e científica entre centros de pesquisa e agricultores, mediada por processos de aprendizado coletivo via comunidades de estudo, deverá ser o berço para a construção e validação de novas tecnologias desenvolvidas nos assentamentos.

As bases listadas neste trabalho são algumas daquelas produzidas individual e coletivamente e ao alcance de técnicos e agricultores para a instalação das primeiras lavouras de estudos, que inicialmente demandam maior frequência de assessoria. Com o passar do tempo, o manejo da cultura até a colheita vai aumentando a segurança dos iniciantes nessa arte que é também ciência. Este que é também um processo político-pedagógico intenso aumenta a segurança dos agricultores no caminho, com as visitas técnicas programadas, os encontros de lavoureiros e intercâmbios nas lavouras de estudos, ao discutir sobre sua lavoura com os outros agricultores etc. É um processo de crescimento técnico e de valores à medida que as soluções nas lavouras de estudos ocorrem por meio do coletivo de agricultores, técnicos, professores, alunos e pesquisadores. Mais que o aumento da segurança é o da confiança no coletivo de trabalho que alcançou êxito na produtividade com diminuição dos custos ambientais e econômicos.

Nesse processo de transição que o SPDH está percorrendo é possível levantar os próximos desafios para seu avanço, sejam eles como problemas ou fraquezas encontrados. Um deles é a continuidade da compreensão de processos de promoção de saúde das plantas com aumento de produtividade e diminuição dos custos de produção e ambientais. Estes passam por produzir mudas na perspectiva do SPDH, melhoramento genético melhorando o sistema radicular no seu tamanho; e no estudo de novas técnicas e estratégias que promovam a saúde de plantas, com base na compreensão e identificação dos sinais de plantas saudáveis.

Do lado do avanço da metodologia, necessitamos desencadear e compreender melhor os processos de comunicação e educação populares; aperfeiçoar as formas de condução dos processos de diálogo de saberes centrados na práxis das lavouras e comunidades de estudo, ampliando-as em escalas regionais e nacional; preparar quadros técnicos e organizadores populares para conduzir processos de geração de conhecimentos a partir do trabalho coletivo em redes de comunidades de estudo; e também avançar em metodologias que enfoquem o aspecto estratégico do desenvolvimento de formas econômicas cooperativas e associativas de base popular, com perspectiva autogestionária e emancipadora, de modo a articular as comunidades de estudo e produção e fazer o enfrentamento das relações de dominação capitalista emanadas da subordinação dos produtores aos desígnios dos mercados capitalistas.

Enfim, para o ajuste de rumos e conduta humana no ambiente e na sociedade, é necessário, a partir da trajetória histórica em interface dialética com a realidade concreta e a nova realidade desejada, construir um novo conhecimento, estabelecer e qualificar processos de luta com vistas a um rearranjo estrutural da sociedade humana, rever a detenção dos meios de produção da vida material estabelecendo novas condições nas relações sociais e de produção, portanto, construir um novo modo de produção.

Um socialismo ecológico, enfim.

Venceremos!

Referências

ALTIERI, M. *Agroecologia*: bases científicas para uma agricultura sustentável. São Paulo: Expressão Popular, 2012.

CARSON, R. *Primavera silenciosa*. São Paulo: Gaia, 2010.

DELGADO, G. *Do capital financeiro na agricultura à economia do agronegócio*. Porto Alegre: Ed. da UFRGS, 2012.

FAYAD, J. A. et al. *Sistema de Plantio Direto de Hortaliças*: método de transição para um novo modelo de produção. São Paulo: Expressão Popular, 2019.

IBGE (Instituto Brasileiro de Geografia e Estatística). *Censo agropecuário*: resultados definitivos 2017. Rio de Janeiro: IBGE, 2019.

INSTITUTO TRICONTINENTAL DE PESQUISA SOCIAL. *Reforma agrária popular e a luta pela terra no Brasil*. Dossiê nº 27. São Paulo: Instituto Tricontinental de Pesquisa Social, 2020.

LOSS, A. et al. Rizosfera e as reações que ocorrem no seu entorno. In: FAYAD, J. A. et al. *Sistema de Plantio Direto de Hortaliças*: método de transição para um novo modelo de produção. São Paulo: Expressão Popular, 2019.

MACHADO, L. C. P. *Pastoreio Racional Voisin*: tecnologia agroecológica para o terceiro milênio. São Paulo: Expressão Popular, 2010.

MACHADO, L. C. P.; MACHADO FILHO, L. C. P. *Dialética da agroecologia*. São Paulo: Expressão Popular, 2014.

MOREIRA, F.; SIQUEIRA, J. O. *Microbiologia e bioquímica do solo*. Lavras: Ed. Ufla, 2006.

MST (Movimento dos Trabalhadores Rurais Sem Terra). *Programa agrário do MST*: lutar, construir, reforma agrária popular. Brasília: MST, 2014.

PRIMAVESI, A. *Manejo ecológico dos solos*: a agricultura em regiões tropicais. São Paulo: Nobel, 2017.

2
Agroindústrias e a reforma agrária
Da formação capitalista à tecnologia social

Ana Terra Reis, Daniel Mancio e
Renata Couto Moreira

Introdução

As reflexões que apresentamos neste texto são fruto de nossa práxis militante, ou seja, da reflexão coletiva proporcionada nos espaços e instâncias do Movimento dos Trabalhadores Rurais Sem Terra (MST), especialmente aquelas produzidas no âmbito do Setor de Produção, Cooperação e Meio Ambiente. A proposta parte do entendimento da inexistência da neutralidade científica, tendo o materialismo histórico-dialético enquanto método. Concordamos com Netto (2009) ao afirmar que a relação sujeito/objeto no processo de conhecimento teórico não é uma relação de externalidade, e sim uma relação em que o sujeito está implicado no objeto. O papel dos sujeitos é portanto, essencialmente ativo durante a realização da sistematização que ora propomos, na busca por apreender a essência, a estrutura e a dinâmica do processo a ser estudado.

Assim, com o objetivo de contribuir para que nós, sujeitos envolvidos no cotidiano organizativo do MST, possamos mobilizar conhecimentos, criticá-los e revisá-los como sugerido por Netto (ibidem), nós nos propomos a construir uma elaboração que sistematize processos e auxilie na formação do conhecimento, adotando como referencial metodológico a pesquisa participante proposta por Brandão e Borges (2007), na qual deve existir o compromisso social, político e ideológico do investigador com os sujeitos, com suas comunidades, com suas causas sociais, mantendo a preocupação de reivindicar uma investigação não neutra, mas que também não pré-ideologize os pressupostos da investigação e a aplicação dos seus resultados.

Nesse sentido, essa elaboração se desenvolveu a partir de momentos de formação e de reuniões organizativas ao longo dos últimos cinco anos, convertendo a investigação, a educação e a ação social em momentos metodológicos de processo dirigido à transformação social, concordando que os conhecimentos devem ser produzidos, lidos e integrados como uma forma alternativa emancipatória de saber popular. E, como princípio, ainda concordamos com Brandão e Borges (ibidem) ao afirmarem que não se trata de promover ou desenvolver algo e sim de conhecer para formar pessoas motivadas a transformar os cenários sociais de suas próprias vidas e não apenas para resolverem alguns problemas locais, restritos e isolados, dialogando com o propósito dessa elaboração, ou seja, o entendimento das agroindústrias enquanto tecnologia social.

Partimos do entendimento de que as agroindústrias são as unidades industriais responsáveis pelo beneficiamento e transformação de produtos agrícolas, concordando com Christoffoli (2012) ao afirmar que a autonomização de partes do processo produtivo agrícola e o desenvolvimento da agroindústria enquanto atividade autônoma em relação à agricultura surgem a partir do desenvolvimento da indústria e das cidades, com a expansão do capitalismo, principalmente nos séculos XVIII e XIX. Com o aprofundamento da divisão social do trabalho na sociedade moderna, houve a separação entre a agricultura e a indústria, e a agroindústria para além do beneficiamento surge como processo autônomo em relação à agricultura, que se torna crescentemente dependente dela.

Neste texto, esperamos aportar elementos que evidenciem a forma como as agroindústrias foram sendo implementadas no contexto da questão agrária brasileira, observando o modelo de desenvolvimento imposto, no qual a agroindústria se consolida com a apropriação do valor produzido ao longo do processo de industrialização da agricultura. Nesse processo, a apropriação do valor gerado pelo trabalho na agricultura e na agroindústria passa a ser "condição necessária para a acumulação capitalista" (ibidem, p.73).

No caso brasileiro, em que historicamente o capitalismo agrário exportador assume o papel de principal setor da economia, o Estado torna-se peça fundamental na formulação e implementação de políticas públicas que acentuam a centralização de capitais. Com o surgimento dos movimentos sociais de luta pela terra, nos anos 1980, e a adoção dos modelos desenvolvidos pelo capital, tanto na produção agrícola com os pacotes tecnológicos das empresas multinacionais originadas da revolução verde quanto na formulação de estratégias de beneficiamento e comercialização, evidenciou-se a inviabilidade desse modelo produtivo e a necessidade de construir alternativas que possibilitassem a não subordinação à lógica imposta pelo modelo do capital.

É ao final dos anos 1990, diante de um processo de crescimento da luta pela terra e de ressignificação das formas de produzir, construindo com a Via Campesina o debate da soberania alimentar, que a matriz produtiva da agroecologia passa a apontar para as contradições e necessidades de superação desse modelo dependente. A luta por políticas públicas leva a conquistas importantes, que possibilitam a implementação de diversas agroindústrias que se apresentam em diálogo com o conceito de tecnologia social, uma vez que, como afirmam Rodrigues e Barbieri (2008, p.1.070), esse conceito "trata de produtos, técnicas ou metodologias replicáveis, desenvolvidas na interação com a comunidade e que representem efetivas soluções de transformação social".

Assim, neste texto organizamos nossa reflexão em três partes, além da Introdução e das Considerações finais, sendo a primeira uma análise histórica da formação das agroindústrias no Brasil, a segunda, das políticas públicas destinadas às agroindústrias da agricultura familiar e a terceira, uma discussão das interfaces entre as práticas agroecológicas e as agroindústrias como tecnologias sociais, sendo estas estratégicas para a consolidação dos territórios da reforma agrária popular.

Da agroindústria do engenho ao agronegócio globalizado

No Brasil, a agroindústria que esteve ligada ao avanço do modo de produção capitalista remonta aos tempos da colonização, em meados do século XVI, quando a estrutura do engenho de cana-de-açúcar representava o principal modelo agroindustrial da *plantation* escravista (Prado Júnior, 2006). Outras culturas agrícolas foram sendo implantadas, seguindo esse modelo até o início do século XX, acentuando o caráter de exportador de produtos primários da economia brasileira, ou seja, de matérias-primas para abastecimento das indústrias das metrópoles, como é o caso do tabaco, do algodão, do café, do látex da seringueira e do cacau.

Após a Primeira Guerra Mundial (1914-1918), estreita-se a relação entre o uso de novas técnicas na produção agrícola e as demandas das agroindústrias. É o caso, por exemplo, das indústrias têxteis, que passaram a exigir padrões na produção de fibras de algodão, com maior regularidade agrícola, impondo assim a necessidade de adequação das técnicas de produção para atendimento aos interesses da indústria. Evidenciou-se a relação de mútua dependência entre as atividades do setor agropecuário e dos demais setores, atuando de forma complementar e interdependente (Ianni, 1973).

Na década de 1930, durante o governo Vargas, o Ministério da Agricultura passa a compor a estrutura governamental da República, com a estratégia de estimular a industrialização e a diversificação agropecuária, reforçando os suportes políticos baseados em grupos econômicos fortes. Ao setor agropecuário coube a geração de divisas para a importação de máquinas e equipamentos necessários ao setor e à indústria, que se desenvolvia pelo aumento da demanda interna. O desafio era superar os regionalismos para a construção de um governo que pudesse ter centralidade nas ações, e a estratégia adotada foi a criação de diversos institutos com capacidade de regular a atividade de determinados setores, como, por exemplo, o Instituto do Açúcar e do Álcool (IAA).

Com o golpe de 1964, toma curso um pacto agrário tecnicamente modernizante e socialmente conservador, mantendo as oligarquias rurais detentoras de grandes extensões de terra (Delgado, 2005). Sob o regime militar e à custa de vultosos empréstimos internacionais, ocorre a modernização das técnicas importadas na agricultura e de integração com a indústria, sem alterar as relações arcaicas que sempre marcaram a questão agrária brasileira, reforçando e ampliando as relações de superexploração da força de trabalho rural ao longo do tempo, compreendida no sentido mais amplo que lhe atribui Marini (1991), na essência da reprodução das próprias relações de dependência.

Esse processo de concentração de terras e de renda, com a adoção dos pacotes tecnológicos, ampliou as relações de produção do capital sob territórios, inviabilizando a sobrevivência de grande parcela do campesinato e aumentando a produtividade com base em uma agricultura intensiva em capital, centralizadora de terras e de renda. Para Delgado (1985), ocorre uma integração de grau variável entre a produção primária de alimentos e matérias-primas e vários ramos industriais (oleaginosos, moinhos, indústrias de açúcar e álcool, papel, papelão, fumo, têxtil e bebidas, entre outros).

O Estado, portanto, proporciona a modernização do latifúndio e a constituição de grandes e médias empresas agroindustriais e multinacionais, que se tornam as protagonistas no processo de desenvolvimento agrícola, formando os complexos agroindustriais (CAIs), ou seja, um conjunto de processos formado por setores produtores de insumos e maquinarias agrícolas, de transformação industrial e de distribuição, comercialização e financiamento, evidenciando forte dependência de uns em relação aos outros (Goodman et al., 1985).

Para Mazoyer (2008), historicamente os produtores agrícolas foram sendo desincumbidos de uma parte importante de suas atividades no campo e das correspondentes rendas, reduzidos muitas vezes a uma atividade de simples produção de matérias-primas agrícolas, integrada aos complexos agroindustriais de forma submissa. Desse processo, persiste a agricultura subordinada às demandas da agroindústria capitalista, dependente do Estado e do mercado internacional e mantenedora de padrões de superexploração do trabalho e de destruição do meio ambiente.

Com a desregulamentação neoliberal da economia brasileira já nos anos 1990, novamente se estabelece uma onda de centralização de terras e de capital. As agroindústrias deixam de receber subsídios e uma nova estratégia de financeirização, baseada no capital especulativo internacional agindo sobre a agricultura, forja o lançamento do agronegócio no final da década de 1990.

O novo ciclo de concentração de capitais no campo impõe aos "pequenos agricultores", seja a partir da criação de políticas públicas, seja por meio de controle ideológico, a subsunção à lógica do mercado mundial, tanto pela integração direta às agroindústrias quanto pela ação dos agentes atravessadores. Essa integração, seja formal, por meio de contratos em que recursos são adiantados para garantir a produção homogênea e planificada à empresa ao agricultor, que entrega toda a sua produção ou parte dela, seja informal, pela ação dos mercados que monopolizam os processos agroindustriais que necessariamente convergem a estes, é um sistema que distancia o camponês e sua família de parte importante dos meios de produção e, portanto, de sua autonomia para produzir e se apropriar de sua própria produção.

A imposição de integração do campesinato ao modelo capitalista agroindustrial se dá também pela implementação de políticas públicas, como foi o caso da formulação do Programa Nacional de Fortalecimento da Agricultura Familiar (Pronaf), que em 1999 reuniu todos os créditos destinados à agricultura familiar e levou a uma padronização da forma de acesso ao programa, direcionando o crédito a poucos cultivos restritos às demandas e pacotes tecnológicos dos CAIs e não respeitando a diversidade dos sujeitos sociais do campo e da agricultura camponesa.

Posteriormente, como termo jurídico, a agricultura familiar definiu a amplitude e limites da afiliação de produtores pela categorização oficial do Pronaf. Em 24 de julho de 2006, foi aprovada a Lei da Agricultura Familiar (Lei nº 11.326), a qual, entre os critérios, engloba uma massa heterogênea de produtores rurais, desde produtores com menos de 1 hectare de terra e extremamente pauperizados a produtores com 100 hectares e altamente capitalizados.

Há nesse processo uma intencionalidade de integrar a agricultura de base camponesa como parte do agronegócio, mercantilizando todas as fases do processo produtivo e fortalecendo a estratégia de produção e beneficiamento extremamente concentrada das grandes agroindústrias multinacionais.

Resulta desse processo adotado em escala global que, em 2018, todo o mercado mundial de *commodities* agrícolas foi centralizado por quatro corporações: Archer Daniels Midland (ADM), Bunge, Cargill e Louis Dreyfus Company. A estratégia do capital tem sido monopolizar a comercialização de três matérias-primas principais: a soja, o milho e o trigo, que podem ser comercializados como alimento, agrocombustível ou ração para animais, a depender das condições do mercado. Somam-se a essas *commodities* outras, como os subprodutos da cana-de-açúcar, da palma e do arroz.

Quando falamos da agroindústria alimentícia, o quadro de concentração não é diferente. Estudos apontam que apenas dez empresas controlam a industrialização de alimentos: Nestlé, JBS, Tyson Foods, Mars, Kraft Heinz, Mondelez, Danone, Unilever, General Mills e Smithfield (Santos; Glass, 2018). Os processos de beneficiamento e agroindustrialização são elos extremamente importantes na organização das cadeias produtivas. Nesses setores se concentram em média cerca de 48% do valor total da produção, segundo estudos da Oxfam (2016), e juntamente com a comercialização eles garantem o direcionamento do que produzir, quanto produzir e como produzir, ditando as regras do desenvolvimento rural.

A concentração do mercado por parte dessas empresas faz que a produção advinda da agricultura camponesa tenha a renda que gera transferida por uma dupla subordinação: na produção (com a dependência imposta aos pacotes tecnológicos) e na comercialização (com a presença de atravessadores ou com a produção integrada às agroindústrias). Impõe ao camponês os riscos da produção diante das intempéries ambientais e outras decorrentes de oscilações de mercado, diminui responsabilidades trabalhistas, ficando as empresas apenas onde se permitem maiores lucros com os menores riscos, concentrando ainda mais a renda e a riqueza produzidas pelo campesinato.

A luta pela terra e as estratégias de resistência

A luta engendrada pelos movimentos sociais do campo, em especial o MST, partiu da necessidade de acesso à terra por milhares de camponeses que, ao longo da história do Brasil, tiveram essa demanda negada, ou ainda por aqueles que foram expulsos de suas terras em face do avanço do capital, processo acentuado nos últimos cinquenta anos. O MST nasceu no bojo da luta pela redemocratização do país e em seu primeiro encontro nacional, no ano de 1984, delineou seus objetivos: a luta pela terra, pela reforma agrária e pela transformação social. O lema "Sem reforma agrária não há democracia" dialoga com o projeto de rearticulação da esquerda brasileira em torno de um novo projeto político para o Brasil.

Em 1985, ocorre o 1º Congresso Nacional do MST, e o lema "Terra para quem nela trabalha" e "Ocupação é a única solução" leva a uma ampliação do processo de organização e à adesão de diversos camponeses que se organizavam regionalmente em ocupações de terra, principalmente articulados no âmbito da Comissão Pastoral da Terra e dos Sindicatos de Trabalhadores Rurais (STR).

Em 1986, ocorre o 1º Encontro Nacional de Assentados, e a discussão acerca da organização dos assentamentos enquanto base do MST leva à organização da Comissão Nacional dos Assentamentos, que pautou com o governo federal o acesso ao Programa de Crédito Especial para a Reforma Agrária (Procera).

Já em 1990, o MST estava organizado em dezenove estados brasileiros, e no 2º Congresso Nacional é reafirmada a estratégia da ocupação de terras e a busca pela consolidação de territórios camponeses, sintetizada no lema "Ocupar, resistir e produzir".

A frustração quanto às metas de assentamento fixadas pelo 1º Plano Nacional de Reforma Agrária (PNRA), que se propunha a assentar 1,4 milhão de famílias e não passou do assentamento de 85 mil sem-terra, não esmoreceu a organização do MST, que continuou em intenso processo de enfrentamento com latifundiários, grileiros e Estado, afora as lutas no âmbito da organização da produção para além da subsistência.

Em junho de 1990, o MST formula o *Documento básico* para a discussão nos estados, contendo um calendário para a implementação do Sistema Cooperativista dos Assentamentos, que teria por base as Cooperativas de Produção Agropecuária (CPA), grupos coletivos, associações em cada assentamento, as Cooperativas de Comercialização Regionais (CCR) e, em nível estadual, seriam organizadas as Cooperativas Centrais de Reforma Agrária (CCA) e, nacionalmente, a Confederação das Cooperativas de Reforma Agrária do Brasil (Concrab).

Nesse período, a busca era principalmente pela consolidação da produção agrícola para além da subsistência, pensando na possibilidade de ampliação da geração do trabalho e da renda enquanto questões econômicas a serem consideradas, além dos aspectos sociais. A esse quadro somava-se a falta de investimentos públicos, junto com a necessidade de produzir em terras muitas vezes extremamente desgastadas pelos anos de exploração.

Havia por parte do MST o questionamento das relações de produção, mas não havia amadurecimento no que se referia às alternativas ao modelo oriundo dos pacotes tecnológicos voltados à produção com intensivo uso de insumos. A estratégia adotada era vinculada à produção de matérias-primas e de beneficiamento da produção em grandes agroindústrias. O modelo adotado causou endividamento das cooperativas e associações, que não conseguiram avançar em face do processo de centralização e verticalização que ocorreu durante os anos 1990.

Com o avanço do capital decorrente das políticas neoliberalizantes adotadas naquela década, ficava clara a necessidade de pôr em xeque o modelo de agricultura que vinha sendo desenvolvido, comprovadamente reprodutor de relações sociais que subsumiam cada vez mais os agricultores à lógica da produção de mercadorias.

Para os movimentos sociais, urge o debate sobre a nova forma de produção pautada no conceito de soberania alimentar. Esse conceito viria a confrontar a perspectiva do capital, na medida em que foi definido na Cúpula Alimentar em Roma, no ano de 1996, como o direito dos indivíduos, das comunidades, dos povos e dos países de definir as políticas próprias para a agricultura, do trabalho, da pesca, do alimento e da terra. Segundo essa definição, são políticas públicas ecológicas, sociais, econômicas e culturais, adaptadas ao contexto único de cada país. Inclui o direito real ao alimento e à sua produção, o que significa que todos têm direito ao alimento seguro, nutritivo e adaptado à sua cultura e aos recursos para a produção de comida, à possibilidade de sustentar-se e sustentar suas sociedades.

O debate foi sendo amadurecido e, em documento da Via Campesina, João Pedro Stédile (2004 , p.17) afirma:

> As lutas e mobilizações nacionais precisam incorporar a defesa de um novo tipo de reforma agrária. Não mais apenas a reforma agrária clássica, que distribuía terra. Agora, uma reforma agrária precisa distribuir terra, instalar agroindústrias sob forma cooperativada, defender a soberania alimentar de nosso povo, defender o direito de produzir com nossas próprias sementes, desenvolver novas técnicas agrícolas adequadas à economia camponesa e ao equilíbrio do meio ambiente, desenvolver novas formas sociais de produção na agricultura e casar necessariamente com a democratização da educação, da escola no meio rural.

Assim, verifica-se que a luta pela reforma agrária engendrada pelos movimentos sociais deixa de ser uma luta pela posse da terra, considerando, além dos aspectos econômicos, os aspectos sociais, culturais e ambientais e, principalmente, a autonomia em face do avanço hegemonizante do capitalismo sobre o campo, ou seja, expressa-se uma luta camponesa contra-hegemônica, pela manutenção do território.

Nesse sentido, o assentamento é visto como território que valoriza a dimensão do trabalho a partir do domínio técnico e produtivo dos camponeses assentados, uma vez que estes se apropriam dos meios de produção para o resgate de sua identidade. A matriz produtiva deve estar vinculada a essa identidade social, à cultura, à tradição, à preservação do meio ambiente pela manutenção e conservação da biodiversidade, do patrimônio genético.

Ao mesmo tempo que temos um modelo de produção que pauta a produtividade a qualquer custo, à base de alto consumo de insumos exportados, de degradação da natureza e da vida humana, é preciso (re)conhecer o papel desempenhado pelos agricultores, produtores de alimento e reprodutores de formas sociais que podem não se submeter à ordem estabelecida.

> [...] a existência do camponês assentado não nega a lógica do capital, todavia, ao mesmo tempo em que está vinculado à sua lógica, também descobre caminhos para o rompimento dessa submissão, por exemplo, participando de novas ocupações, engrossando as fileiras das manifestações anticapital e, no limite, fazendo opções para estender e manter seus princípios de sociabilidade. (Thomaz Júnior, 2009, p.197)

A partir da realização da 4ª Conferência Internacional da Via Campesina, ocorrida em Itaici, na cidade de Indaiatuba (SP), o debate acerca da soberania alimentar é internalizado pelos movimentos sociais do campo brasileiro, com uma série de encontros que posteriormente pautaram as sementes crioulas, a questão da terra, a produção de alimentos sadios e a preservação da biodiversidade, como parte de uma campanha promovida internacionalmente pela Via Campesina (Pereira, 2014).

Os debates feitos internamente no MST passaram, então, a adotar uma nova lógica, sendo clara a necessidade de forjar um novo modelo de agricultura, aliando o debate da cooperação, voltada para a agroecologia, e a transformação do modo de produzir. Essa formulação, baseada na prática e na realidade das famílias assentadas, busca construir experiências contra-hegemônicas, enfrentando a hegemonia do projeto globalizante e neoliberal, que se arraigava e transformava de forma muito abrupta a realidade dos trabalhadores assentados.

A discussão acerca das políticas públicas tem especial atenção em nossa discussão, ao entendermos que, ao participar dos processos de luta, de reivindicação e de organização, os agricultores assentados discutem as linhas políticas prioritárias para a luta como um todo, compreendendo o papel das conquistas e a necessidade de ampliação e articulação do acesso às políticas públicas. Tal processo se inicia na identificação das demandas por políticas públicas para a efetiva territorialização dos assentados, processo debatido com o Setor de Produção, Cooperação e Meio Ambiente do MST, que é articulado pela necessidade dos camponeses assentados de promover a organização da vida produtiva dos assentamentos. A partir da definição das linhas políticas em âmbito local, regional e estadual, articula-se a luta em escala nacional pelas políticas públicas, que se consolidam posteriormente nos locais a partir da organização dos agricultores assentados.

Essa forma de organização local possui especificidades que são permeadas pelas condições de produção (como acesso à água e as práticas produtivas de cultivo), pelas relações políticas que se estabelecem (com os técnicos, com o poder público, com outros agricultores) e pelas características particulares das disputas por terra e território por parte de agentes econômicos (usinas de cana-de-açúcar, processadoras de suco de laranja, comerciantes de grãos).

Assim, a implementação das políticas públicas e seu sucesso dependem, fundamentalmente, do controle político por parte das famílias de camponeses assentados, no sentido de que a conquista dessas políticas se consolide como a efetiva territorialização das famílias, mediada pela possibilidade de fortalecimento das linhas políticas para a construção de nova sociabilidade nos assentamentos.

Importante salientar também que, ao final dos anos 1990, é criada uma nova modalidade do Procera, chamada Teto II, que representou uma das mais importantes políticas da época, que se destinava à estruturação de agroindústrias vinculadas às cooperativas e associações dos camponeses assentados. É evidente que, em meio à crise, a criação de agroindústrias de pequeno porte e que não questionava o modelo produtivo calcado nos pacotes tecnológicos e na concentração e centralização nos CAIs logo mostrou sua inviabilidade, levando os agricultores a uma difícil situação de endividamento (Reis, 2015).

Desde então, poucos programas foram organizados para atender a essa demanda e desenvolver as agroindústrias camponesas, com destaque para o Terra Forte (criado em 2013, com o objetivo de financiar projetos de agroindústrias, com valor de investimento superior a R$ 500 mil) e o Terra Sol (criado em 2004, para financiar agroindústrias com investimentos de até R$ 500 mil), ambos vinculados ao Instituto Nacional de Colonização e Reforma Agrária (Incra), mais recentemente. No entanto, na disputa com o modelo do capital, tiveram e têm problemas concretos de execução, inviabilizando ou dificultando profundamente a consolidação das agroindústrias projetadas.

A agroindústria camponesa e a agroecologia: limites, desafios e aprendizados na construção de uma tecnologia social

O processo de beneficiamento e agroindustrialização na agricultura camponesa é pauta de luta dos mais diversos movimentos populares do campo na atualidade, que, por meio de suas sínteses, o incorporaram como bandeira importante na disputa entre projetos de desenvolvimento para o campo brasileiro e latino-americano. Essa bandeira está registrada no Programa Agrário do Movimento dos Trabalhadores Sem Terra (MST) e é parte importante da formulação da reforma agrária popular.

Da mesma forma, o Movimento dos Pequenos Agricultores (MPA) também sintetiza no Plano Camponês as agroindústrias familiares como componente fundamental. A Via Campesina Internacional vem fazendo um esforço para acumular debates e teorizações que propõem um novo modelo de organização do campo, baseado na construção contra-hegemônica dos camponeses e que passa também pelo acesso e controle das estruturas de beneficiamento e agroindustrialização adequadas à lógica camponesa. Apesar das grandes diferenças do desenvolvimento das forças produtivas, das classes e da correlação de forças, esse "programa para a agricultura campesina" tem enquanto tarefa:

> Desenvolver a organização de agroindústrias em pequenas e médias escalas, na forma cooperativa, sob controle dos trabalhadores [...]. A agroindústria é uma necessidade do mundo moderno para conservar alimentos e transportá-los para as cidades. Mas devemos garantir que as agroindústrias estejam sob controle dos trabalhadores e camponeses para que a renda do maior valor agregado aos produtos seja distribuída entre os que trabalham. (Coletânea de Textos da ENFF 21, 2015, p.121)

Ao observar as definições de tecnologia social, Rodrigues e Barbieri (2008) sistematizam três categorias: princípios, parâmetros e implicações. Os autores afirmam que os princípios estão vinculados à apropriação da tecnologia por parte dos sujeitos do processo, a partir da aprendizagem e da participação com vistas a promover a transformação social, compreendendo a realidade de maneira sistêmica e com respeito às identidades de tais sujeitos. No que se refere aos parâmetros, os mesmos autores apontam critérios para a análise das ações sociais, como:

- razão de ser da tecnologia social – atender às demandas sociais concretas vividas e identificadas pela população;
- processo de tomada de decisão – processo democrático e desenvolvido a partir de estratégias especialmente dirigidas à mobilização e à participação da população;

- papel da população – há participação, apropriação e aprendizado por parte da população e de outros atores envolvidos;
- sistemática – há planejamento, aplicação ou sistematização de conhecimento de forma organizada;
- construção do conhecimento – há produção de novos conhecimentos a partir da prática;
- sustentabilidade – a tecnologia social visa à sustentabilidade econômica, social e ambiental;
- ampliação de escala – gera aprendizagem que serve de referência para novas experiências.

Em que pese o cenário de avanço do capital e a consolidação de uma estratégia econômica que busca mercantilizar todas as fases da produção e da reprodução da vida, julgamos importante elencar os acúmulos e aprendizados sobre qual é o papel que a agroindústria vem desempenhando nessa construção contra-hegemônica.

O primeiro aprendizado refere-se à necessidade de construir autonomia nos processos, desde a produção de insumos, passando pela produção, beneficiamento, agroindustrialização, até a comercialização dos alimentos. Ter autonomia e controle sobre a produção permite romper com a dependência dos pacotes tecnológicos e definir as práticas e técnicas a serem utilizadas de acordo com a realidade de cada território.

Já o controle no processo de industrialização está intimamente ligado ao processo de comercialização. As experiências mais bem-sucedidas de agroindustrialização e beneficiamento sempre estiveram vinculadas a uma ação conjunta de comercialização, seja por via institucional (como é o caso do Programa de Aquisição de Alimentos ou do Programa Nacional de Alimentação Escolar), seja por venda direta (feiras e cestas), pela difícil disputa com o mercado convencional ou de outras modalidades.

Muitas dificuldades se colocam também do ponto de vista da legislação, que interferem negativamente na organização dessas estruturas camponesas. Essa legislação impõe a processos familiares um procedimento e uma lógica adaptados às grandes agroindústrias e muitas vezes inviabiliza as pequenas e médias pelo excesso de burocracia. Nessa lógica, são colocadas as mesmas normas e padrões para processos e escalas completamente diferentes, sendo inviabilizadas alternativas mais artesanais, e tais exigências, por vezes, inviabilizam plantas agroindustriais pequenas.

Mas destacam-se também as agroindústrias familiares como alternativa para ampliar a disponibilidade de produtos alimentícios para as populações urbanas e rurais que, por um lado, possam trazer um impacto favorável ao agricultor, com a diminuição das perdas agrícolas e manutenção de subprodutos e resíduos orgânicos importantes para os agroecossistemas, e, por outro, agreguem valor ao produto, incrementando a renda familiar e viabilizando social e economicamente a produção e a vida camponesa.

Segundo Mior (2005), a origem e evolução das agroindústrias familiares pode ser vista como uma construção histórica, na qual um conjunto de fatores sociais, econômicos e culturais interage em estratégias diferenciadas da capitalista, envolvendo várias dimensões e consolidando uma concepção de campesinato. Entre elas, podemos destacar o fortalecimento da produção em pequena escala, a diversificação produtiva, a agroecologia, a autonomia e controle dos trabalhadores, a geração de trabalho e renda para as famílias camponesas, o envolvimento de jovens e mulheres nas relações de produção na valorização de todos os membros da família pelo trabalho e a descentralização de rendas, além do estímulo a estratégias de cooperação articuladas aos movimentos sociais.

Para Christofolli (2012), essas iniciativas agroindustriais no campesinato só se mantêm sustentáveis no tempo, influenciando diretamente no desenvolvimento do campo se estiverem ancoradas na formação de redes e complexos cooperativos na perspectiva da intercooperação, como forma de contrapor e minimizar os efeitos da competição com os conglomerados capitalistas.

Outro aprendizado que nos remete à reflexão é como a construção de autonomia nos processos deve estar vinculada à luta por políticas públicas que assegurem assistência técnica, créditos, incentivos à cooperação e à comercialização, formação de profissionais das próprias comunidades, que permitam uma gestão que dialogue com os interesses coletivos e garantam qualidade e organização para acessar mercados diretos. Segundo Zamberlam (1994), os agricultores familiares têm normalmente alternativas desfavoráveis de acesso a tais políticas públicas, ressaltando o gargalo da comercialização. Em regra, a possibilidade a que têm acesso é comercializar sua produção com grupos oligopolizados, em que os preços são fixados unilateralmente.

As alternativas de comercializar em circuitos curtos (feiras, pequenos mercados, de casa em casa), onde o produtor tem maior poder na definição do preço de seus produtos, são fundamentais no estabelecimento de outras relações com o mercado. A agroindustrialização aparece nesse caso como alternativa real na perspectiva do cooperativismo e da construção da agroecologia. De que adianta produzir sem agrotóxicos, dentro de um desenho em que os princípios da agroecologia são priorizados, se na hora de beneficiar e agroindustrializar os produtos se misturam e caem na vala comum das *commodities* e dos alimentos convencionais? Nesse sentido, é necessário organizar as cadeias produtivas agroecológicas, fortalecendo experiências em todos os elos, mas também detendo-as sob o controle do campesinato.

É por meio dessas estruturas organizativas da classe trabalhadora do campo que será possível sustentar a agroecologia, pois ela cria alternativas de renda, de trabalho, de organização produtiva, de cooperação, garantindo não só a produção de alimentos saudáveis, mas também a conservação destes de forma saudável, e ampliando a atuação camponesa nos territórios, desenvolvendo formas de apresentar seus produtos e levar a cultura camponesa a cada região do Brasil e do mundo.

Considerações finais

É notável que a luta dos trabalhadores rurais sem terra trouxe à tona o debate em torno da reforma agrária, e a conquista do assentamento rompe com a lógica da apropriação privada dos meios de produção. A agroindustrialização e as formas de comercialização direta apresentam-se como alternativa para o rompimento com a lógica da mercadoria imposta aos agricultores assentados.

Destacamos que esse não é um processo isento de conflitos e contradições, uma vez que, apesar dos esforços empreendidos na construção da consciência, persistem a forte influência e a disputa proporcionadas pelo avanço do capital no interior dos assentamentos, expresso principalmente no crescente uso de insumos, na produção de *commodities*, pelo eventual assalariamento e pela subsunção à lógica da comercialização via intermediários.

A realidade nos mostra que a luta pela terra e pela sobrevivência no campo gera conflitos constantes que são o retrato da resistência de classe, da classe trabalhadora. Acreditar nessa resistência e avançar na organização dos trabalhadores é o desafio que está posto; segundo Fernandes (2008, p.3), "ao conquistarem a terra, ao serem assentadas, elas não produzem apenas mercadorias, criam e recriam igualmente a sua existência".

Se acreditamos em uma possível transformação da sociedade e que a resistência dos trabalhadores é uma saída, devemos nos voltar às possibilidades concretas de transformação. Ainda que esse seja um caminho tortuoso no qual as contradições afloram, há conquistas que nos revelam os conflitos e refletem a necessidade de avançar rumo à maior consciência para emancipação da classe.

Esse não será um processo rápido, mas o caminho que vem sendo construído ao longo dos últimos trinta anos, com erros e acertos, é um caminho de mudança com alterações concretas na vida dos trabalhadores. Lutar pela permanência na terra é acreditar na possibilidade de construção de uma nova sociedade, e a luta por políticas públicas aponta e fortalece esse potencial transformador.

Há que considerar ainda o momento político em que vivemos neste ano de 2020. A crise ampliada do capital, o abandono das políticas públicas destinadas à reforma agrária e, mais recentemente, a pandemia do coronavírus colocam em evidência a necessidade de retomar processos autônomos, de solidariedade de classe, mas que fundamentalmente se destinem a combater as desigualdades e a fome. Resistir na terra, lutar por soberania alimentar e lutar por reforma agrária é persistir na esperança de transformação social.

Referências

BRANDÃO, C. R.; BORGES, M. A pesquisa participante: um momento da educação popular. *Revista de Educação Popular*, Uberlândia, v.6, n.1, p.51-62, 2007.

CHRISTOFFOLI, P. Agroindústria. In: CALDART, R. S. et al. (Orgs.). *Dicionário de educação do campo*. Rio de Janeiro: Escola Politécnica de Saúde Joaquim Venâncio; São Paulo: Expressão Popular, 2012. p.72-81.

COLETÂNEA DE TEXTOS DA ENFF 21. *Subsídios para debater a questão agrária brasileira*. São Paulo: [s.n.], 2015.

DELGADO, G. *Capital financeiro e agricultura no Brasil*. São Paulo: Ícone; Unicamp, 1985. 240p.

______. A questão agrária no Brasil, 1950-2003. In: INCRA (Instituto Nacional de Colonização e Reforma Agrária). *Questão agrária no Brasil*: perspectiva histórica e configuração atual. São Paulo: Instituto Nacional de Colonização e Reforma Agrária, 2005. pp.52-90.

FERNANDES, B. M. Questão agrária: conflitualidade e desenvolvimento territorial. In: BUAINAIN, A. M. (Org.). *Luta pela terra, reforma agrária e gestão de conflitos no Brasil*. Campinas: Ed. da Unicamp, 2008. p.173-224.

GOODMAN, D.; SORJ, B.; WILKINSON, J. Agroindústria, políticas públicas e estruturas sociais rurais. *Revista de Economia Política*, São Paulo, v.5, n.4, 1985.

IANNI, O. Relações de produção e proletariado rural. In: SZMRECSÁNYI, T.; QUEDA, O. (Orgs.). *Vida rural e mudança social*. São Paulo: Companhia Editora Nacional, 1973. p.184-98.

MARINI, R. M. *Dialéctica de la dependencia*, México: Era, 1991. p.9-77.

MAZOYER, M. *História das agriculturas no mundo*: do Neolítico à crise contemporânea. Tradução de Cláudia F. Falluh Balduino Ferreira. São Paulo: Ed. Unesp, 2008. 568p.

MIOR, L. C. *Agricultores familiares, agroindústrias e redes de desenvolvimento rural*. Chapecó: Argos, 2005.

NETTO, J. P. Introdução ao método da teoria social. In: CFESS/ABEPSS. *Serviço social*: direitos sociais e competências profissionais. Brasília: Cead/UnB, 2009. 32p.

OXFAM. Terrenos da desigualdade: terra, agricultura e desigualdades no Brasil rural. Oxfam Brasil, nov. 2016. Disponível em: https://www.oxfam.org.br/sites/default/files/arquivos/relatorio-terrenos_desigualdade-brasil.pdf. Acesso em: 31 out. 2018.

PEREIRA, S. S. *Soberania alimentar e o assentamento Mulungu no Semiárido cearense*. Presidente Prudente, 2014. Dissertação (Mestrado em Geografia) – Departamento de Geografia, Faculdade de Ciências e Tecnologia, Universidade Estadual Paulista "Júlio de Mesquita Filho".

PRADO JÚNIOR, C. *História econômica do Brasil*. 43.ed. São Paulo: Brasiliense, 2006.

REIS, A. T. *Trabalho, políticas públicas e resistência em assentamentos do estado de São Paulo*: um estudo do Programa de Aquisição de Alimentos (PAA). Presidente Prudente, 2015. 169p. Tese (Doutorado em Geografia) – Faculdade de Ciências e Tecnologia, Universidade Estadual Paulista "Júlio de Mesquita Filho".

RODRIGUES, I.; BARBIERI, J. C. A emergência da tecnologia social: revisitando o movimento da tecnologia apropriada como estratégia de desenvolvimento sustentável. *Revista de Administração Pública*, Rio de Janeiro, v.42, p.1069-94, nov./dez. 2008.

SANTOS, M.; GLASS, V. (Orgs.) *Atlas do agronegócio 2018*: fatos e números sobre as corporações que controlam o que comemos. Rio de Janeiro: Fundação Heinrich Roll, 2018. 60p.

STÉDILE, J. P. *A natureza do desenvolvimento capitalista na agricultura*. Itaici: Via Campesina, 2004. Mimeografado.

THOMAZ JÚNIOR, A. *Dinâmica geográfica do trabalho no século XXI*: (limites explicativos, autocrítica e desafios teóricos). Presidente Prudente, 2009. 499p. Tese (Livre-Docência) – Faculdade de Ciências e Tecnologia, Universidade Estadual Paulista "Júlio de Mesquita Filho".

ZAMBERLAM, J. Reflexões sobre algumas estratégias para a viabilização econômica dos assentamentos. In: MEDEIROS, L. et al. (Orgs.). *Assentamentos rurais*: uma visão multidisciplinar. São Paulo: Ed. Unesp, 1994.

3
Tecnologias socioterritoriais, soberania e segurança alimentar e nutricional

Davis Gruber Sansolo, Marcelo Gomes Justo,
Mônica Schiavinatto, Giovanna Gross Villani e
Silvia Aparecida de Sousa Fernandes

Introdução

O objetivo deste artigo é contribuir com a discussão sobre o conceito de tecnologia social, aplicando-o à luta por segurança e soberania alimentar. Para tal, acrescentaremos a ele a noção geográfica de território como um conceito integrador de múltiplas dimensões e escalas que envolvem o conceito de tecnologia social, cunhando assim, o conceito de tecnologia socioterritorial. A discussão é principalmente geográfica, mas não exclusivamente. Dialogamos com outras disciplinas do conhecimento científico. Além de definir o conceito, interessa mostrar a sua aplicação para analisar algumas situações de campo em que estão em jogo a soberania e a segurança alimentar. Assim, uma questão que conduz a discussão é: como as tecnologias socioterritoriais podem impactar a soberania alimentar? Qual é a relação entre as tecnologias com base no território e a conquista/permanência na terra? Trata-se de um estudo teórico de elaboração de um conceito e de teste de sua aplicação para a analisar um caso, em que há uma relação dialética entre teoria e empiria.

O trabalho clássico de Milton Santos (2017) fornece as bases, justamente porque trata do objeto da Geografia e da discussão metadisciplinar simultaneamente, enfatizando as variações das técnicas. A contribuição de sua obra para a presente reflexão é colocar a relação entre espaço e técnica como constitutiva do espaço geográfico. Ou seja, a técnica intermedeia a relação sociedade e natureza no processo de desenvolvimento do tempo e espaço de forma indissociada. Caberia à geografia contemporânea tratar da relação entre a universalização da técnica e a sua localidade.

Ele descreve o momento atual como o do predomínio do meio técnico-científico-informacional. Afirma que uma das características atuais da técnica é ser universal como tendência e que o capitalismo contribui para acelerar a internacionalização das técnicas. No entanto, no passado longínquo, havia tantas técnicas quantos os lugares e os grupos humanos, eram "sistemas técnicos" locais (ibidem, p.190). Ao longo da história, as trocas desiguais entre os grupos acabam por impor técnicas aos outros. Pode-se, em certo sentido, referir a "desterritorialização" e "reterritorialização" das técnicas. Santos cita o autor Thierry Gaudin, para quem haveria "técnicas elitistas" e "técnicas populares", resultando estas da combinação do saber fazer e da imaginação das massas que inventa objetos da vida cotidiana. Não existem técnicas em estado puro. "Na realidade, cada sociedade é caracterizada pela convivência de diversos modos de existência técnica, que coexistem e se afrontam, cada qual com suas próprias armas: para um deles, o confisco institucional; para o outro, a curiosidade e a necessidade" (ibidem, p.180).

Assim, Santos nos permite pensar as diferentes racionalidades em disputa que geram técnicas distintas. O autor aponta para as contrarracionalidades presentes nos pobres, nos migrantes, nos excluídos como outras formas de racionalidade (ibidem, p.309). É nesse registro que identificamos a conexão com as noções de tecnologia social e abordagem sociotécnica e com os conceitos de espaço geográfico e, principalmente, de território como categorias analíticas, como coloca o autor. Como veremos, o conceito de território envolve relações de poder e de identidade (Raffestin, 1993; Oliveira, 2002; Fernandes, 2015; Santos, 2011).

Por dedução das discussões sobre tecnologia social e território, formularemos o conceito de tecnologia socioterritorial. Esse conceito é posto à prova com a sua aplicação em diálogo com lutas por segurança e soberania alimentar. Para tal, vamos nos ater às manifestações das tecnologias socioterritoriais enquanto "sistemas de objetos e sistemas de ação", em sistemas agrícolas tradicionais, mas logicamente não ocorrem só ali. As tecnologias socioterritoriais relacionam-se com os sistemas agrícolas tradicionais, mas estão presentes nas disputas territoriais urbanas. Um "sistema agrícola tradicional" constitui-se numa relação entre plantas cultivadas, animais criados, saberes, sociabilidades, costumes alimentares e direitos, em que os agroecossistemas são manejados de acordo com a cultura local (Embrapa, 2019, p.23). A despeito de ser considerado um sistema agrícola tradicional, consideramos que na relação com a cultura local é possível construir ações inovadoras que fortaleçam os territórios estudados.

Tecnologia social, adequação sociotécnica e território

Encontramos uma articulação entre "tecnologia social" e "território" pela relação com práticas e concepções contra-hegemônicas, seja ela de ciência e tecnologia, de produção industrial ou agrícola, entre outros. Os dois conceitos estão ligados às reflexões sobre modos de produção não capitalistas, nesse sentido contra-hegemônicos, como as fábricas recuperadas pelos trabalhadores, a produção de ciência e tecnologias para empreendimentos de economia solidária (Dagnino, 2014; Novaes, 2010) ou os territórios camponeses (Oliveira, 2002; Fernandes, 2015). A ideia de tecnologia social está ligada às experiências de trabalhadores urbanos que passaram a ser donos dos meios de produção e às contradições de usar ou não as tecnologias dominantes da lógica capitalista.

Dagnino (2014) define a tecnologia social por contraste à tecnologia convencional, dominante ou hegemônica. Seu ponto principal é que a ciência (convencional ou capitalista) e, consequentemente, a tecnologia reforçam seu modelo de sociedade e, assim, inibem a mudança social. Os governos progressistas recentes do Brasil, com o objetivo de promover a inclusão social, incentivaram a concepção de tecnologias adequadas a tal fim. Segundo Dagnino (ibidem), a tecnologia convencional tem as seguintes características: é poupadora de mão de obra (aumentar a produtividade com menos trabalhadores e conseguir produzir mais); usa intensivamente insumos sintéticos; a cadência de produção é dada pela máquina; é ambientalmente insustentável; possui controles coercitivos que afetam a produtividade. Além disso, ela é "segmentada: não permite controle do produtor direto; maximiza a produtividade em relação à mão de obra ocupada; alienante: não utiliza a potencialidade do produtor direto; possui padrões orientados pelo mercado externo de alta renda; hierarquizada: demanda a figura do chefe; monopolizada pelas grandes empresas dos países ricos" (ibidem, p.21). Por sua vez, a tecnologia social "deve ser adaptada ao reduzido tamanho físico e financeiro; não discriminatória; liberada da diferenciação – disfuncional, anacrônica e prejudicial nos ambientes autogestionários – entre patrão e empregado; orientada para um mercado interno de massa; liberadora do potencial e da criatividade do produtor direto. Resumindo, deve ser capaz de viabilizar economicamente os empreendimentos autogestionários" (ibidem, p.21-2). O ponto central do autor é a necessidade de desenvolvimento de tecnologias dos empreendimentos autogestionários, que atendam a um determinado coletivo social, pois a tecnologia convencional está voltada para as empresas privadas.

Para Dagnino (2014), em termos organizacionais, os empreendimentos de economia solidária que adotam tecnologias sociais precisam ser competitivos e ter sustentabilidade perante o grande capital para serem uma alternativa econômica. Ele observa que muitos autores da perspectiva da economia solidária e da autogestão colocam a questão como de organização do trabalho e não de mudança do modelo de construção do conhecimento científico-tecnológico. O que precisa ser transformado, aponta, não é só a maneira de organizar o trabalho, e sim o substrato científico produtor de tecnologia. O autor defende a hipótese de que a universidade tem condições de aproximar as duas vertentes, ou seja, gerar tecnologia social a partir de tecnologia convencional. Nas palavras do autor:

> A ideia de que uma tecnologia tem "ponta" e que outras são "rombudas", de que algumas são altas e outras baixas, busca, na realidade, substituir a noção de que algumas tecnologias são adequadas para determinados fins, e não para outros, e dificulta a percepção de que algumas são funcionais para a reprodução do capital, mesmo que em detrimento de valores morais, ambientais etc. Mas essa concepção ideologizada do fenômeno científico e tecnológico, como tantas outras presentes no cotidiano, é hegemônica e, por isso, muito difícil de contestar. (ibidem, p.28)

Ao retomar a questão de Dagnino – de que não bastaria aos trabalhadores a propriedade dos meios de produção se não houver a criação de tecnologias adequadas –, Novaes (2010) refaz o histórico dos termos ligados à tecnologia social. O termo tecnologia apropriada, com alguns correlatos, é a categoria mais abrangente, que inclui desde a roca de fiar usada por Gandhi na Índia, entre 1924 e 1927, contra o imperialismo inglês, até as formulações de economia em escala local, dos anos 1970. A tecnologia apropriada, reforça Novaes (ibidem), refere-se ao conjunto de técnicas que utilizam os recursos disponíveis numa sociedade, buscando maximizar seu bem-estar. Algumas características: participação da comunidade na escolha da tecnologia, baixo custo de produção, tamanho – pequena ou média escala –, simplicidade, geração de renda, saúde, emprego, produção de alimentos, benefícios sociais e ambientais. Nesse sentido, a discussão sobre tecnologia social envolve uma crítica ao predomínio da visão de universal da ciência moderna, como destaca Novaes (ibidem).

Nesse caminho, o autor propõe o uso do termo adequação sociotécnica (AST). Estabelece momentos da adequação sociotécnica: o uso da tecnologia antes empregada ou a adoção de tecnologia convencional são percebidos como insuficientes; o processo de ter a propriedade coletiva dos meios de produção não é suficiente sem que haja a ampliação do conhecimento pelo trabalhador e uma gestão desses conhecimentos; a adaptação do processo de trabalho à forma de propriedade coletiva dos meios de produção e a adoção progressiva da autogestão; revitalização das máquinas e equipamentos junto com fertilização das tecnologias antigas com novas; as modalidades anteriores não dão conta da demanda por AST dos empreendimentos autogestionários, sendo necessário o emprego de tecnologias alternativas; incorporação de conhecimentos científico-tecnológicos existentes; incorporação de conhecimento científico-tecnológico novo (ibidem, p.186). Por fim, o autor defende que as redes de tecnologia social junto com as redes de economia solidária e com as incubadoras tecnológicas de economia solidária fortalecem a relação entre empreendimentos autogestionários e a adequação sociotécnica.

Por sua vez, o conceito geográfico de território no Brasil tem forte presença nos estudos dos conflitos agrários. Ele nos permite partir das culturas locais que vivem ameaças de expulsão. Os sistemas agrícolas tradicionais são centrais na disputa pelo território porque são formas de resistência.

Território pode ser definido pelo poder (ou controle de um espaço social) e implica a multidimensionalidade e a multiescalaridade. Se o poder é definidor, o território é um espaço em disputa pela apropriação, pelo controle ou pela soberania, consequentemente, os territórios são plurais. Além da dimensão política (do poder), as dimensões econômicas, sociais, culturais e ambientais estão sempre presentes; ou seja, não é uma dimensão que determina o conceito. Pode tanto se referir a uma pequena área ou a um país, pois o potencial analítico do conceito está em possibilitar transitar da escala local para a global e vice-versa. Muitas vezes, o fato de definir território pela apropriação leva ao equívoco de que ele compreende apenas a propriedade do solo. Daí a necessidade de haver a multidimensionalidade. Tal definição está baseada, principalmente, nos textos de Oliveira (2002), Fernandes (2015) e Raffestin (1993). A definição feita por Santos (2011) complementa.

Contextualizando, para Raffestin (1993), o território é um conceito diferente de espaço, pois é resultado da ação de um ator social que, ao se apropriar de um espaço, o territorializa. O autor justifica essa definição porque concebe a Geografia como uma ciência das relações de poder. Ele atualiza a discussão sobre o conceito no interior da disciplina, que no final do século XIX o associava somente ao Estado-nação e hoje permite diferentes escalas. Raffestin é uma das principais referências para os trabalhos da geografia agrária brasileira de autores como Oliveira e Fernandes, com as respectivas nuances. Vamos nos ater a esses dois autores, por tratarem do território no registro da luta pela terra, que é o local das reinvindicações por segurança e soberania alimentar.

Oliveira (2002, p.74) enfatiza que território é "produto concreto da luta de classes travada pela sociedade no processo de produção de sua existência". Segundo ele, a ação conjunta de duas classes sociais distintas, o latifundiário e o capitalista, contra os camponeses explica os conflitos de terra e as disputas territoriais. Usa duas categorias para analisar a expansão da lógica capitalista sobre a produção agrícola no país: a "territorialização do capital monopolista", quando efetivamente as propriedades da terra e do negócio estão na mão da mesma pessoa física ou jurídica; e a "monopolização do território", quando o capital controla a produção sem ter necessidade de comprar a terra. Fica clara aí uma concepção de território e de territorialização em que o cerne é a disputa pela propriedade da terra e pelo controle da produção e, por isso, menciona território do capital e frações de território camponês. Porém, não é possível afirmar que o conceito de território se reduz à base material; pois, para o autor, o território é "síntese contraditória, como totalidade concreta do processo/modo de produção/distribuição/circulação/consumo e suas articulações e mediações supraestruturais (políticas, ideológicas, simbólicas etc.) em que o Estado desempenha a função de regulação" (ibidem).

Em trabalho intitulado "Sobre a tipologia de territórios", Fernandes (2015) parte do princípio de que as classes sociais produzem diferentes territórios e, por isso, um elemento presente no território é a conflitualidade. Mostra a disputa política e acadêmica entre duas concepções de território, uma que o coloca como espaço da governança e, consequentemente, o concebe como uno; outra que o define pelas relações de conflitos de classes e, por isso, é diverso. Descreve seis princípios contidos no conceito de território – soberania, totalidade, multidimensionalidade, pluriescalaridade, intencionalidade e conflitualidade –, que não cabe aqui expor. Sobre os tipos de território, coloca duas formas: material e imaterial. Os territórios materiais são aqueles dos fixos e fluxos, ou seja, são os espaços de governança, da nação (primeiro território), gerando múltiplos territórios: o das propriedades privadas (segundo território) e o das relações sociais (terceiro território). Este último diz respeito às diferentes territorialidades, isto é, às diversas formas de uso dos territórios em conflito. Além desses, os territórios imateriais tratam do controle do processo de construção do conhecimento e suas interpretações.

Por sua vez, Santos (2011) define "território usado" como o chão e a identidade. Tal perspectiva é distinta, mas não exclui aquelas vistas até aqui. A definição de território pela identidade, conforme realizada por Santos, não o separa das disputas territoriais. Os casos analisados, mais à frente, mostram a relação entre identidade, território e tecnologias socioterritoriais.

Nos últimos anos, em decorrência das políticas públicas com caráter territorial promovidas pela Secretaria de Desenvolvimento Territorial, do Ministério do Desenvolvimento Agrário (SDT/MDA), entre 2004 e 2016, houve uma produção de estudos sobre tecnologias sociais e desenvolvimento territorial. O trabalho de Filho e Fernandes (2009) mostra a ligação entre as políticas públicas da SDT/MDA, as tecnologias sociais e o desenvolvimento regional do Nordeste. Tais políticas tinham caráter territorial, baseado numa delimitação que abrangia um conjunto de municípios cuja unicidade era definida por critérios identitários, de modo que o território era foco e sujeito do desenvolvimento (ibidem, p.231). A tecnologia social, nesses casos, era compartilhada por todo o território rural. Uma das tecnologias sociais que ficaram mais conhecidas nas políticas de desenvolvimento territorial rural foi a cisterna para armazenar água da chuva, do Programa Um Milhão de Cisternas. O trabalho de Costa e Dias (2013) analisa o referido programa partindo da ideia de convivência com o Semiárido, do trabalho da organização Articulação Semiárido Brasileiro (ASA) e de sua parceria com o Ministério do Desenvolvimento Social (MDS) para a realização do projeto. O ponto crítico da política se deu quando o MDS, em 2011, buscou ampliar a abrangência do programa e permitiu a colocação de cisternas de plástico, fazendo-o perder o caráter de tecnologia social, e, posteriormente, teve de voltar atrás por causa da pressão da ASA (ibidem).

Ainda nesse período recente da história político-econômica do país, as tecnologias sociais estiveram associadas às lutas por segurança e soberania alimentar. Por exemplo, Weid (2009) defende a agroecologia como tecnologia social para garantir a segurança alimentar, mais do que matar a fome e superar as condições de subnutrição. Pena (2009), ao analisar o trabalho de assessoria e parceria a projetos de tecnologia social para o desenvolvimento rural, mostra a importância de dialogar com os atores locais e fortalecer suas capacidades de organização antes de qualquer outra ação. Destaca a experiência da tecnologia social Produção Agroecológica Integrada e Sustentável (Pais), que promove a articulação de aspectos nutricionais da segurança alimentar, geração de renda e sustentabilidade. Essa produção agroecológica utiliza compostagem, cobertura vegetal, irrigação por gotejamento e combina conhecimentos diversos dos camponeses. No município de Pai Pedro (MG), de 6 mil habitantes, passou a existir uma feira municipal com produtos de trinta lugares diferentes formados em dois anos de trabalho da tecnologia social para produção agroecológica integrada. Além disso, a alimentação escolar local passou a incorporar produtos do lugar em vez de comprá-los de Belo Horizonte.

A definição de tecnologia socioterritorial: primeiras aproximações

Com base na discussão realizada, podemos apresentar a seguinte definição de tecnologia socioterritorial: toda tecnologia (seja ela como produto ou processo, material ou imaterial) criada a partir da cultura local, enraizada nos sítios simbólicos de pertencimento (Zaoual, 2006) de determinadas comunidades, em suas múltiplas dimensões, de acordo com as condições e as necessidades do lugar e visando a resistência no território, a permanência e a reprodução sociocultural e ambiental e que, dessa forma, pode se territorializar e se ampliar em diferentes escalas. Talvez a principal tecnologia socioterritorial seja a articulação comunitária e as diferentes formas de unir as lutas dos povos e comunidades tradicionais e do campo, tais como fóruns, redes, feiras de trocas de sementes, entre outros. O que se apresenta como elemento central na definição de tecnologia socioterritorial é, portanto, a correlação entre a produção material e imaterial que se realiza em condições comunitárias específicas, em territórios, definindo a sua territorialidade. Pode haver nesses territórios a reprodução de saberes e a articulação de novos saberes. É nesse sentido que se consolidam como tecnologias socioterritoriais, pois se realizam com base no território e nas relações sociais de produção específicas.

As discussões que envolvem tecnologias sociais como processos contra-hegemônicos, isto é, que se colocam como processos populares de desenvolvimento do conhecimento, de disputa de poder, de autonomia e de soberania – no nosso caso de estudo, soberania alimentar (Via Campesina, 1996) –, colocam o conceito de território como o articulador das diversas dimensões envolvidas. Uma tecnologia, quando se verticaliza sobre um território, carrega consigo um conjunto de significados, de informações e de valores que também se horizontalizam sobre o mesmo território.

A lógica da técnica que desconsidera as relações preexistentes em determinados territórios, sejam elas de ordem social, cultural ou natural, é a forma hegemônica de territorializar subordinando o lugar ao mundo. O que Milton Santos conceitua como fragmentação dos lugares (Santos, 2017) se traduz pela degradação ambiental, pelo empobrecimento e pela alienação. Uma miopia ideológica que desvincula as pessoas da sua terra, suas tradições culturais, sua saúde e relações sociais. De outro ponto de vista, as inovações sociais enraizadas (Zaoual, 2006), as tecnologias que emergem dos lugares, das comunidades, com frequência são heranças culturais e, por sua vez, são compostas de acúmulos de conhecimentos, resultantes da combinação espaço/tempo. No tempo/espaço atual, as tecnologias sociais combinam herança e inovação, reafirmando a importância do conhecimento tradicional, mas em diálogo com novos conhecimentos produzidos em comunidade; assim, ressignifica-se a função da tecnologia social como estratégia de luta pela soberania alimentar e, em última análise, pelo empoderamento dos territórios contra-hegemônicos.

Portanto, compreende-se que as tecnologias socioterritoriais voltadas à soberania e à segurança alimentar estão enraizadas nos territórios como instrumentos de luta política. Elas se originam na história dos povos e comunidades tradicionais, mas também podem emergir nos movimentos socioterritoriais (Fernandes, 2005). Sua difusão como meio de inovação social e de construção de um modelo territorial contra-hegemônico implica a observação de diversas dimensões que se integram e se horizontalizam no território a partir de uma nova proposta. Essas dimensões envolvem a compreensão do significado da tecnologia socioterritorial como um produto, isto é, como um resultado material de um conjunto de conhecimentos ou como um processo que contribua coerentemente para a constituição de um novo arranjo territorial. O produto e/ou processo pode ter uma origem ancestral, ou seja, ser herdado histórica e culturalmente de outras gerações de uma comunidade, e ser mantido e/ou ressignificado até os tempos atuais. Também pode ser uma inovação resultante de novos conhecimentos estabelecidos em diálogo com uma rede sociotécnica solidária.

A tecnologia socioterritorial é coletivamente construída e apropriada. A construção inovadora de territórios implica a oposição a

Figura 3.1 – Esquema conceitual de tecnologias socioterritoriais

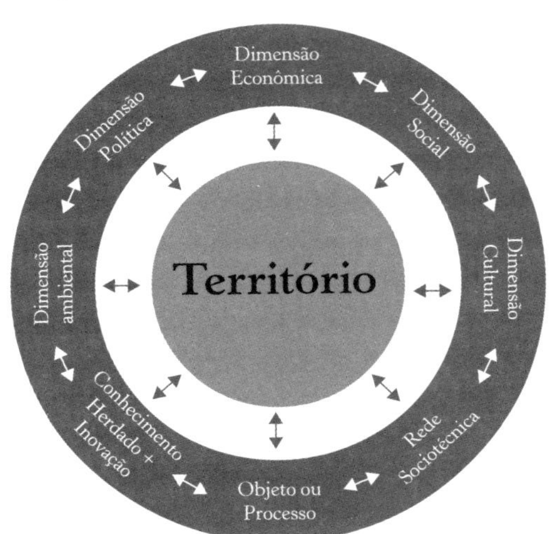

perspectivas patriarcais, a valorização do conhecimento dos mais velhos e o respeito às necessidades dos mais jovens. Implica também a distribuição equitativa e transparente dos benefícios (inclusive de renda) e das soluções trazidas pela tecnologia social. Respeita e valoriza as raízes culturais. Os ressignificados atuais da cultura ancestral são um manancial de conhecimentos para o diálogo intercultural, que acolhe e adapta os novos conhecimentos às necessidades e características de cada comunidade. As tecnologias socioterritoriais resultam dos diversos diálogos internos e externos a uma fronteira simbólica, portanto, territorial, a um sítio simbólico de pertencimento. Implicam o confronto com ideias externas, por vezes divergentes, o que pode resultar em um movimento ou uma inovação política. Estabelecem-se e são apropriadas na medida em que a participação política da comunidade é estimulada e realizada, inclusive no entorno da tecnologia. Portanto, ao se transformar em luta pela manutenção da vida no território, uma tecnologia socioterritorial inova e favorece a participação política comunitária.

Em termos econômicos, a literatura (Dagnino, 2014; Novaes, 2010) indica que essas tecnologias são iniciativas de pequeno porte, de baixa intensidade de capital agregado e, geralmente, associadas a perspectivas da economia solidária. Ainda, como inovação territorial implicam ser ambientalmente compatível, levando em consideração todo um sistema ecodinâmico (Tricart, 1977). Finalmente, como resultado de um diálogo de saberes, as tecnologias socioterritoriais se fortalecem quando são acolhidas e potencializadas por um sistema de redes. Portanto, resultam de um conjunto de fatores territorializados e, portanto, embora possam ser analisadas separadamente, não são setores do território, mas compõem de forma integrada o processo de territorialização (Figura 3.1).

Mapeamento das tecnologias socioterritoriais

Com o intuito de observar e analisar tecnologias socioterritoriais, partimos para uma pesquisa empírica no território de comunidades tradicionais da chamada Costa Verde, compreendendo comunidades do litoral sul fluminense e do litoral norte de São Paulo, mais especificamente dos municípios de Paraty e Ubatuba. Este estudo foi baseado na participação e interação entre os sujeitos envolvidos na pesquisa para a construção coletiva do conhecimento. Essa premissa encontra-se na pesquisa participante e na pesquisa-ação, as quais também se fundamentam na crítica às práticas científicas convencionais (Thiollent; Silva, 2007). O trabalho foi desenvolvido com base nos procedimentos metodológicos da pesquisa participante (Brandão, 1984; Gil, 1991) e o referencial teórico sobre pesquisa-ação (Tripp, 2005; Koerich et al., 2009). Resulta de uma pesquisa apoiada pelo Conselho Nacional de Desenvolvimento Científico e Tecnológico (CNPq), cujo objetivo geral foi mapear tecnologias sociais para soberania e segurança alimentar de comunidades tradicionais e no assentamento Mário Lago, no interior do estado de São Paulo.

Apresentaremos aqui a experiência de campo realizada nas comunidades do litoral sul fluminense e litoral norte de São Paulo, com base na investigação realizada durante os anos de 2018 e 2019;

entretanto, a relação com as comunidades dos territórios em questão se desenvolve há mais de vinte anos.

Para a realização da pesquisa, reunimo-nos com representantes do Fórum de Comunidades Tradicionais (FCT) e com o Observatório de Territórios Sustentáveis e Saudáveis da Bocaina (OTSS), um projeto de extensão da Fundação Oswaldo Cruz (Fiocruz), pelo menos quatro vezes em Paraty, para discutir os termos de parceria e desenvolvimento do estudo. Ficou claro que não havia interesse por parte nem das comunidades nem do observatório em acolher pesquisas que não dialogassem com as demandas locais. Então, construímos uma agenda de trabalho que envolveu um processo de compreensão de ambas as partes do que seria possível desenvolver conjuntamente. Isso foi fundamental para que pudéssemos ajustar nossos objetivos de acordo com os interesses e demandas dos lugares e o compromisso de projeto de pesquisa participante.

A aproximação com os sujeitos envolvidos na pesquisa também proporcionou a consulta de documentos que abordam as atividades estudadas. Tivemos acesso a relatórios de projetos, cartilhas, apresentações e banco de dados espaciais. Mediante as partilhas, encontros, reuniões e diálogos, foi possível compreender o significado de algumas tecnologias sociais em cada comunidade visitada, principalmente de uma comunidade em específico: o Quilombo do Campinho. Nesse território, identificamos o que denominamos de nó de uma rede de relações sociotécnicas (Figura 3.2).

O Quilombo tem seus representantes também na coordenação do OTSS. Diversas ações desenvolvidas pelo FCT e pelo OTSS são realizadas no Quilombo do Campinho e, principalmente, no espaço do restaurante comunitário. Portanto, partimos do Quilombo como unidade a ser analisada e como um nó para a compreensão do que estamos entendendo como rede sociotécnica, composta pelas comunidades, suas tecnologias, suas peculiaridades, que compõem parte (não o universo) do FCT.

Partimos de uma proposta de reuniões com formato de grupo focal (Trad, 2009) e escolhemos as comunidades a partir de um processo de bola de neve (Vinuto, 2014). A partir daí, realizamos

Figura 3.2 – Rede de tecnologias socioterritoriais para soberania e segurança alimentar

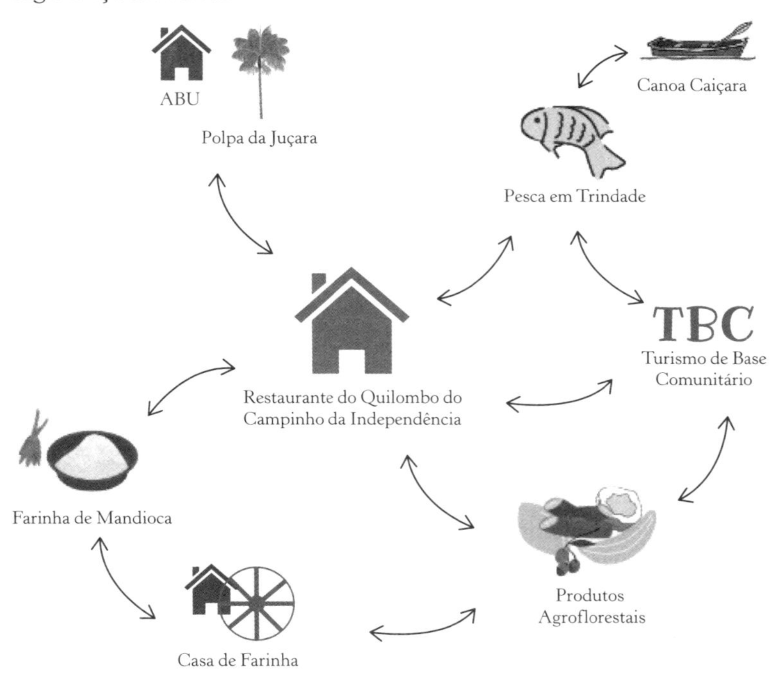

uma série de trabalhos de campo para o desenvolvimento de grupos focais. Para isso, construímos previamente um roteiro de questões norteadoras da dinâmica. No litoral paulista e do Rio de Janeiro, o primeiro grupo focal foi realizado na comunidade do Ubatumirim, a partir da indicação sobre a produção da polpa do fruto da palmeira juçara (*Euterpe edulis*). O segundo foi realizado no restaurante do Quilombo do Campinho. A avaliação a respeito da metodologia de grupo focal nos fez mudar para o formato de roda de conversa, pois a formalidade do grupo focal não se mostrou eficaz para nossa pesquisa. Em seguida, realizamos conversas na Praia da Trindade e no Quilombo do Camburi. Essas rodas de conversa nos levaram a estruturar preliminarmente uma representação das relações entre as comunidades e o restaurante do Quilombo.

Mapa 3.1 – Localização das comunidades envolvidas com a pesquisa

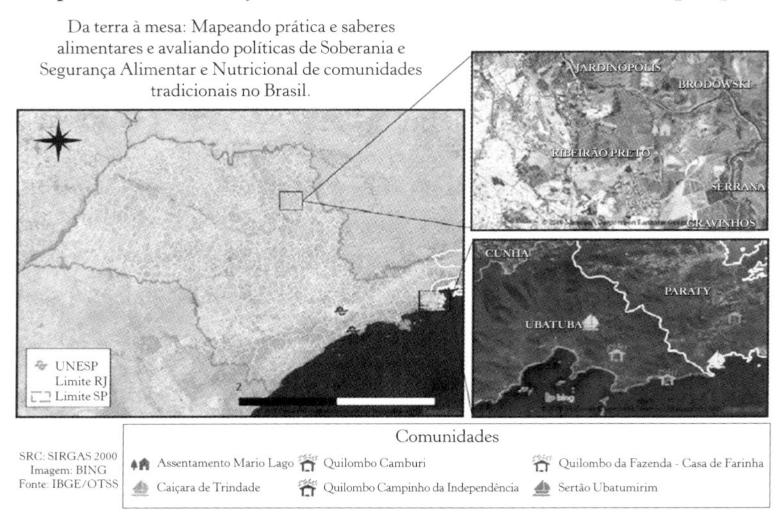

A partir da metodologia da bola de neve definimos, então, que restringiríamos nosso trabalho às seguintes comunidades: Quilombo do Campinho, Trindade, Quilombo da Fazenda, Quilombo do Camburi e Sertão do Ubatumirim, além do assentamento Mário Lago, em Ribeirão Preto (Mapa 3.1).

Em cada comunidade foram realizadas filmagens dos processos e artefatos representativos das tecnologias socioterritoriais, seguindo uma lógica da terra à mesa – desde o processo de contato direto com a natureza, passando por todos os processos de transformação executados pela comunidade até o consumo final como alimento.

Como um dos resultados da construção teórica sobre as tecnologias socioterritoriais relacionadas à soberania e segurança alimentar, organizamos um instrumento de pesquisa e cadastro das tecnologias, que foi utilizado em cada comunidade para obter as informações em formato de dados que indiquem o significado e as características das tecnologias socioterritoriais. Neste texto, apresentamos como exemplo de tecnologia socioterritorial o trabalho desenvolvido com o fruto da juçara (*Euterpe edulis*), realizado pela comunidade do Sertão de Ubatumirim, em Ubatuba (SP).

O fruto da juçara como tecnologia socioterritorial na comunidade do Sertão de Ubatumirim, em Ubatuba (SP)

A comunidade de caiçaras do Sertão do Ubatumirim está localizada na porção norte do município de Ubatuba e tem um histórico de manejo agroflorestal que beneficia a produção de banana e de mandioca (Macedo; Ming, 2016) e extração de plantas nativas, especialmente o palmito-juçara (espécie ameaçada de extinção e cujo corte está proibido). Com a criação do Parque Estadual da Serra do Mar (1977) e do Parque Nacional da Serra da Bocaina (1971), foram incorporadas áreas com ocupação humana em seu interior. Assim, parte de Ubatumirim está instalada dentro dos limites dos dois parques. A maior parte está assentada fora dos limites das Unidades de Conservação, mas nas bordas dos parques (Raimundo, 2007). Esse processo acarretou restrições no uso que a comunidade sempre fez do território e é origem de inúmeros conflitos socioambientais da região, pois "a legislação não prevê essa convivência e dificulta todas as iniciativas. As comunidades de repente não podem mais fazer roça de mandioca e banana, que davam o seu sustento. Não podem tirar material para o artesanato, não conseguem mais sobreviver dentro de seu território" (Bufalo, 2015).

A comunidade é famosa na região por ter sido uma das poucas que resistiram às restrições de práticas agrícolas da legislação que rege Unidades de Conservação após a criação do Parque Estadual da Serra do Mar e do Parque Nacional da Serra da Bocaina (Macedo; Ming, 2016).

> Tudo ocorre dentro do território tradicional, havendo um aspecto de intrusão de unidade de conservação recém-definida sobre um território tradicional ancestral. A comunidade não reconhece a Unidade de Conservação. A gente não aceita mais essa colocação de que estamos numa Unidade de Conservação. A gente tem que inverter isso. Há uma Unidade de Conservação sobreposta ao território tradicional. (Liderança da comunidade)

Nesse contexto, o Instituto de Permacultura e Ecovilas da Mata Atlântica (Ipema) iniciou em 2005 um trabalho de capacitação para o manejo sustentável da palmeira juçara com comunidades da região e, entre 2010 e 2011, com apoio da Petrobrás Ambiental, implementou o Projeto Juçara, que tinha como objetivo "divulgar e expandir a utilização dos frutos da juçara para produção de polpa de fruta e, também, a consolidação de sua cadeia produtiva por meio de difusão do manejo sustentável da juçara para geração de renda associada a atividades de recuperação de espécies da Mata Atlântica" (Ipema, 2019, on-line). A partir daí, o Ipema amplia suas ações criando o Programa Juçara. Essa iniciativa possibilitou diversas ações no sentido de promover e apoiar as comunidades para a gestão e organização de sua produção, incluindo outros produtos além da polpa do fruto da juçara.

Nessa trajetória de conflitos e disputas territoriais, a comunidade articula os seus conhecimentos tradicionais de manejo da mata e da roça com a incorporação das inovações externas e inicia o manejo sustentável da juçara e a fabricação de polpa do seu fruto. A descoberta do processamento do fruto para produção de uma bebida similar ao famoso açaí amazônico, em vez da derrubada da planta para extração do palmito, trouxe um novo campo de trabalho para os agricultores, baseado no manejo florestal comunitário (ibidem). A lógica produtiva manejada entre o que se planta e o que se extrai da mata faz parte da cultura caiçara para garantir um mecanismo de segurança alimentar e está relacionada com o sistema de conhecimentos, crenças e sentimentos da comunidade. Ou seja, reflete os modos de vida e a luta pelo território.

O principal objetivo dessa nova tecnologia social é gerar respeito e valorização pelo modo de vida tradicional. Além de gerar renda, produz autonomia e assegura uma alimentação mais saudável. Essa tecnologia socioterritorial assegura a perpetuação da juçara, palmeira que está na lista de espécies ameaçadas de extinção por causa da exploração para produção de palmito. A juçara sempre esteve ligada à vida comunitária por meio da extração do palmito para alimentação, corte do caule para o emadeiramento das paredes de casas e telhados e das folhas como cobertura de casas. Ao ser desenvolvida uma nova possibilidade de uso dessa palmeira, a extração do fruto, o conhecimento tradicional é ressignificado por valores ligados à sustentabilidade, associando os conhecimentos tradicionais a novas responsabilidades e novas práticas na comunidade e, ao mesmo tempo, projetando um forte protagonismo na luta pelo território. "Fazer um trabalho com uma espécie que está em risco de extinção traz uma responsabilidade, mas ao mesmo tempo traz uma imagem de protagonismo muito forte. Isso é um fator bem positivo" (Liderança da comunidade).

Diante disso, pode-se dizer que essa tecnologia socioterritorial é resultante da cultura da comunidade em diálogo com um conhecimento externo. Essas experiências corroboram a construção de um novo conhecimento de forma participativa e coletiva, que reforça a especificidade do território; assim, configuram-se como uma tecnologia socioterritorial. Tais experiências se realizam ao associar os conhecimentos tradicionais caiçaras e quilombolas em um território específico, a Mata Atlântica, e a possibilidade de construção de novas relações sociais de produção. Embora Dagnino, Brandão e Novaes (2004) não se refiram ao território quando tratam de tecnologia social, indicam que ela é parte de um conhecimento criado para atender aos problemas que enfrentam uma organização, um grupo ou uma comunidade. Portanto, trata-se, como indica Zaoual (2006), de um sítio simbólico de pertencimento, que é desenvolvido de forma coletiva e participativa pelos interessados na construção de um cenário desejável e está enraizada no território como estratégia de luta. Logo, pode se configurar como uma tecnologia socioterritorial.

Os sujeitos envolvidos no processo de construção e utilização dessas tecnologias são agricultores integrantes da Associação de Bananicultores de Ubatuba (ABU), coletores, especialmente os jovens que participam de atividades de formação em relação ao manejo e coleta do fruto, e, esporadicamente, pessoas que não estão na ABU e não são produtores, mas têm áreas preservadas com muita palmeira e, assim, vendem ou cedem o acesso às suas terras aos coletores. São diretamente beneficiados pela tecnologia socioterritorial os associados da ABU envolvidos no processo de fabricação da polpa de fruto da juçara (vinte famílias) e os coletores e famílias que têm palmeiras disponíveis (mais ou menos vinte famílias).

Para construir, organizar e fortalecer a tecnologia socioterritorial, foi montada uma rede sociotécnica em torno do manejo, coleta, elaboração de produtos e comercialização. Além da ABU, que coordena o processo, há inúmeras parcerias com outras comunidades tradicionais da região, com o OTSS, com a Universidade Federal de São Paulo (Unifesp), com a Escola Superior de Agricultura Luiz de Queiroz (Esalq/USP), com a Universidade Estadual Paulista (Unesp) e com o Instituto Bacuri – Ervário Caiçara.[1] Historicamente, houve uma relação com a Casa de Cultura, especialmente em relação à emissão de Declaração de Aptidão ao Programa Nacional de Fortalecimento da Agricultura Familiar (Pronaf), o que foi fundamental para acessar políticas públicas para agricultura familiar, e com o Ipema, que deu o *input* ao processo de construção e incorporação da tecnologia pela comunidade.

O fruto da palmeira juçara (*Euterpe edulis*) é utilizado tanto para autoconsumo como para a comercialização, sob a forma de polpa de fruta. Também se produz o que é chamado de *mix*, que é um composto de juçara com outros frutos oriundos da agricultura familiar local. Em relação à venda, os principais mercados são o Programa Nacional de Alimentação Escolar (PNAE), lojas de alimentação natural (empórios, sorveterias e lojas de suco) e turistas, que têm procurado o produto diretamente na comunidade. Alguns pesquisadores denominam esse produto de "jaçaí", por causa das semelhanças com a polpa do fruto do açaí (*Euterpe oleracea*), palmeira da região amazônica.

1 O Ervário Caiçara é um viveiro de plantas medicinais nativas que tem o intuito de resgatar e difundir a medicina tradicional dos povos que vivem na Mata Atlântica. Com mais de duzentas espécies, localiza-se na comunidade rural do Sertão do Ubatumirim, em Ubatuba (SP) (https://www.otss.org.br/post/entrevista-os-quintais-medicinais-que-curam-e-garantem-a-saude-dos-povos-tradicionais).

Para a comunidade, divulgar e colocar o produto no mercado significa, mais do que uma relação de comercialização, a "venda de uma ideia". Ainda, outro aspecto fundamental é que nesse caso houve uma inversão da lógica mercadológica. Partiu-se do manejo comunitário de uma espécie com valor cultural e ecológico para a abertura de uma nova frente de mercado. Agricultores colocam uma preferência para o mercado baseados nas necessidades e preferências da comunidade.

> A venda de uma visão de modelo produtivo sustentável. Não seria só o produto em si. Porque senão cai numa rotina de escala de mercado e não tem o diferencial, o que é o principal, né, que é justamente o apelo sustentável. Muitos dos que compram, claro, compram porque é um produto nutritivo, mas muitos compram por causa do apelo do que significa fortalecer uma iniciativa como a nossa. Significa garantir a perpetuação da espécie. E aí a condição de se produzir alimento e todo ciclo produtivo. (Liderança da comunidade)

A condução do processo de utilização da tecnologia se faz por uma gestão compartilhada cujo foco está no processo, por isso, os resultados caminham bem. Atualmente, a ABU realiza duas grandes vendas por ano, garantindo a sustentabilidade financeira. Estão envolvidas na gestão cerca de vinte pessoas, que atuam em todas as etapas: produção, beneficiamento, administração e comercialização. O acompanhamento e a avaliação são realizados por meio de "autocontrole" entre as famílias produtoras. Todos são responsáveis por produzir e administrar os custos e os lucros da associação de forma participativa e horizontal.

> Não é só ser só produtor, é ser produtor, negociar contrato, fazer plano de venda, acompanhar a execução do contrato, acompanhar fluxo dentro da licitação, fazer administração dentro do Conselho de Alimentação Escolar (CAE) (que é quem define como se dará a compra dos 30% que são de obrigação do PNAE). (Liderança comunitária)

As contribuições dessa tecnologia socioterritorial podem ser enumeradas em quatro aspectos:

- autonomia, renda e empoderamento da comunidade;
- impacto ambiental;
- fortalecimento das organizações políticas;
- luta pelo território.

O primeiro ponto refere-se às questões de melhoria das condições de vida, autonomia e empoderamento da comunidade. Quando a polpa do fruto da juçara se torna conhecida fora da comunidade como um produto ambientalmente sustentável e nutritivo, que, além de gerar renda para as famílias, contribui para a preservação da Mata Atlântica, possibilita que outros produtos da comunidade, tais como o cambuci e outras espécies nativas, sejam conhecidos e viabilizados comercialmente e potencializa a comercialização de farinha de mandioca, banana, inhame e cará, entre outros alimentos ali produzidos. Isso fortalece a comunidade e melhora as condições de vida das famílias. Esse processo contribui para uma visão externa positiva não só em relação à comunidade, mas também às populações tradicionais que vivem em áreas de Unidades de Conservação. O olhar externo contribui para o fortalecimento do enfrentamento dos "inimigos", pois ajuda a criar laços de solidariedade e confiança e a aproximar a população urbana de produtos regionais, a promover a maior visibilidade da comunidade e a elevar a sua autoestima; consequentemente, os integrantes passam a se reconhecer como sujeitos sociais importantes na preservação do bioma e da cultura tradicional.

O segundo aspecto diz respeito ao impacto ambiental da tecnologia socioterritorial, que é positivo no sentido de contribuir para a propagação da espécie florestal dentro e fora do território, por meio da dispersão de sementes, da formação de viveiros para a reintrodução da espécie em áreas sem a palmeira e da socialização do uso do fruto da juçara como alimento nutritivo em substituição ao palmito.

Outro elemento importante refere-se ao fortalecimento das organizações políticas. A tecnologia tem fortalecido as organizações políticas das comunidades tradicionais no território, em especial o FCT de Ubatuba, Paraty e Angra dos Reis, no sentido de respaldar suas formas de vida e de produção, mostrando que é possível viver, produzir e, ao mesmo tempo, preservar o meio ambiente. Além disso, dá elementos fundamentados na prática cotidiana para a cobrança de políticas públicas e de respeito aos comunitários que vivem nessas áreas.

Por fim, o quarto aspecto da contribuição da tecnologia se relaciona à luta pelo território. Ao se colocar como uma referência de manejo sustentável dos recursos que o território proporciona e uma inspiração para outras comunidades, cria-se uma força coletiva que atenua investidas externas baseadas no racismo ambiental (Bullard, 2004).[2]

Considerações finais

O desenvolvimento de pesquisa-ação pressupõe uma mudança, uma transformação a partir de relações dialógicas que se estabelecem entre sujeitos de uma pesquisa. Nesta pesquisa, não sistematizamos mudanças, pois o tempo não foi suficiente para podermos avaliar o que mudou a partir desse diálogo. No entanto, nós, que propusemos a pesquisa, certamente mudamos nossa postura, nosso método, nossa forma de dialogar com as redes sociotécnicas com as quais nos relacionamos. Desse diálogo aprofundaram-se relações de amizade e de compreensão mútua do significado de conhecimento, técnica e território. Fomos acolhidos no sítio simbólico de pertencimento de quilombolas, caiçaras e indígenas. E, a partir desse

2 Racismo ambiental: "Consideramos que há um processo de expropriação do campo, de alteração do modo de vida desses povos dentro do próprio território. Isso ocorre porque há um modelo de desenvolvimento dominante que prega que o modo de viver urbano e branco é superior, e que os manejos da terra tradicionais são atrasados" (Cristiane Faustino, na reportagem "Entendendo o racismo ambiental", de Sheryda Lopes, texto publicado originalmente no jornal cearense *O Estado*). Ver: https://fase.org.br/pt/informe-se/noticias/entendendo-o-racismo-ambiental/.

acolhimento, traduzimos o significado de soberania e segurança alimentar, que outros movimentos sociais e a ciência adotam. Compreendemos que o significado de soberania e segurança alimentar para essas comunidades está diretamente vinculado a sua luta em defesa de seus territórios. Seja pela luta para permanência e uso da terra, seja pela valorização de suas manifestações culturais e artísticas e pelas relações simbólicas que desenvolvem entre os pertencentes a essas comunidades.

A cultura, as relações sociais estabelecidas historicamente e a organização política atual compõem a base de conhecimento que os locais possuem sobre a dinâmica da natureza na terra e no mar. E é a partir desse conjunto de conhecimentos que essas comunidades tratam o alimento. Um conjunto de conhecimentos que foi herdado de seus antepassados e foi se somando aos novos conhecimentos adquiridos no diálogo com novos sujeitos, aliados na luta pelo território. Tecnologias herdadas, muitas vezes ressignificadas para adequação ao tempo histórico da luta atual. Alimento que serve para o autoconsumo, que representa a resistência, mas que também abastece e alimenta as crianças das escolas e, portanto, as educa para a luta pelo direito à alimentação saudável e acessível. Turistas que se alimentam de representações históricas desses sítios simbólicos de pertencimento e passam a fazer parte desse movimento de construção de rede sociotécnica, que, em última análise, representa um conjunto de conhecimentos e ações para a proposta de uma territorialidade contra-hegemônica.

Dessa maneira, a juçara, conhecida entre caiçaras, quilombolas e indígenas, que era usada para alimentação pela extração do palmito, corte do caule para o emadeiramento das paredes de casas e telhados e das folhas como cobertura de casas, deixou de ser cortada. A polpa da fruta, antes desconhecida, passou a fazer parte do cardápio alimentar das comunidades, das crianças nas escolas e dos turistas no restaurante do Quilombo do Campinho. Todo um processo produtivo, que se inicia na coleta do fruto, passa pelo armazenamento, despolpa, armazenamento em câmaras frigoríficas, processamento com outras frutas e comercialização por meio do PNAE e também para o restaurante do Quilombo, integra uma série de sujeitos coletivos.

Tais sujeitos têm nesse processo e no produto uma tecnologia socioterritorial, que trouxe uma solução alimentar e de geração de renda para eles e é, atualmente, um elemento fundamental na luta pela resistência comunitária. Assim como a juçara, podemos falar da farinha, da canoa caiçara, da pesca no cerco, da roça e dos sistemas agroflorestais tradicionais. Todos os produtos e processos se articulam e têm no restaurante do Quilombo um dos nós dessa rede sociotécnica de resistência territorial comunitária.

Referências

BRANDÃO, C. R. *Pesquisa participante*. São Paulo: Brasiliense, 1984.

BUFALO, H. 10 anos: a Mata Atlântica protegida. Entrevista dada à Angela Pappiani, 2019. Disponível em: http://www.casa.org.br/pt/10-anos-a--mata-atlantica-protegida/. Acesso em: 25 maio 2020.

BULLARD, R. Enfrentando o racismo ambiental no século XXI. In: ACSELRAD, H.; HERCULANO, S.; PÁDUA, J. A. *Justiça ambiental e cidadania*. Rio de Janeiro: Relume Dumará, 2004. p.40-68.

COSTA, A. B.; DIAS, R. B. Estado e sociedade civil na implantação de políticas de cisternas. In: COSTA, A. (Org.). *Tecnologias sociais e políticas públicas*. São Paulo: Instituto Pólis; Brasília: Fundação Banco do Brasil, 2013.

DAGNINO, R. A tecnologia social e seus desafios. In: DAGNINO, R. *Tecnologia social*: contribuições conceituais e metodologias. Campina Grande: EDUEPB; Florianópolis: Insular, 2014. p.19-34. Disponível em: http://books.scielo.org. Acesso em: 25 maio 2020.

DAGNINO, R.; BRANDÃO, F. C.; NOVAES, H. T. Sobre o marco analítico conceitual da tecnologia social. In: LASSANCE JR., A. E. et al. *Tecnologia social*: uma estratégia para o desenvolvimento. Rio de Janeiro: Fundação Banco do Brasil, 2004. p.15-64.

EMBRAPA (Empresa Brasileira de Pesquisa Agropecuária). *Sistemas agrícolas tradicionais no Brasil*. Brasília: Embrapa, 2019.

FERNANDES, B. M. Movimentos socioterritoriais e movimentos socioespaciais: contribuição teórica para uma leitura geográfica dos movimentos sociais. *Revista Nera*, Presidente Prudente, ano 8, n.6, 2005. Disponível em: http://www2.fct.unesp.br/nera/revistas/06/Fernandes.pdf. Acesso em: 25 maio 2020.

______. Sobre a tipologia de territórios. In: SAQUET, M.; SPOSITO, E. S. (Orgs.). *Territórios e territorialidades*: teorias, processos e conflitos. Rio de Janeiro: Consequência, 2015.

FILHO, V.; FERNANDES, R. Tecnologia social e desenvolvimento regional no Nordeste do Brasil. In: OTTERLOO, A. et al. *Tecnologias sociais*: caminhos para a sustentabilidade. Brasília: Rede de Tecnologia Social (RTS), 2009.

GIL, A. C. *Como elaborar projetos de pesquisa*. 3.ed. São Paulo: Atlas, 1991.

IPEMA (Instituto de Permacultura e Ecovilas da Mata Atlântica). Programa Juçara. 2019. Disponível em: http://ipemabrasil.org.br/projetos/. Acesso em: 25 maio 2020.

KOERICH, M. S. et al. Pesquisa-ação: ferramenta metodológica para a pesquisa qualitativa. *Revista Eletrônica de Enfermagem*, Goiânia, v.11, n.3, p.717-23, 2009. Disponível em: http://www.fen.ufg.br/revista/v11/n3/v11n3a33.htm. Acesso em: 25 maio 2020.

MACEDO, G. S. S. R; MING, L. C. Espécies alimentícias manejadas por caiçaras do Sertão do Ubatumirim (São Paulo), Sudeste do Brasil. *Bioikos*, Campinas, ano 30, n.1, p.1-17, jan./jun. 2016.

NOVAES, H. T. A proposta da adequação sociotécnica. In: NOVAES, H. T. *O fetiche da tecnologia*: a experiência das fábricas recuperadas. São Paulo: Expressão Popular, 2010.

OLIVEIRA, A. U. A geografia agrária e as transformações territoriais recentes no campo brasileiro. In: CARLOS, A. F. A. (Org.). *Novos caminhos da geografia*. São Paulo: Contexto, 2002.

PENA, J. O. Tecnologia social e o desenvolvimento rural. In: OTTERLOO, A. et al. *Tecnologias sociais*: caminhos para a sustentabilidade. Brasília: Rede de Tecnologia Social (RTS), 2009.

RAFFESTIN, C. *Por uma geografia do poder*. São Paulo: Ática, 1993.

RAIMUNDO, S. *As ondas do litoral norte (SP)*: difusão espacial das práticas caiçaras e do veraneio no Núcleo Picinguaba do Parque Estadual da Serra do Mar (1966-2001). Campinas, 2007. Tese (Doutorado em Ciências) – Instituto de Geociências, Universidade Estadual de Campinas.

SANTOS, M. O dinheiro e o território. In: SANTOS, M. et al. *Território, territórios*: ensaios sobre o ordenamento territorial. Rio de Janeiro: Lamparina, 2011.

______. *A natureza do espaço*: técnica e tempo, razão e emoção. São Paulo: Edusp, 2017.

THIOLLENT, M.; SILVA, G. de O. Metodologia de pesquisa-ação na área de gestão de problemas ambientais. *RECIIS – Revista Eletrônica de

Comunicação, Informação e Inovação em Saúde, Rio de Janeiro, v.1, n.1, p.93-100, jan./jun. 2007.

TRAD, L. A. B. Grupos focais: conceitos, procedimentos e reflexões baseadas em experiências com o uso da técnica em pesquisas de saúde. *Physis – Revista de Saúde Coletiva*, Rio de Janeiro, v.19, n.3, pp.777-96, 2009. Disponível em: https://doi.org/10.1590/S0103-73312009000300013. Acesso em: 25 maio 2020.

TRICART, J. *Ecodinâmica*. Rio de Janeiro: IBGE, 1977. n.p. Fotocópia.

TRIPP, D. Pesquisa-ação: uma introdução metodológica. *Educação e Pesquisa*, São Paulo, v.31, n.3, p.443-66, set./dez. 2005.

VIA CAMPESINA. Soberanía alimentaria, un futuro sin hambre – Declaración de 1996. Disponível em: https://nyeleni.org/spip.php?article38. Acesso em: maio 2019.

VINUTO, J. A amostragem em bola de neve na pesquisa qualitativa: um debate em aberto. *Temáticas*, Campinas, v.22, n.44, 2014. Disponível em: https://econtents.bc.unicamp.br/inpec/index.php/tematicas/article/view/10977. Acesso em: 2 fev. 2021.

WEID, J. M. Agroecologia: um modelo agrícola para garantir a segurança alimentar. In: OTTERLOO, A. et al. *Tecnologias sociais*: caminhos para a sustentabilidade. Brasília: Rede de Tecnologia Social (RTS), 2009.

ZAOUAL, H. *Nova economia das iniciativas locais*: uma introdução ao pensamento pós-global. Rio de Janeiro: DP&A; COPPE/UFRJ, 2006.

4
Aprendizados e experiências de transição agroecológica de camponeses no estado do Ceará

Maria Aline da Silva Batista
Alexandra Maria de Oliveira

Introdução

O estudo sobre a produção agroecológica, do ponto de vista teórico da Geografia, justifica-se pela necessidade de entender como as mudanças nas técnicas de produção alteram as relações sociais que se estabelecem no espaço, transformando-o. A análise geográfica sobre o tema proposto visa compreender também outra dimensão da luta pela terra: a luta para permanecer na terra.

A agroecologia é um tema que começou a ser difundido a partir da década de 1970, no entanto, o saber traduzido pela ciência agroecológica "tem a idade da própria agricultura" (Hecht, 2002, p.21). No Brasil, a agroecologia passou a fazer parte do debate sobre a agricultura na década de 1990, em consequência da necessidade de vislumbrar uma alternativa diante das críticas feitas pelos movimentos sociais à agricultura convencional e seus impactos ambientais e sociais.

O conhecimento agroecológico produzido quase sempre deriva de duas vertentes, uma chamada de Escola Norte-Americana de Agroecologia, representada por Altieri (2012) e Gliessman (2000), entre outros, e, no Brasil, muito difundida pelos agrônomos, especialmente por Caporal e Costabeber (2000), os quais entendem essa ciência como um campo do conhecimento com princípios e conceitos voltados para a aplicação no desenho e manejo dos agroecossistemas. A outra é a Escola Europeia, cujos estudos têm por base as teorias sociológicas do campesinato, e seus principais representantes são Manuel Gonzáles de Molina (2011) e Sevilla Guzmán (2001), entre outros, para os quais o debate agroecológico tende a ser mais amplo e envolve "valores, qualidade de vida, trabalho, renda, democracia, emancipação política, em um mesmo processo" (Pádua, 2001 apud Schmitt, 2013, p.181). Tanto uma quanto outra trazem contribuições válidas, sendo, inclusive, complementares, por isso neste trabalho parte-se de princípios e conceitos de ambas.

Neste artigo, a análise da produção e da comercialização agroecológicas no Nordeste do Brasil (Rodrigues, 2017; Lima, 2017) alicerça-se na compreensão dos processos contraditórios inerentes ao desenvolvimento do capitalismo no campo. Reconhece-se que, concomitantemente à expansão do capitalismo, via a propagação do uso de agrotóxicos e de redes de supermercados, encontram-se estratégias de fortalecimento das tecnologias sociais em comunidades camponesas. Se, por um lado, amplia-se a oferta de produtos orgânicos e os conflitos decorrentes destes, por outro, propagam-se as feiras agroecológicas como alternativa e resistência à lógica de produção capitalista.

Ademais, procurou-se conceber a agricultura camponesa e suas práticas agroecológicas como uma alternativa de produção agrícola, entendendo-a como uma forma de resistência e um projeto de vida digna no campo. Para isso, além de aprofundar as leituras sobre campesinato, agroecologia e soberania alimentar, visitaram-se diversas comunidades envolvidas com tecnologias sociais e práticas agroecológicas.

Localizadas nos municípios de Trairi e Tururu, região Norte do estado do Ceará, as comunidades revelaram dinâmicas próprias, mas ligadas à expansão do agronegócio na região. Contraditoriamente, apresentaram dinamização da produção e de alternativas populares, como as feiras agroecológicas. Em rodas de conversa e entrevistas semiestruturadas, identificaram-se sistemas agrícolas com tecnologias sociais modernas e uma rede de agricultores agroecológicos e solidários do Território dos Vales do Curu e Aracatiaçu, apoiada por organizações não governamentais, movimentos sociais e representações camponesas.

Como parte da metodologia utilizada nesta pesquisa, optou-se por preservar a identidade dos camponeses e demais entrevistados. Para isso, utilizaram-se nos depoimentos transcritos no trabalho apenas as iniciais de nomes fictícios, ainda que todos tenham assinado o termo de autorização de publicação das entrevistas e dos registros fotográficos. Mantiveram-se, também, os textos dos entrevistados sem o rigor da correção gramatical, muitas vezes fora das normas cultas da língua portuguesa, a fim de preservar a oralidade e a naturalidade dos depoimentos.

Nas comunidades visitadas, observou-se que a assessoria técnica do Estado inexiste de forma direta. A presença de ONGs, como o Centro de Estudos do Trabalho e de Assessoria ao Trabalhador (Cetra), o qual conta com apoio financeiro de instituições nacionais e internacionais, tem sido fundamental para garantir direitos e condições dignas de vida no campo. Muitas das ações passam por mobilizações da vizinhança, mutirões, reuniões, cursos de formação, visitas de intercâmbio e feiras agroecológicas, entre outras formas de resistência desenvolvidas pelos camponeses. Essas ações também viabilizam saberes, habilidades, valores e atitudes que os identificam como classe social.

A Rede de Agricultores Agroecológicos e Solidários do Território dos Vales do Curu e Aracatiaçu, criada em 2005, foi resultado da formação em Agentes Multiplicadores de Agroecologia, realizada entre 2004 e 2005, proporcionada pelo Cetra. A formação durou dezoito meses e os camponeses tiveram a oportunidade de aprender técnicas, discutir formas de convivência com o Semiárido, segurança e soberania alimentar, gestão da propriedade familiar, organização de cadeias produtivas e também estratégias de comercialização, na perspectiva da economia solidária (Batista, 2014).

A rede conta com cerca de 280 participantes diretos, oriundos de assentamentos de reforma agrária e de comunidades rurais do Território dos Vales do Curu e Aracatiaçu, região Norte do Ceará. Possui um estatuto próprio e tem sido um caminho de diálogo e inserção do campesinato em uma estrutura social de forma organizada com base na posse da terra, no trabalho familiar e na soberania alimentar.

Transição agroecológica: o caminho para a autonomia camponesa

Os princípios da agroecologia consistem na observação realista e minuciosa da natureza, seja pelos camponeses, seja pelos cientistas. A partir do conhecimento dos mecanismos naturais, são formuladas as técnicas que melhor exploram as potencialidades do ambiente, buscando o máximo possível manter seu equilíbrio ecossistêmico.

É fato que o trabalho pautado no respeito aos ciclos naturais demanda mais tempo do que o trabalho pensado pela lógica capitalista, em geral mais apressado e focado nos resultados financeiros de curto prazo. A agroecologia privilegia os resultados de médio e longo prazo, que são mais duradouros, mas nem sempre alcança o maior número de pessoas.

A produção de alimentos é um fator-chave no equilíbrio da sociedade e ninguém está imune à crise na produção alimentícia. A transição agroecológica é, portanto, uma questão de interesse social. No entanto, as ações devem ser locais, nascidas no seio das comunidades, e não resultar unicamente de iniciativas externas. Não se trata de negar o que vem de fora, mas de acolher o externo no sentido de incorporar o aprendizado de novos saberes, considerando as potencialidades locais. A esse respeito, Sevilla Guzmán (2001, p.41) esclarece que "o endógeno digere o que vem de fora, mediante a adaptação à sua lógica etnoecológica e sociocultural de funcionamento".

A incorporação de técnicas, seja pela ciência, seja por outras culturas, não nega a identidade dos agrossistemas locais. O que não é desejável é a padronização, a hegemonia de determinadas técnicas em detrimento de outras. Aliás, o desenvolvimento é resultado do contínuo processo de aprendizagem e agregação de novas formas de fazer. Schmitt (2013, p.174), discutindo sobre a transição agroecológica e o desenvolvimento rural no caso brasileiro, expõe a complexidade do processo:

> [...] a transição para formas sustentáveis de agricultura implica um movimento complexo e não linear de incorporação de princípios ecológicos ao manejo dos agroecossistemas, mobilizando múltiplas dimensões da vida social, colocando em confronto visões de mundo, forjando identidades e ativando processos de conflito e negociação entre distintos atores.

O conflito entre os distintos atores colocado pela autora envolve tanto os camponeses, as pessoas da comunidade e os consumidores como também os líderes políticos. Percebeu-se, nos discursos dos sujeitos investigados neste trabalho, que o mais difícil no processo de transição foi conviver com as críticas de familiares e de pessoas da comunidade. Além disso, foram citadas a insuficiência de políticas públicas e a falta de informação por parte do consumidor.

Em um dos depoimentos constata-se o embate gerado pela iniciativa de promover uma mudança, ainda que pontual: "[...] eu fui muito criticado pelo povo da comunidade, pela família [...]. Queriam até arrumar hospital pra mim, que eu tava ficando doido, mas isso aí não me impediu em nada" (Z. J., camponês do assentamento Várzea do Mundaú, Trairi, CE).

De igual modo, essa dificuldade foi notada por Schneider (2014), ao estudar os camponeses pomeranos do município de São Lourenço do Sul, no Rio Grande do Sul:

> Os Müllemberg [atores investigados] parecem ser vistos pela comunidade com certa ambiguidade. Se, por um lado, essas famílias, mesmo trabalhando com a produção de fumo, avaliam em seus discursos que a produção ecológica é mais saudável para as pessoas e

> para a terra; por outro, olham com certa desconfiança para o trabalho da família Müllemberg. Seu Roni conta que em muitos momentos já foi chamado de louco e que seu trabalho já foi posto em dúvida muitas vezes: "Diziam que isto não daria certo, que eu era louco". (ibidem, p.662)

A tentativa de criar novos modos de produzir provoca estranhamento para as pessoas que não estão envolvidas politicamente com a causa. Por isso, o processo de transição agroecológica corresponde a avanços progressivos, partindo da mudança da concepção da relação com a natureza.

Os camponeses tratados neste estudo são, na maioria, engajados nos movimentos sociais. Isso lhes proporciona um amadurecimento do discurso sobre modelos de desenvolvimento rural que de fato promovam melhoria na qualidade de vida de suas famílias. A formação em Agentes Multiplicadores de Agroecologia, recebida por eles, foi orientada por uma perspectiva conceitual mais ampla. Conforme corrobora Toledo (2016), a agroecologia deve ser vista como ciência – política e socialmente comprometida – e como prática, com suas inovações técnicas e tecnológicas, sendo, portanto, instrumento de transformação social.

No processo de transição, o diálogo foi acontecendo aos poucos, sem o abandono do conhecimento ancestral, no qual muitas vezes a explicação para os fenômenos da natureza ganha uma conotação mítica, conforme se observa no depoimento de M. G. P.:

> A aula desse professor [do curso de formação] alertou para o que a gente estava fazendo. A gente estava matando umas noventa espécies para cultivar duas ou três, aí foi que eu me dei conta que as espécies, não são só as plantas, tem as minhocas, tem as aranhas, tem toda aquela cadeia ali que está fazendo com que a terra não acabe de novo, porque você sabe que o fogo além de matar os insetos também mata o sangue da terra, quando você queima uma terra aquela terra vira areia, então você tirou todo o sangue da terra e foi daí que eu comecei a me interessar mais, a deixar de queimar, a deixar de usar

veneno, a respeitar mais o meio ambiente. (M.G. P., camponesa do assentamento Novo Horizonte, Tururu, CE)

É no confronto entre os conhecimentos recém-adquiridos com as explicações mitológicas sobre a natureza que as técnicas agroecológicas fazem sentido para os camponeses. Embora até certo ponto da vida ignorassem essa ciência, eles sempre mantiveram o conhecimento ancestral, repassado ao longo das gerações e deslegitimado pelo discurso do Estado na modernidade.

A agroecologia encontra espaço na agricultura camponesa porque valoriza os saberes ancestrais, dinamiza a cultura e não separa o saber do fazer. Considera-se, portanto, que é especialmente o camponês o detentor do conhecimento sobre a agricultura, reconhecendo que as formas de manejo mais degradantes foram as impostas pela ciência hegemônica. Nesse sentido, o papel dos agrônomos e demais técnicos não seria ditar a melhor forma de produzir, mas acompanhar o camponês no processo, compreendendo seus interesses e dando-lhe condições de melhor utilizar o conhecimento já acumulado. Pois "não foram nem os agrônomos, nem os geneticistas que inventaram a agricultura" (Dufumier, 2011, p.383).

Em estudo sobre as formas de produção agroecológica empreendidas pelos camponeses do Alto Sertão e Zona da Mata da Paraíba, Marcos (2007) constata que os camponeses adaptaram os ensinamentos técnicos às suas realidades e possibilidades, modificando as práticas a fim de obter melhor resultado. Segundo a autora, "os camponeses aproveitam do conhecimento técnico aquilo que lhes serve e, com base em seus saberes locais, adaptam e melhoram de acordo com as suas necessidades. E é isso que garantirá a sua autossustentabilidade" (ibidem, p.200).

Ciente disso, Gliessman (2000) propõe a transição agroecológica em etapas, as quais nem sempre são lineares. Para esse autor, a primeira fase refletiria na mudança dos valores que orientam as decisões de produção; a segunda se materializaria no manejo integrado de pragas e da fertilidade do solo; a terceira, na substituição de agroquímicos por insumos ambientalmente benéficos; e, por fim, a quarta proporcionaria o redesenho do agroecossistema, para que ele possa ser autossustentado.

As etapas da transição não necessariamente ocorrem nessa ordem, mas geralmente obedecem a um padrão de substituição gradual de antigas práticas por outras mais sustentáveis. São os resultados das experiências que vão ditar a velocidade da mudança, pois alguns cultivos podem se adaptar bem sem agrotóxicos, enquanto outros podem se mostrar mais difíceis de serem produzidos.

Sem dúvida, a etapa mais árdua é a inicial, pois o solo, frequentemente degradado, demora bastante tempo para recuperar a fertilidade natural, o que pode ocasionar a diminuição da produtividade. Em contrapartida, após o período de estabilização, a produtividade aumenta e, consequentemente, o retorno financeiro também. Os camponeses entrevistados enfatizaram bem essa questão:

> O trabalho orgânico é muito lento, tem que ter paciência para colher os resultados, não é colocar hoje e tirar amanhã não. (Z. J., camponês do assentamento Várzea do Mundaú, Trairi, CE)

> A agroecologia é um passo muito lento para se começar a fazer e as pessoas gostam de dinheiro imediato. Isso precisa do desenrolar de um bom tempo até que a mata cresça de novo, até as plantas atingirem a fase adulta para a gente começar a tirar o fruto. A gente faz um trabalho que é para o resto da vida, então as pessoas acham que está custando e prefere vender diária ou o produto para alguém. (A. M. A., camponês do assentamento Várzea do Mundaú, Trairi, CE)

A produtividade dos sistemas agrícolas de base agroecológica aumenta por causa da recuperação do ambiente, mas também porque nesses sistemas a diversidade é privilegiada. Dessa forma, se considerada a produção total, é possível perceber maior rendimento do que nas propriedades onde predomina a monocultura, conforme pontua Altieri:

> Considerando a produção total, uma propriedade diversificada produz muito mais alimentos, mesmo se a produção for medida em dólares. Nos Estados Unidos, os dados mostram que propriedades com menos de 2 hectares produziram 15.104 dólares/hectare e tiveram um lucro líquido de cerca de 7.166 dólares/hectare. Já as maiores propriedades, que em média têm 15.581 hectares, produziram 249 dólares/hectare e tiveram um lucro líquido de cerca de 52 dólares/hectare. (Altieri, 2012, p.370)

As propriedades onde dominam os policultivos, em geral, são mais eficientes do ponto de vista econômico e ambiental. Ainda de acordo com Altieri, "os policultivos, por exemplo, quando comparados às monoculturas, apresentam maior estabilidade de produção e taxas menores de queda de estabilidade durante a seca" (ibidem, p.170). Isso também é constatado pelos camponeses entrevistados, como no depoimento a seguir:

> Nós brocávamos uma área bem grande para plantar milho, feijão e mandioca. Agora eu trabalho numa área de 160 metros de comprimento por 20 de largura, é uma diferença muito grande, e dentro dessa pequena área tem toda essa produção, tem ovo, tem frango, tem banana, tem macaxeira, tem cheiro-verde, tem peixe, tem muito mais variedade, tem cana-de-açúcar, tem uma infinidade de coisas. (M. G. P., camponesa do assentamento Novo Horizonte, Tururu, CE)

A variedade na produção repercute na alimentação dos camponeses. O autoconsumo é um ganho que não tem sido mensurado pelas famílias, mas certamente melhora a qualidade de vida e contribui para a segurança e soberania alimentar, como se nota no depoimento de um camponês sobre as mudanças que a produção agroecológica trouxe para sua vida e a de sua família:

> Uma delas [das mudanças] é na saúde da família e no hábito alimentar que agora a gente tem mais condição, [...] a gente tem várias

plantas medicinais no sítio e a gente estando consumindo saudável até o psicológico da gente ajuda a dizer que a gente tem saúde, e de outra forma é a quantidade de alimentação que a gente tem, se a gente for dez vezes ao sítio, a gente traz comida dez vezes, na hora que a gente vai para o sítio a gente traz alguma coisa para comer, é diferente de quando a gente comia só quando vinha no mercado levava pra casa... Isso é algumas das mudanças! (A. M. A., camponês do assentamento Várzea do Mundaú, Trairi, CE)

A segurança e a soberania alimentar são fatores-chave para a permanência das famílias no campo. O conceito de soberania alimentar diz respeito não só à garantia de alimentos em quantidade e qualidade suficientes ao suprimento das necessidades nutricionais da população, mas também à autonomia dos povos em produzi-los. Tal conceito está relacionado à apropriação do conhecimento, das técnicas e dos meios de produção, inclusive a terra, para a produção agrícola. De acordo com Stédile e Carvalho,

> Esse conceito [soberania alimentar] revela uma política mais ampla do que a segurança alimentar, pois parte do princípio de que, para ser soberano e protagonista de seu próprio destino, o povo deve ter condições, recursos e apoio necessários para produzir seus próprios alimentos. (Stédile; Carvalho, 2012, p.715)

Um dos caminhos que se mostram promissores na conquista da soberania alimentar, no Ceará e em outras partes do Brasil, conforme revelado por Oliveira e Sampaio (2017), é a educação do campo, a qual tem efetivado o compromisso de consolidar os valores defendidos pelos movimentos sociais, com a aplicação prática dos princípios agroecológicos nos projetos de hortas escolares, por exemplo.

A disseminação do conhecimento agroecológico revelou-se uma estratégia viável de consolidação do território camponês, uma vez que proporciona maior autonomia sobre produção e comercialização, melhorando, assim, as perspectivas de futuro para os mais jovens.

As estratégias desenvolvidas pelos camponeses, a fim de que conquistem qualidade de vida no campo e espaço na sociedade, são as mais variadas possíveis e seguem percursos diversos, pois não existe receita pronta a seguir. As iniciativas partem dos anseios das comunidades, levando-se em conta as condições materiais de cada uma delas. A esse respeito, Rosset alerta que

> *la agroecología se basa en principios, no en recetas. Nadie va a sugerir que lo que se hace en un país se puede copiar como receta en otro país, de igual manera que no se puede copiar como receta una práctica agroecológica de una región a otra región, pero sí se pueden aprender principios y uno puede inspirarse en el éxito de la aplicación de esos principios,* [...]. (Rosset, 2016, p.2)

No caso dos camponeses entrevistados, as experiências foram colocadas em prática aos poucos, de forma que algumas foram inteiramente abandonadas por se mostrarem inviáveis, outras foram parcialmente aproveitadas e outras, bem-sucedidas. Os resultados que se tem hoje são frutos de um longo caminho de experimentação ainda em curso. A camponesa M. G. P. relata o percurso vivenciado por ela e por vizinhos, também feirantes agroecológicos de Itapipoca (CE):

> Nós já passamos por um bocado de coisas aqui, primeiro nós tínhamos uma horta, ali no caminho do rio, junto com outros agricultores. Eu trabalhava ali com banana, mamão, um monte de tipo de fruta, com verdura, lá tinha verdura para vender mesmo, todo dia tinha um vendedor de verdura... Aí, depois de passarmos um tempo lá, fizemos uma horta de planta medicinal lá do outro lado, passamos um tempo com ela lá também, mas não deu certo porque era longe de casa, irrigação malfeita, apareceu um monte de problemas. Depois, quando foi um dia veio um rapaz da Emater (CE) oferecendo um projeto de mandala para cá. Era um projeto pequeno para fazer um tanque e dar aulas para o pessoal daqui da região do Semiárido. Era bom aqui porque era mais próximo e de fácil acesso para o pessoal de Fortaleza vim dar as aulas e ia ficar o tanque aqui

pra nós, mas o melhor de tudo foi mesmo a aula, porque o tanque a gente pode conseguir comprar, mas a aula é diferente, né? Essa mandala daqui era para seis famílias, mas só que a gente não arranjou as seis famílias, então ficou só eu, minha comadre e o meu irmão. Só que o sistema era muito fraco, a água não dava para todo mundo, aí eu saí e deixei a mandala lá e arrumei um recurso próprio e fiz a minha. (M. G. P., camponesa do assentamento Novo Horizonte, Tururu, CE)

Outro desafio à disseminação da agroecologia no Ceará é que a maioria das experiências é advinda de projetos muitas vezes de curta duração. Nesse caso, quando o recurso acaba ou quando surgem problemas que não haviam sido pensados na proposta original, fica difícil a resolução, pois não há apoio político e financeiro.

Experiências de transição agroecológica na região Norte do Ceará

As experiências de produção agroecológica entre os camponeses entrevistados surgiram em diferentes contextos. A diversidade de condições naturais, econômicas, de estrutura familiar, de grau de engajamento em movimentos sociais não foi maior do que o ponto em comum que os uniu: o vínculo com a terra, e, derivada disso, a certeza de que é preciso cuidar melhor dela.

As experiências tiveram início mais sistematicamente, como dito antes, após o curso de formação em Agentes Multiplicadores de Agroecologia, embora alguns camponeses já utilizassem algumas das técnicas propostas. Esses camponeses já tinham em comum a história de luta pela terra e para permanecer na terra com qualidade de vida. Assim, já estavam convencidos de que a forma como se produz implica a forma como se vive.

No grupo de feirantes de Itapipoca (CE), oito são assentados, um é proprietário e um, mutuário. O tamanho das unidades de produção agroecológica varia de 0,25 a 4 hectares. A mão de obra utilizada é, predominantemente, familiar. A contratação de pessoal "de fora" é esporádica, restrita a serviços como a "limpa do roçado" e a colheita, nos períodos de pico da lavoura. O canal de comercialização mais expressivo é a venda direta nas feiras agroecológicas e solidárias (Batista, 2014).

Os modelos de produção são variados, uma vez que cada família tem suas especificidades. A maioria delas não se adaptou às mandalas, a técnica agroecológica mais difundida. No contexto analisado, a tecnologia social responsável pela maior parte da produção é o quintal produtivo.

O quintal produtivo é um sistema de policultivos, estabelecido, preferencialmente, próximo à residência, constituindo uma extensão da casa. Daí seu valor simbólico para a família, sobretudo para as mulheres, que o têm como despensa viva para sua prática cotidiana de preparo dos alimentos. O quintal representa, também, valor econômico, por significar tanto soberania alimentar como fonte de renda para a família, e valor ecológico, por ser espaço de experimentação de novas práticas e de manutenção das práticas tradicionais.

Além do quintal, a mandala e a Produção Agroecológica Integrada e Sustentável (Pais) também são empregadas por alguns camponeses. A mandala é um sistema de produção agrícola no qual as plantas são cultivadas em círculos concêntricos a uma fonte de água. Nesse sistema, a ideia é buscar o máximo de aproveitamento das interações entre as espécies e maior eficiência do uso da água.

O reservatório de água construído no centro deve servir tanto para a irrigação do sistema como para a criação de peixes, os quais desempenham o papel de produtores de matéria orgânica, enriquecendo, assim, a água que será usada para irrigar as plantas, bem como são outra fonte de renda e alimento para a família. Nesse sistema de produção, a distribuição das culturas nos círculos obedece a critérios de necessidade de água e de mão de obra. Nos primeiros círculos, próximos ao tanque, devem ser cultivadas as hortaliças para consumo da família, pois esse tipo de planta necessita de cuidados mais constantes e de mais irrigação; do quarto ao oitavo círculo devem ser cultivadas culturas comerciais, como feijão, milho, fruteiras e raízes;

e no nono círculo devem ser plantadas espécies que funcionem como cerca viva, desempenhando o papel de proteger a mandala, especialmente do vento e da polinização externa.

Durante os trabalhos de campo, visitaram-se algumas das unidades de produção. Primeiramente, conheceu-se o quintal produtivo e o sistema Pais no assentamento Várzea do Mundaú, em Trairi, da família dos camponeses Z. J. e F. M.; e, posteriormente, a mandala/quintal produtivo da família da camponesa M. G. P. e, também, a mandala onde trabalham a família da camponesa F. e a família do sr. R. P., ambos no assentamento Novo Horizonte, em Tururu.

No caso da mandala da camponesa M. G. P., no assentamento Novo Horizonte, o sistema de produção não possui formato circular, tendo em vista as possibilidades do espaço físico da família. O terreno de que a família dispunha para fazer a experiência era retangular, medindo 20 metros de largura por 160 metros de comprimento. No entanto, a questão da forma não foi impedimento para que a técnica fosse empregada e obtivesse êxito.

A camponesa M. G. P. conta que a produção foi se dando aos poucos, por meio de muitas experimentações. A partir das suas observações e do resultado de suas experiências, ela descobriu que a proposta da ordem de disposição das plantas nos círculos não era a mais apropriada à sua realidade. Apesar de ter construído dois tanques na mandala, onde cria peixes da espécie tilápia, nem sempre a água desses reservatórios era suficiente para irrigar as plantas sem comprometer a criação dos peixes. Assim, ela optou por cultivar bananas, uma cultura comercial, e não hortaliças na área mais próxima aos tanques (Figura 4.1).

Ela explicou:

> Nem todas as plantas são irrigadas, porque a água é muito limitada, eu tenho dois tanques aqui que têm peixe e aí quando chega a certa altura não pode mais tirar água, senão morre o peixe, aí é muito ruim para plantar verdura e também porque a água é puxada a motor e quando falta energia não tem água, é complicado demais. (M. G. P., camponesa do assentamento Novo Horizonte, Tururu, CE)

Figura 4.1 – Mandala no assentamento Novo Horizonte, Tururu (CE)

Fonte: Batista (2014)

Apesar da dificuldade de água ressaltada pela camponesa, é válido lembrar que a seca dos últimos anos (2012 a 2016) não impediu a produção, conforme se pode observar na Figura 4.1, a qual em nada lembra o cenário típico de seca vivenciada no Nordeste do Brasil. Isso demonstra que o camponês não é passivo diante das condições ambientais nem das novas técnicas que lhe são apresentadas, mas adéqua-as à realidade. Sobre a criatividade e resiliência dos camponeses, Ploeg (2009) afirma:

> Uma das características dessas novas formas de resistência, especialmente relevante para a sustentabilidade, é que elas conduzem à busca e à construção de soluções locais para problemas globais. Evitam roteiros prontos. Isso resulta em um rico repertório: a heterogeneidade das muitas respostas torna-se, assim, também uma força propulsora que induz novos processos de aprendizagem. (ibidem, p.27)

Não são apenas as condições ambientais, como solo, vegetação e recursos hídricos, que ditam as possibilidades de produção, mas também a estrutura familiar, pois esta condiciona a disponibilidade de mão de obra. A respeito da organização do trabalho na mandala, M. G. P. conta ainda que é preciso ajustar a produção agroecológica às possibilidades da força de trabalho da família, no seu caso, reduzida. Então, ela elimina as técnicas que demandam mais esforço.

> O certo do projeto onde nós estudamos era pra alimentar também os peixes com os restos de plantas da mandala, mas como o tempo é pouco a gente compra a ração e bota pra eles, porque já tem também as galinhas, que eu preciso tá todo dia atrás de mato pra botar no chiqueiro, aqui mesmo [nos tanques] eu só boto mais a ração comprada, difícil eu botar um mato pra eles... A gente também cata as lagartas, já que a gente não pulveriza, aí bota e eles comem, comem folhas de couve, coisas assim, eles se alimentam também da flor das bananeiras [que cai no tanque], as galinhas se alimentam com ração comprada e também com as coisas da mandala, as folhas, restos de comida, por exemplo, ontem eu arranquei macaxeira para fazer os bolos e levar para a feira, e o que sobrou eu cozinhei e botei pra elas também, é assim aqui, não vai nada pro lixo. (M. G. P., camponesa do assentamento Novo Horizonte, Tururu, CE)

A camponesa demonstra que existe uma integração das atividades de produção realizadas na mandala, onde uma complementa a outra e todo recurso é aproveitado: "[...] não vai nada pro lixo". Apesar disso, reconhece que nem sempre é possível realizar o trabalho do jeito "certo do projeto", em virtude da insuficiência de mão de obra familiar, sendo preciso introduzir energia externa ao agroecossistema, "a ração comprada", no caso.

Na mandala da família, além da criação de peixes e de aves, há o cultivo de plantas ornamentais, medicinais, hortaliças e frutas (figuras 4.2 e 4.3). A diversificação garante alimentos de qualidade para o abastecimento da mesa da família e da feira agroecológica.

Figura 4.2 – Plantas ornamentais em mandala no assentamento Novo Horizonte, Tururu (CE)

Fonte: Batista (2014).

A variedade de plantas cultivadas garante maior segurança econômica, especialmente em tempos de estiagem, além de serviços ecológicos, como o aumento da biomassa. As plantas ornamentais, mostradas na Figura 4.2, são comercializadas, em vasos, na feira agroecológica, na cidade de Itapipoca (CE), e juntamente com a venda de galinha caipira abatida representam a maior parte da renda obtida na feira.

O estágio de transição agroecológica vivenciado pela família em questão mostra que muitos avanços já foram alcançados, como o aumento da fertilidade do solo e a capacidade de retenção de água. A camponesa M. G. P. mostra uma das técnicas que aprendeu em um curso e ajustou com sucesso ao seu quintal, conforme seu depoimento:

> Você vê aqui que nós estamos num alto, mas olha o tamanho dos cachos de banana, isso é porque eu pago um rapaz para cavar um meio metro ou menos, uns trinta centímetros, aí eu pego o resto

Figura 4.3 – Criação de galinhas em mandala no assentamento Novo Horizonte, Tururu (CE)

Fonte: Batista (2014).

> da bananeira, o resto do milho, todos esses restos a gente pega junto com casca de coco, enche a vala, quando a vala tá cheia eu cubro e faço os canteiros em cima. Esse sistema não era nem pra nós, era lá pra o Semiárido, mas o sistema é tão bom que eu adotei aqui. Qualquer canto que você fizer o canteiro desse jeito ele vai dar certo. (M. G. P., camponesa do assentamento Novo Horizonte, Tururu, CE)

A técnica a que a camponesa está se referindo visa o aumento da quantidade de nutrientes do solo e, consequentemente, de sua fertilidade. Esse tipo de manejo do solo favorece a saúde da planta, que, por sua vez, fica mais resistente a pragas e doenças, diminuindo ou eliminando a necessidade de agrotóxicos (Luna, 1988 apud Altieri, 2012).

Um dos maiores desafios da produção é, sem dúvida, o combate às pragas. A camponesa M. G. P. conta que reduziu o uso de agrotóxicos a quase zero, mas algumas culturas ainda são muito difíceis de produzir sem o uso de algum tipo de veneno, como é o caso do pimentão.

> O único veneno que a gente ainda usa quando elas [formigas] não deixam mesmo produzir é a isca pra formiga de roça, porque ela mata uma plantação bem ligeirinho. A gente sabe que não é certo, mas a gente não pode ser agroecológico de verdade porque senão ela não deixa a gente produzir nada, mas eu só uso em último recurso. Eu tendo como combater ela, eu boto a folha de nim[1] pra ela carregar. (M. G. P., camponesa do assentamento Novo Horizonte, Tururu, CE)

Esse fato parece representar uma contradição no discurso da entrevistada, porém evidencia um fato identificado por Piccin e Moreira (2006, p.306) entre os camponeses do assentamento Ceres (RS), os quais utilizam a agroecologia muito mais "como uma possibilidade de arranjos produtivos do que um modo de vida". Não é possível, por isso, desconsiderar a dinâmica que marca socialmente as diversas trajetórias individuais na região. Assim, para os autores citados, esse reconhecimento não desqualifica as lutas sociais dos camponeses, e sim valoriza os esforços e reconhece as dificuldades associadas ao processo de transição.

Nos depoimentos dos outros camponeses entrevistados não houve relatos de uso de agrotóxico em nenhum caso, nem ficou claro se o produto no qual o agrotóxico é utilizado é levado para a feira. Dois fatores contribuem para esse tipo de situação. O primeiro é a falta de assistência técnica regular e o outro é a ausência de mecanismos de fiscalização e de certificação. Contudo, é bom lembrar que a transição agroecológica é

---

1 Planta de nome científico *Azadirachta indica* A. Juss. A folha de nim é um repelente natural de vários insetos.

> um processo gradual de mudança, através do tempo, nas formas de manejo dos agroecossistemas, tendo como meta a passagem de um modelo agroquímico de produção a outro modelo ou estilo de agricultura que incorpore princípios, métodos e tecnologias com base ecológica. (Caporal; Costabeber, 2000, p.12)

A negação dos agrotóxicos apareceu nas entrevistas como um ponto focal nos discursos dos produtores e dos consumidores da feira. Esse é o argumento mais usado para o convencimento dos clientes e para justificar a procura dos produtos. Além dessa questão, outra ação que, para os camponeses, caracteriza a agroecologia é não fazer uso de queimadas, nem para limpar o terreno, nem para preparar o solo.

M. G. P. conta que mesmo depois de começar a cultivar a terra com base nos princípios da agroecologia, realizava duas vezes por ano a queima do lixo, pois em sua comunidade não há coleta, mas ainda assim tinha prejuízos em relação às plantas. Ela conta:

> A partir do dia em que eu queimei um lixo e sapecou um pé de carambola, que eu quase chorei, aí o meu genro chegou e me orientou como eu deveria fazer: a senhora vai pegar e vai separar o lixo, pega tudo que não serve pra nada, bota dentro de um tambor, quando o tambor encher num certo lugar a senhora bota fogo, porque aí você vai estragar só o lugar onde está o tambor, a senhora vai queimar menos produto de uma vez e não vai acabar com o seu quintal. (M. G. P., camponesa do assentamento Novo Horizonte, Tururu, CE)

O processo de transição agroecológica vai se delineando à medida que se incorporam os aprendizados e as experiências, com seus erros e acertos. Tentar algo diferente do que faz a maioria das pessoas é sempre um ato de rebeldia e um risco que se corre, porém com persistência é possível fazer algo novo e melhor, como conta o camponês Z. J., que, depois da oportunidade do curso de formação e de visitas de intercâmbio, passou a acreditar na mudança de sua vida e de sua família, produzindo de outra maneira.

A dinâmica de construção do conhecimento agroecológico pelos camponeses investigados seguiu a metodologia do Movimento Agroecológico Camponês a Camponês (Macac), experienciada em Cuba, sob a coordenação da Asociación Nacional de Agricultores Pequeños (Anap), conforme descrevem Sosa et al. (2013). Essa metodologia sugere a propagação horizontal do conhecimento, de forma a instigar os camponeses a experimentarem as técnicas e selecionarem os processos que mais se encaixam na sua realidade. Na Metodologia Camponês a Camponês (MCAC), uma das etapas mais importantes é o intercâmbio de experiências, conforme relatado pelo entrevistado.

É a partir desses momentos de socialização e aprendizado que o discurso se materializa. O camponês confere os resultados de outro que já iniciou o processo de transição agroecológica e se encoraja a substituir as técnicas convencionais e a desenhar o seu próprio agroecossistema. A MCAC traz em si um preceito importante na cultura camponesa: a reciprocidade. Cada camponês que participa do intercâmbio é convidado a praticar os princípios agroecológicos e, posteriormente, socializar os resultados com outros camponeses num intercâmbio futuro, dessa vez como anfitrião.

Foi após a participação em alguns intercâmbios que a família do sr. Z. J. iniciou a produção agroecológica, com um quintal produtivo e um sistema Pais. O Pais possui o mesmo princípio da mandala, com a vantagem de ser mais compatível com o Semiárido. No centro do sistema é construído um galinheiro, em vez do tanque de água, o qual constitui fonte de proteína e de renda para a família, além de produzir o adubo para as plantas.

No Pais a irrigação se faz por gotejamento, cuja fonte é uma caixa-d'água localizada a uma altura de três metros. Esse método economiza água e energia, ademais reduz o trabalho manual do camponês.

Apesar das variações de formas e de técnicas empregadas nas tecnologias sociais, os princípios da produção agroecológica são mantidos nos sistemas agrícolas quintal produtivo, Pais e mandala. Podendo, inclusive, acontecer a combinação desses modelos, como no caso do camponês Z. J., que introduziu o sistema Pais dentro do quintal produtivo, conforme se pode ver na Figura 4.4.

A forma de círculo proporciona maior integração entre galinheiro e horta, já que mantém a distância do galinheiro a qualquer ponto de um mesmo círculo e com isso possibilita visualização do sistema como um todo. Adicionalmente, permite maior aproveitamento do terreno.

Na ocasião do trabalho de campo realizado na área de produção do sr. Z. J., a plantação das hortaliças para comercialização estava temporariamente suspensa, em virtude dos efeitos da estiagem. O sistema de irrigação feito a partir de garrafas PET mostra soluções acessíveis aos camponeses para melhorar a produção, que, embora não estivesse ativada por falta d'água, demonstram as alternativas buscadas.

Figura 4.4 – Sistema Pais dentro de quintal produtivo no assentamento Várzea do Mundaú (CE)

Fonte: Batista (2014).

Figura 4.5 – Irrigação de hortaliças no assentamento Várzea do Mundaú (CE)

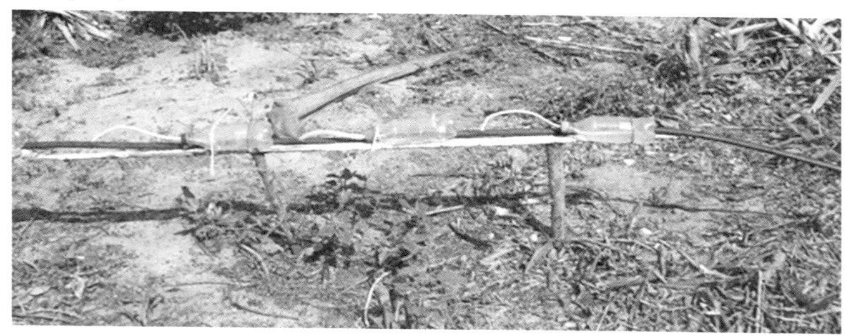

Fonte: Batista (2014).

Figura 4.6 – Efeito da estiagem na produção de hortaliças no assentamento Várzea do Mundaú (CE)

Fonte: Batista (2014).

Apesar de a estiagem causar a impossibilidade de irrigação dos cultivos das hortaliças, a produção do quintal não fica totalmente comprometida, pois a renda é obtida com outras culturas. Assim, fica evidente a importância da diversidade, bastante enfatizada por autores que discutem a relação campesinato e agroecologia, como Caporal e Costabeber (2000), Altieri (2012) e Ploeg (2009), entre outros. No caso da família do camponês anteriormente citado, ela continua cultivando hortaliças em menor proporção para o consumo doméstico.

Esse tipo de sistema agrícola revela o valor da diversidade para a soberania alimentar e econômica da família. O camponês Z. J. conta que diversifica a produção com outras atividades, como a apicultura, por exemplo. Ele afirma:

> O mel é o que traz mais renda [...]. Eu vendo na comunidade e para fora, eu recebo muito encomenda do pessoal do Rio de Janeiro e de São Paulo. [A produção] depende do inverno, depende da florada, quando o inverno é bom a gente consegue tirar 300 litros de mel por ano ou até mais. (Z. J., camponês do assentamento Várzea do Mundaú, Trairi, CE)

Além da produção de mel de abelha-italiana (*Apis mellifera ligustica*), o sr. Z. J. produz mel de abelha jandaíra (*Melipona subnitida*) (Figura 4.7), espécie cujo mel é bem valorizado no mercado. Ele também comercializa mudas de plantas nativas (Figura 4.8) para um projeto de reflorestação, financiado pela Petrobras. Dessa forma, consegue manter sua renda estável mesmo em períodos de seca.

Figura 4.7 – Apiário de abelhas jandaíra no assentamento Várzea do Mundaú (CE)

Fonte: Batista (2014).

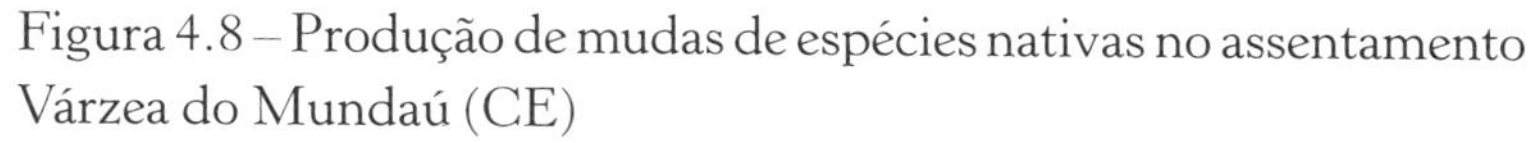

Figura 4.8 – Produção de mudas de espécies nativas no assentamento Várzea do Mundaú (CE)

Fonte: Batista (2014).

Além das hortaliças e da produção de mudas, o quintal da família conta com inúmeras espécies frutíferas, plantas ornamentais e medicinais, além de espécies de raízes importantes para a cultura alimentar local, como a macaxeira. Adicionalmente, é mantida a criação de galinhas caipiras. A produção é destinada tanto ao consumo da família como às feiras agroecológicas e solidárias, nas cidades de Itapipoca e Trairi.

O trabalho é dividido entre o casal e uma filha, a única de seis filhos que reside no assentamento. Conforme Marinho (2016), a produção agroecológica também contribui para a permanência dos jovens no campo. Por intermédio das escolas do campo, cada vez mais se propagam novas tecnologias sociais, sobretudo as voltadas para a recuperação de solos e para a eficiência agrícola. Se antes o único caminho parecia ser o êxodo rural, hoje jovens camponeses têm outras alternativas, a partir da transição agroecológica.

A juventude muito tem contribuído para a inserção do campesinato nas Tecnologias da Informação e Comunicação (TIC), as quais têm mostrado ferramentas essenciais de articulação, participação política e acesso a mercados (Almeida; Bautista; Addor, 2017). Realidade ainda mais evidente durante a pandemia da Covid-19, causada por coronavírus, em 2020, momento no qual a comercialização agroecológica está sendo viabilizada pelas redes sociais.

Sobre o cuidado com os cultivos, o camponês conta sobre a preocupação com a saúde do solo, pois sabe que a vitalidade da planta depende dele, portanto procura sempre mantê-lo coberto de matéria orgânica (Figura 4.9), como serapilheira e esterco de gado.

Na ocasião do trabalho de campo realizado, o camponês Z. J. mostrou a matéria orgânica acumulada no seu quintal e fez questão de explicar a importância daqueles restos de plantas para o equilíbrio do agroecossistema:

> Isso aqui é composto, porque aqui ninguém queima. Aqui fica se decompondo e quando é no tempo de plantar, eu pego e tiro esse aqui de cima e esse aqui de baixo e cubro os canteiros de produção. Em vez de comprar outra coisa, a gente usa daqui mesmo. Aqui a gente aproveita tudo ou quase tudo, a casca da castanha também serve de adubo. Por isso que sempre eu digo que a natureza é rica, e a gente não sabe de onde é que vem. A natureza de tudo ela quer lhe dar, mas você que não sabe receber. Uma coisa que a natureza quer receber é a vida, você não queira saber quantos insetos não tem aqui de baixo, quantas vidas não tem aqui, aí eu toco fogo, quantas vidas eu não eliminei? Quer dizer que esse ano eu toquei fogo, aí tá tudo bonitinho tal e tal, esse solo tá rico de cinzas, mas tá pobre de solo, no primeiro ano tá tudo bem, mas no próximo ano que eu plantar não dá mais. (Z. J., camponês do assentamento Várzea do Mundaú, Trairi, CE)

O depoimento do camponês revela a apreensão de um princípio norteador para a agroecologia: a natureza possui mecanismos eficientes de geração da vida e equilíbrio da biodiversidade. É preciso compreendê-los, respeitar os ciclos naturais e saber a hora de intervir nos processos, a fim de extrair o melhor que a terra tem a oferecer.

Isso tem sido comprovado nas experiências de produção agroecológica empreendidas pelos camponeses investigados.

Considerações finais

A modernização que atingiu o mundo rural revelou ao camponês que era hora de mudar, não para deixar de ser o que é, mas para a preservação da identidade de um povo com cultura própria. Por meio de cursos ministrados por assessores do Cetra, os camponeses tiveram acesso a conhecimentos sistematizados, com embasamento científico. Nesse contexto, constata-se que os saberes foram semeados em solo fértil, o qual tem sido cuidadosamente preparado pelos movimentos sociais.

A Rede de Agricultores Agroecológicos e Solidários do Território dos Vales do Curu e Aracatiaçu tem sido um espaço de diálogo fundamental no desenvolvimento de saberes, habilidades e valores camponeses e ações de mobilização da agroecologia na região Norte do Ceará. Nesse processo, saber se inserir em uma estrutura social de produção e comercialização – e avaliar essas relações – é fundamental para a organização dos camponeses que se mantêm na luta pela agroecologia e por condições dignas de vida no campo.

A agroecologia trouxe dignidade para camponeses, muitas vezes submetidos à espera de auxílios emergenciais ou à negligência do Estado. A possibilidade de tirar da terra o sustento necessário para sua família implicou a sua permanência no campo. No processo de trabalho com a agroecologia nas unidades produtivas, constatou-se que o camponês lança mão dos conhecimentos adquiridos de modo crítico e investigativo, fazendo testes e aperfeiçoando as técnicas, a fim de adaptá-las à realidade. Somado a isso, a agroecologia trouxe consigo a valorização da identidade do camponês enquanto agricultor, trabalhador da terra que dispõe de saberes e práticas agrícolas herdados de família. Dessa forma, a opção pela transição agroecológica tem sido um caminho de resistência contra as imposições do capital.

O grupo social investigado encontra-se na "fase de transição agroecológica" descrita por Caporal e Costabeber (2000), a qual é marcada pela gradativa substituição dos agrotóxicos por defensivos naturais e por práticas em sistemas agroecológicos como a mandala, o Pais e os quintais produtivos. O manejo integrado de pragas e do solo, proposto por Gliessman (2000), também foi identificado no aumento da diversidade de culturas, no uso da cobertura morta, na ausência de queimadas, na recuperação de solos e na maior produtividade da terra. E, ainda, a leitura da agroecologia como "ciência, movimento e prática" (Toledo, 2016, p.45) tem se revelado na multidimensionalidade da identidade camponesa, na dinamização de coletivos de estudos, nos cursos de formação, nas reuniões da vizinhança com os técnicos representantes dos camponeses, nas trocas de saberes, nas feiras agroecológicas e solidárias e na luta por dignidade e por um projeto popular de desenvolvimento para o campo.

Referências

ALMEIDA, L. R. M.; BAUTISTA, B. J.; ADDOR, F. Potencialidades e limites do uso da tecnologia para o aprofundamento da democracia. *Revista Tecnologia e Sociedade*, Curitiba, v.13, n.27, p.208-26, jan./abr. 2017. Disponível em: https://periodicos.utfpr.edu.br/rts/article/view/4908/3349. Acesso em: 20 jul. 2020.

ALTIERI, M. *Agroecologia*: bases científicas para uma agricultura sustentável. 3.ed. São Paulo: Expressão Popular, 2012.

BATISTA, M. A. S. *Questão agrária e campesinato*: a feira agroecológica como estratégia de consolidação camponesa. Fortaleza, 2014. Dissertação (Mestrado em Geografia) – Programa de Pós-Graduação em Geografia, Universidade Federal do Ceará.

CAPORAL, F. R.; COSTABEBER, J. A. Agroecologia e sustentabilidade: base conceptual para uma nova extensão rural. In: WORLD CONGRESS OF RURAL SOCIOLOGY, 10, 2000, Rio de Janeiro. *Anais do 10th World Congress of Rural Sociology*. Rio de Janeiro: IRSA, 2000. Disponível em: http://www.ufsm.br/desenvolvimentorural/13.pdf. Acesso em: jul. 2013.

DUFUMIER, M. Os organismos geneticamente modificados (OGMs) poderiam alimentar o Terceiro Mundo? In: ZANONI, M.; FERMENT, G. (Orgs.). *Transgênicos para quem?*: agricultura, ciência e sociedade. Brasília: MDA, 2011. p.368-405.

GLIESSMAN, S. R. *Agroecologia*: processos ecológicos em agricultura sustentável. Porto Alegre: Ed. da UFRGS, 2000.

HECHT, S. A evolução do pensamento agroecológico. In: ALTIERI, M. *Agroecologia*: bases científicas para uma agricultura sustentável. Guaíba: Agropecuária, 2002.

LIMA, A. B. *Camponeses e feiras agroecológicas na Paraíba*. São Paulo, 2017. Tese (Doutorado em Geografia Humana) – Faculdade de Filosofia, Letras e Ciências Humanas, Universidade de São Paulo. DOI:10.11606/T.8.2018. tde-01022018-114224. Acesso em: 4 fev. 2019.

MARCOS, V. Agroecologia e campesinato: uma nova lógica para a agricultura do futuro. *Agrária*, São Paulo (On-line), n.7, p.182-210, dez. 2007. ISSN 1808-1150. Disponível em: http://www.revistas.usp.br/agraria/article/view/134. Acesso em: out. 2017.

MARINHO, G. Sem terra usam a criatividade para desenvolver experiências educacionais no Ceará. *Movimento dos Trabalhadores Rurais Sem Terra*, [s.l.], 27 jan. 2016. Disponível em: http://www.mst.org.br/2016/01/27/ao-som-das-latas-a-horta-madala-sem-terra-desenvolvem-experiencias-educacionais-no-ce.html. Acesso em: jan. 2017.

MOLINA, M. G. Introducción a la agroecología. Cuadernos Técnicos. Valencia: Sociedad Española de Agricultura Ecológica (SEAE), 2011. (Série Agroecología y ecología agrária). Disponível em: https://biblioteca.ihatuey.cu/link/libros/sistemas_agroforestales/introduccion_agroecologia.pdf. Acesso em: 12 mar 2018.

OLIVEIRA, A. M.; SAMPAIO, A. J. M. Escola camponesa: a horta didática em área de reforma agrária. *Revista Nera*, Presidente Prudente, ano 20, n.37, p.154-68, maio/ago. 2017. Disponível em: http://revista.fct.unesp.br/index.php/nera/article/view/4989. Acesso em: out. 2017.

PICCIN, M. B.; MOREIRA, R. J. A agroecologia nas trajetórias sociais de agricultores-assentados na granja menina dos olhos dos sem-terra: o caso do assentamento Ceres, RS. *Revista Estudos Sociedade e Agricultura*, Rio de Janeiro, v.14, n.2, p.254-311, 2006.

PLOEG, J. D. van der. Sete teses sobre a agricultura camponesa. In: PETERSON, P. (Org.). *Agricultura familiar camponesa na construção do futuro*. Rio de Janeiro: AS-PTA, 2009. p.17-32. Disponível em: http://aspta.org.

br/wp-content/uploads/2011/05/N%C3%BAmero-especial.pdf. Acesso em: jul. 2013.

RODRIGUES, M. F. F. Agroecologia e projeto camponês na mesorregião da Mata Paraibana, Brasil: diálogos e perspectivas. In: RODRIGUES, M. F. F. (Org,). *Da terra que assegura a vida aos alimentos sem agrotóxicos*. Curitiba: Appris, 2017.

ROSSET, P. Las recetas no funcionan, lo que se propone son principios. *Biodiversidad, Sustento y Culturas*, [s.l.], n.90, p. 5-9, 2016. Disponível em: https://www.grain.org/es/article/entries/5600-las-recetas-no-funcionan-lo-que-se-propone-son-principios. Acesso em: jul. 2020.

SCHMITT, C. J. Transição agroecológica e desenvolvimento rural: um olhar a partir da experiência brasileira. In: SAUER, S.; BALESTRO, M. V. (Orgs.). *Agroecologia e os desafios da transição agroecológica*. São Paulo: Expressão Popular, 2013.

SCHNEIDER, M. Entre a agroecologia e a fumicultura: uma etnografia sobre trabalho na terra, cosmologias e pertencimentos entre camponeses pomeranos. *Etnográfica*, Lisboa, v.18, n.3, p.651-69, 2014. Disponível em: http://etnografica.revues.org/3855. Acesso em: out. 2017.

SEVILLA GUZMÁN, E. Uma estratégia de sustentabilidade a partir da agroecologia. *Agroecologia e Desenvolvimento Rural Sustentável*, Porto Alegre, v.2, n.1, p. 34-5, jan./mar. 2001. Disponível em: http://mstemdados.org/sites/default/files/Uma%20estrategia%20de%20sustentabilidade%20a%20partir%20da%20agroecologia%20-%20Eduardo%20Sevilla%20Guzman%20-%202001.pdf. Acesso em: ago. 2014.

SOSA, B. M. et al. *Revolução agroecológica*: o movimento de camponês a camponês da Anap em Cuba. 2.ed. São Paulo: Expressão Popular, 2013.

STÉDILE, J. P.; CARVALHO, H. M. Soberania alimentar. In: CALDART, R. S. et al. (Orgs.). *Dicionário da educação do campo*. Rio de Janeiro: Escola Politécnica de Saúde Joaquim Venâncio; São Paulo: Expressão Popular, 2012. p.714-23.

TOLEDO, V. A agroecologia é uma revolução epistemológica. *Revista Agriculturas*, Rio de Janeiro, v.13, n.1, p. 42-5, mar. 2016. Disponível em: http://aspta.org.br/revista-agriculturas/. Acesso em: nov. 2017.

5
Conflitos na reforma agrária e mundos possíveis

Planejamento de um assentamento agroecológico no município de Castro (PR)[1]

Iara Beatriz Falcade Pereira, Jorge Montenegro,
Marcelo Caetano Andreoli e Renata Karolina Alcântara

Introdução

No dia 6 de dezembro de 2018, cerca de quarenta famílias provenientes do acampamento Maria Rosa do Contestado (Castro-PR) ocuparam a fazenda Jeca Martins, situada no mesmo município. Eram famílias organizadas pelo Movimento dos Trabalhadores Rurais Sem Terra (MST), que acumulavam vários anos de vivência em acampamentos, com a proposta de construir um projeto de assentamento agroecológico. A fazenda ocupada é terra pública, propriedade do Instituto Ambiental do Paraná (IAP), e esteve cedida formalmente desde 2003 à Universidade Federal do Paraná (UFPR) para realização de pesquisas. Depois que a instituição desistiu dos projetos que promovia no local, a terra passou a ser cultivada sem amparo legal por um vizinho quando aconteceu a ocupação. São, aproximadamente, 118 hectares de terras de lavoura na planície

1 Agradecemos a todas as pessoas (mais de sessenta) que se envolveram na experiência de planejamento que este trabalho apresenta e sobre o qual tenta refletir. Foram mais de quarenta moradoras e moradores do acampamento Padre Roque e assentamentos vizinhos e mais de vinte colaboradoras e colaboradores das universidades.

fluvial, dominadas por um anfiteatro elevado de 31 hectares em sua cabeceira (Figura 5.1). De cada lado, dois cursos d'água delimitam a área (o Rio Iapó e um pequeno córrego). Somando a mata ciliar e algumas manchas de floresta nativa misturada com eucaliptos, são mais 73 hectares. Três meses depois da ocupação, a até então fazenda Jeca Martins foi renomeada pelas famílias moradoras como Acampamento Padre Roque Zimmermann.[2]

Figura 5.1 – Reconhecimento da área[3]

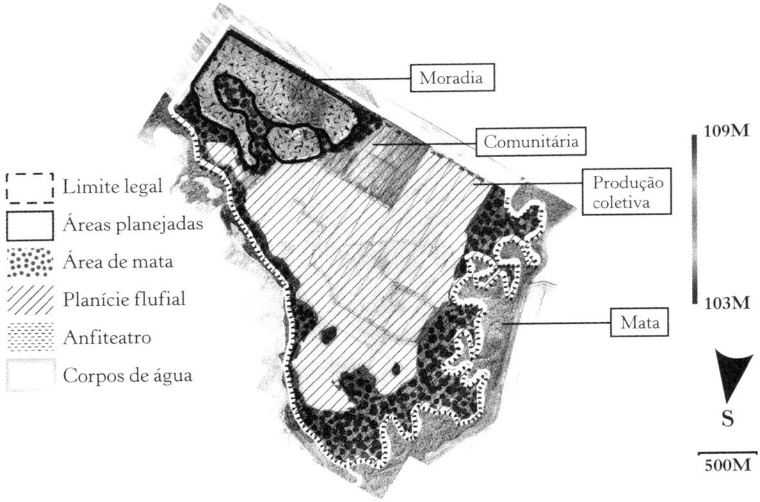

Fonte: Elaborada pelos autores.

---

2 "Ele [Padre Roque] foi um lutador do povo, né. Defensor das causas sociais e uma pessoa que eu tive o privilégio de conhecer no início do nosso acampamento em Três Lagoas, aqui mesmo em Castro, no [bairro] Abapã, lá em 93. Um camarada que exerceu na prática o ofício de sacerdote, né, que é lutar pelo povo. Que é se misturar ao povo e ajudar a fazer a luta em defesa dos pobres. E por ser a escolha do nome é por ser esse lutador que ele foi, né. E um personagem recente. Faleceu no início de 2019. [...] Tava sendo realizada a missa de sétimo dia dele, né. E por ser essa figura importante aí para nós a gente decidiu escolher pelo nome" (depoimento de Célio, coordenador local do MST).

3 Produção cartográfica realizada a partir de aerolevantamento por drone, realizado pelo professor Leornado Ercolin Filho, do Centro de Pesquisas Aplicadas em Geoinformação (Cepag), da Universidade Federal do Paraná (UFPR).

O acampamento irrompe na região dos Campos Gerais, no estado do Paraná, território marcado pelo agronegócio intenso, com destaque de produção nacional e internacional das principais *commodities* agropecuárias e em um momento em que a reforma agrária tem sido banida da política pública nacional. Situação que reforça os problemas historicamente não resolvidos (nem no Paraná, nem no Brasil como um todo) relacionados à propriedade da terra, a quem produz, como e para quem os alimentos são produzidos, apesar de toda a propaganda midiática e dos esforços parlamentários por retirá-los da agenda pública.[4]

A gênese do acampamento Padre Roque está relacionada, como no caso de outros acampamentos do país, com a histórica forma de ocupação e partilha da terra no Brasil. No entanto, a estrutura fundiária e de poder perpetuada por séculos vem sendo impugnada pelos movimentos sociais por meio da ocupação. Assim, pressionam para que se cumpra a Constituição Federal de 1988 e sua determinação sobre a função social da propriedade,[5] exigindo, por meio de um programa de reforma agrária,[6] uma justa redistribuição da terra e políticas públicas de apoio à agricultura para viver.

Com esse duplo foco como pano de fundo, o acampamento Padre Roque e os conflitos ao redor da política de reforma agrária, o presente artigo tem como objetivo compartilhar uma experiência de planejamento para a transformação desse acampamento em um assentamento de caráter agroecológico. Entendemos que esse tipo de planejamento pode ser entendido como uma tecnologia social, porém, tendo em conta o contexto de reforma agrária popular

4 Segundo Roos, Moellmann e Luz (2019), entre 2015 e 2018 não houve criação de assentamentos no Paraná. No restante do Brasil foram criados apenas 26 assentamentos.

5 A função social da propriedade rural é determinada pela Constituição Federal de 1988, artigos 184, 185 e 186.

6 Segundo o último relatório Dataluta publicado entre 1988 e 2016, foram realizadas no Brasil 9.748 ocupações por 1.342.430 famílias. No mesmo período, foram realizados 9.444 assentamentos para 1.127.078 famílias. No Paraná, para os mesmos anos, são 732 ocupações com 102.727 famílias e 329 assentamentos com 20.360 famílias (Dataluta, 2017).

proposta pelo MST e a natureza arraigada, cotidiana e do cuidado da agroecologia. Pretendemos mostrar ao longo do trabalho como essa experiência permite ressignificar o planejamento como estratégia profunda de permanência e transformação de mundos no meio de múltiplos conflitos.

Consideramos fundamental partir da experiência e entendê-la nas cinco dimensões propostas por Larrosa (2018): "como uma relação com o mundo em que estamos imersos"; na sua relação com "a vida e o corpo", compondo uma forma de vida e construindo conhecimento "corporalizado, incorporado, encarnado"; "como conhecimento prático, derivado de uma relação ativamente comprometida com o mundo"; como "motivo de investigação"; e como prática sobre a qual escrever e dizer (p.21-3).

Nesse sentido, socializamos no trabalho os diálogos e as práticas de saberes estabelecidos entre a comunidade do Padre Roque e um grupo de mais de vinte pesquisadoras e pesquisadores extensionistas da UFPR e da Universidade Estadual de Ponta Grossa (UEPG), ao redor da ressignificação do espaço da fazenda a partir das relações que estão se construindo e pretendem ser construídas pelos atuais moradoras e moradores. Ao longo de um ano de trabalho em conjunto, foram realizadas dez oficinas para o planejamento da área de moradia e da área comunitária, que promoveram diálogos sobre a conjuntura política regional e nacional, a redistribuição da terra e o acesso aos bens naturais ou às políticas públicas, mas também permitiram reconhecer que, por meio da proposta agroecológica, se promovem estratégias de construção comunitária ao redor da diversidade, dos cuidados com a natureza e com as pessoas e da importância de relacionar profundamente e politicamente todos esses elementos.

O percurso deste texto se inicia com a apresentação da experiência de planejamento no acampamento Padre Roque a partir de uma breve cronologia das ações, no marco de outras experiências já trabalhadas pelo MST. Em seguida, com o propósito de incorporar possíveis leituras do processo a partir de experiências semelhantes em outros campos, estabelece-se um diálogo com alguns posicionamentos da tecnologia social. Na sequência, retoma-se a centralidade da experiência a partir de sua relação com o programa agrário do MST e, especialmente, com a construção de uma reforma agrária popular, incorporando outros elementos que ajudam a situar e radicalizar a experiência. Nos dois últimos subitens do artigo, a potência da agroecologia como produtora de espaços outros nos permite transitar por referências e experiências que sinalizam princípios também outros, como a convivencialidade ou o desenho ontológico, para pensar e fazer planejamento no contexto do capitalismo neoliberal globalizado e moderno que hoje tenta aprisionar a proliferação de mundos onde já cabem muitos mundos.

Planejamento no acampamento Padre Roque: diálogo de saberes entre comunidade e universidade no contexto da experiência do MST

Ao longo de 36 anos, o MST tem apontado vários caminhos para a organização e planejamento de seus espaços. Desde propostas centradas na criação de cooperativas e na divisão do trabalho coletivo entre os camponeses de um assentamento,[7] no final da década de 1980, até propostas com uma relação maior com os centros urbanos, ou mais ligadas às dimensões ambientais, todas na primeira metade dos anos 2000.

Além desses "modelos" mais institucionalizados e reconhecidos nas propostas do Instituto Nacional de Colonização e Reforma Agrária (Incra) ou promovidas pelo próprio MST,[8] a amplitude da geografia dos assentamentos se atualiza, nos últimos anos, com novas experiências e aprendizados cada vez mais em favor da vida. As mulheres sem terra, por exemplo, têm semeado, a partir da agroecologia, novas resistências no campo, pautando outros

7 No livro *Brava gente*, de Stédile e Fernandes (2005 [1999]), faz-se um resgate das primeiras formas de organização no movimento.

8 Para consultar as propostas do MST, ver Concrab (2001; 2004a; 2004b; 2004c).

olhares interseccionados sobre o projeto de reforma agrária popular, incluindo as dimensões do cuidado e cotidiano como questões centrais. Sendo assim, novas e outras bandeiras em favor de enfoques mais relacionais e diversos têm sido hasteadas na base dos acampamentos e assentamentos, para (re)pensar os espaços, as práticas e a comunidade por dentro da reforma agrária. Toda essa bagagem, de forma mais ou menos explícita, ajuda a entender o processo de planejamento construído no acampamento Padre Roque, que descreveremos.

Apesar de múltiplos contatos entre a UFPR e o MST para projetos nas áreas de educação, saúde, direito, juventude ou agroecologia, o contato para esse projeto articula áreas e pesquisadoras e pesquisadores extensionistas que nunca tinham trabalhado juntos. Em fevereiro de 2019, coordenadores do MST da região de Castro reuniram um grupo de docentes e discentes das áreas de Arquitetura, Direito, Engenharia de Transportes, Geografia e Geomática para demandar um estudo de viabilidade para a introdução de um assentamento na área do acampamento Padre Roque. Depois da visita na área (Figura 5.2), em diálogos com a comunidade, e da estruturação da equipe a parceria foi realizada por meio do projeto de extensão "Mapeamentos comunitários em experiências de r-existência".[9]

As duas grandes diretrizes do projeto foram: compreender o território do acampamento em sua totalidade, costurando relacionalmente desde as moradias até as áreas de plantio, dos espaços comunitários aos bens comuns; e exercitar um planejamento que partia e reconhecia em todos os momentos a iniciativa da comunidade na decisão sobre o desenho e o sentido de seu território. A demanda da comunidade articulava quatro dimensões claras: moradia, comunitária, produtiva e ambiental. Nas duas últimas, o projeto teve a contribuição do Laboratório de Mecanização Agrícola

9 O objetivo principal do projeto é "colaborar (coelaborar) junto a povos e comunidades tradicionais, movimentos sociais, estudantes e outros grupos com a construção de mapeamentos comunitários que denunciem os conflitos que sofrem, visibilizem suas práticas tradicionais e/ou de resistência, reconheçam e repensem o território vivido" (transcrição do projeto. arquivo particular).

Figura 5.2 – Primeira reunião com a comunidade

Foto: Projeto "Mapeamentos" (2019).

(Lama) da UEPG, com ampla experiência e discussão sobre o tema, além de toda a programação própria de oficinas e encontros. As quatro dimensões atravessaram relacionalmente todo o projeto, mas neste artigo trazemos a experiência acumulada no "eixo de moradia" e no "eixo comunitário". Uma experiência pontual e seguramente limitada, mas que exploramos com a abertura e a intensidade anteriormente apontadas por Larrosa (ibidem).

A metodologia do planejamento foi construída passo a passo pela comunidade e pelo o coletivo formado ao redor do projeto "Mapeamentos comunitários",[10] apontando as necessidades e sonhos coletivos que orientaram a ação desde a primeira oficina, em março de 2019. Nessa ocasião, as acampadas e os acampados dialogaram sobre o que esperavam da universidade quanto a um apoio e assistência técnica no planejamento do seu território, levando em conta estudos de viabilidade ambiental, social, produtiva e jurídica. A partir dessa

10 Ao longo das oficinas, participaram também pessoas das áreas de Agronomia, Geologia, Música, Engenharia Florestal e Ciências Sociais.

aproximação, o desejo das famílias, rascunhado em um primeiro projeto, era estruturar uma área para a casa própria e um quintal amplo com capacidade de produção, mediante sistemas agroflorestais para além do autoconsumo (a área ao redor da moradia, na concepção agroecológica, também é terra para plantar), junto com outra área maior (a planície dedicada à produção), que seria trabalhada coletivamente. Esse desenho se complementava com as áreas dedicadas à preservação e à recuperação ambiental (Figura 5.3).

Figura 5.3 – Primeiro esboço da comunidade

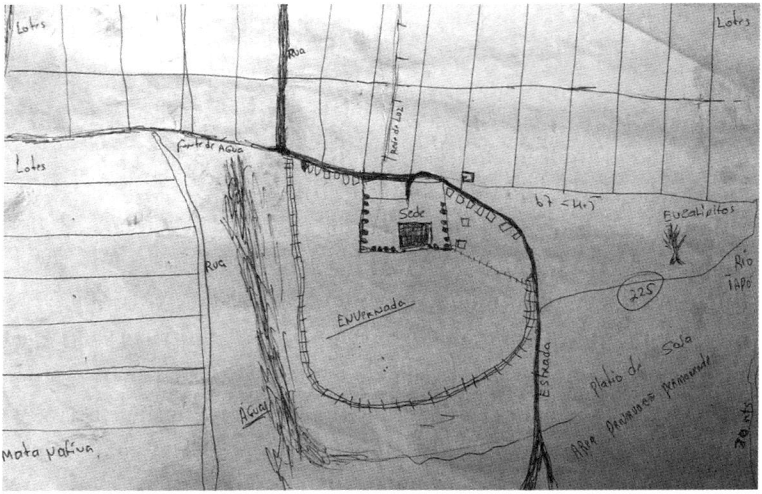

Fonte: Elaborada pela comunidade.

Em princípio, de acordo com essa primeira proposta, a área destinada à moradia, na parte que chamamos de anfiteatro elevado, deveria ter quarenta lotes com um hectare para cada morador. Após as medições da área, comprovou-se que, para poder inserir essas quarenta famílias na área, os lotes deveriam ter um pouco mais que a metade desejada (no final, a dimensão média dos lotes ficou em aproximadamente 6.300 metros quadrados). Depois da medição de uma área padrão em campo, a comunidade percebeu que o tamanho atendia às suas expectativas e decidiu manter os quarenta lotes, com esse tamanho menor, sem reduzir a vegetação existente, respeitando as áreas de várzea e as nascentes e criando ainda uma faixa de três metros de largura como barreira agroecológica no limite com um vizinho que planta grãos de forma convencional. Após as quatro primeiras oficinas, os diálogos foram conduzindo para o desenho da Figura 5.4. As planejadoras e planejadores do Padre Roque protagonizaram a gestação de um quebra-cabeça de quarenta peças, com formatos diversos, que incorporavam, ao mesmo tempo, um princípio organizativo do MST: a organização em núcleos de base de dez famílias (demarcados com diferentes tons de cinza na figura a seguir).

Figura 5.4 – Divisão da área de moradia e área comunitária

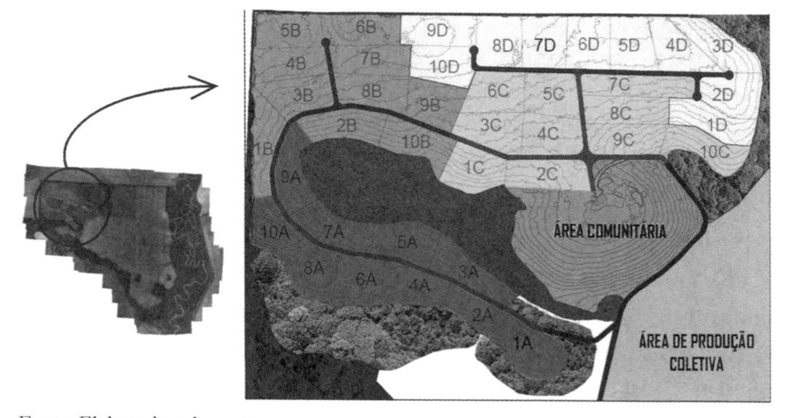

Fonte: Elaborada pelos autores.

Mais que um desenho em 2D, ele representa um diálogo ativo sobre a construção comunitária de um assentamento que tenta integrar profundamente o ambiente, que não só o envolve mas que lhe dá sentido. Os princípios do cuidado com a natureza e com os outros, o fortalecimento da organicidade e da autonomia e a relacionalidade de todos os aspectos assumem forma no território, por exemplo: na transversalidade do traçado das ruas, respeitando a topografia para evitar processos erosivos intensos; no equilíbrio entre intimidade e proximidade desejado pelas moradoras e moradores; nos olhares compartilhados por todas e todos, combinando as fachadas das áreas de moradia sempre "olhando uma para a outra" e com uma visão direta da área comunitária onde estarão os equipamentos de lazer para as crianças (entre outras coisas); na acessibilidade das ruas do assentamento das casas que fazem parte do mesmo núcleo de base e precisam fazer várias reuniões; na redução de custos para a distribuição de energia e água por meio das vias de forma capilarizada, que também foram traçadas de forma a reduzir o número de quilômetros e, assim, reduzir os gastos de manutenção; na diminuição das distâncias para as crianças, os jovens, as mulheres e os idosos até a área comunitária, pois esta e todas as vias de circulação menores, sempre com 7 metros de largura, convergem nesse círculo central acompanhando o desnível do terreno.

A necessidade das acampadas e acampados de obter alguma renda para continuar na área fez que, paralelamente ao processo de planejamento, a comunidade iniciasse a autogestão na área de produção coletiva, destinando algumas partes entre as famílias de acordo com o ritmo, o trabalho e as culturas semeadas de cada uma. Dessa forma, houve, ao longo da consolidação do acampamento, experiências de produções individuais e de plantios coletivos entre famílias que decidiam dar esse passo, sempre sob os princípios da agroecologia. Sem dúvida, essa prática cotidiana foi ajudando a aperfeiçoar as propostas para o planejamento geral da área.

As estratégias, consensos e articulações do "eixo moradia" foram fundamentais para o segundo momento desse planejamento, da quinta à décima oficina, em que se discutiu profundamente a organização do "eixo comunitário". Pensando na materialização dos edifícios nesse espaço, foi realizada a sexta oficina, que tentou abrir um debate sobre imaginar para além dos muros dos possíveis equipamentos. Para isso, foi realizada uma primeira conversa sobre sonhos, desejos e necessidades para esse espaço comunitário por meio de uma árvore de ações (Figura 5.5), que pretendia mobilizar os anseios cotidianos de cuidado com a comunidade com os verbos "crer", "conviver", "comer", "aprender" e "curar".

Essa opção que medeia verbos e sonhos reflete um enfrentamento com a criação de ferramentas/serviços que limitam e desviam

Figura 5.5 – Árvore dos sonhos completa

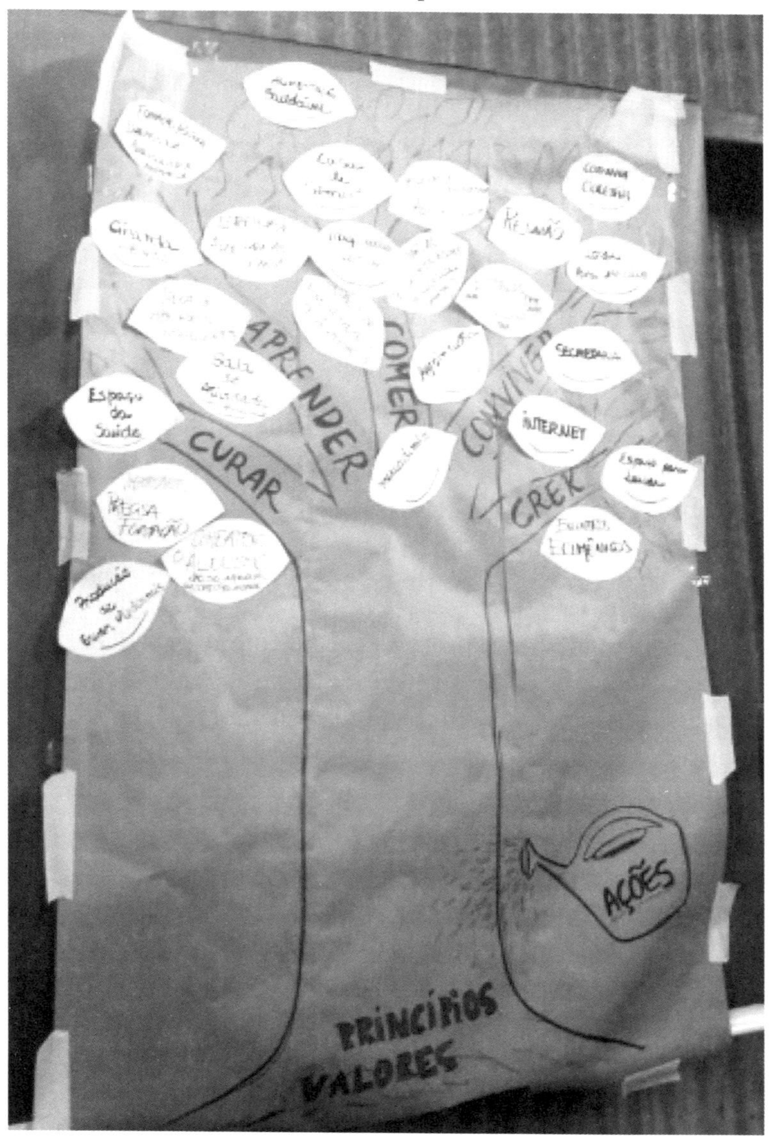

Foto: Projeto "Mapeamentos" (2019).

as possibilidades da comunidade para satisfazer seus anseios e decidir autonomamente sobre o que significa viver e melhorar sua qualidade de vida.[11] Afinal, as posturas ortodoxas de planejamento nessa escala trabalham a partir de diagnósticos mobilizados a partir do espaço físico para ampliar as oportunidades do território e minimizar os problemas percebidos, distanciando-se da vivência do cotidiano e não promovendo encontros potentes para a construção de possibilidades outras de ocupação territorial. Esse caminho propiciou à comunidade perceber e apontar propostas, desejos e demandas para suas atividades de cuidado, saúde, educação, cultos, organização e lazer.

Nesse processo, o papel das mulheres foi essencial, pelos questionamentos com o cuidado e o cotidiano, trazendo elementos fundamentais para o estreitamento de laços comunitários. Destaca-se também a intensa participação dos homens (que são maioria em número no acampamento) com perspectivas sensíveis sobre a necessidade de incorporar múltiplas dimensões na organização da área comunitária.

Com os saberes acumulados nessas duas primeiras oficinas dedicadas ao "eixo comunitário", foram se construindo algumas opções para essa área com uma diretriz fundamental: um olhar atento aos usos já existentes no território, que compreendiam as duas estruturas remanescentes da fazenda, uma casa e um barracão ainda em condições de serem utilizados, e os espaços livres e comuns, de modo a limitar o investimento para a adequação da área comunitária. Nesse sentido, foi possível traduzir os verbos em etapas, relacionadas com tempos e espaços específicos ou de múltiplos usos (Figura 5.6).

---

11 Entre outras ações, na oficina foram destacadas a troca de saberes populares, a produção de plantas medicinais, a alimentação saudável, a centralidade das reuniões, os encontros ecumênicos, a educação de crianças e adultos etc.

Figura 5.6 – Proposta da área comunitária em três fases[12]

Fonte: Projeto "Mapeamentos".

- fase 1, curto prazo: reparo e manutenção do barracão e da casa comunitária; organização de um mercado comunitário dentro da casa; primeira adequação da praça central e de um estacionamento para o dia a dia da comunidade;
- fase 2, médio prazo: transferir ciranda infantil da casa comunitária para local próprio; melhorar a praça central para aumentar seu uso; construir cozinha, churrasqueira e área de mesas anexas ao barracão como local de festa; adequação dos anexos ao barracão como quadra de esportes e uma quadra de maia/bocha;
- fase 3, longo prazo: construção do posto/espaço de saúde, de uma casa de sementes e de uma estufa para plantas medicinais; novo espaço ecumênico fora da casa comunitária; demarcação de um estacionamento maior para visitantes e de um caminho circular para veículos contornando toda a área comunitária.

12 Proposta realizada em maquete virtual, com pontos coletados por GPS.

No final das dez oficinas, a comunidade do Padre Roque obteve não apenas um planejamento que conversou com sua proposta de assentamento agroecológico como também construiu um diálogo de saberes que se refletiu na transformação de uma área ocupada em um território de vida, a partir das preexistências (o barracão ou a casa comunitária, a planície dedicada ao plantio etc.), da sua luta diária, de seus acordos, seus ritmos e da forma como resiste, criando novas significações para esse território (Figura 5.7).

Figura 5.7 – Diagrama de espaços propostos para a área comunitária[13]

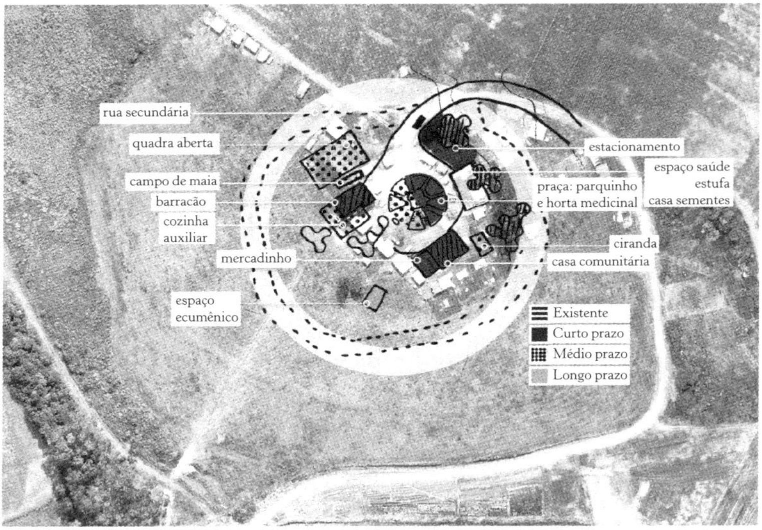

Fonte: Elaborada pelos autores.

A seguir, incorporamos a literatura sobre tecnologia social como uma possibilidade de refletir sobre esse planejamento, à luz de experiências acumuladas em outros espaços por outros sujeitos.

13 Diagrama desenhado sobre base fotográfica realizada por drone.

Planejamento de assentamentos de reforma agrária e tecnologia social: diálogos possíveis

Uma consulta da literatura sobre tecnologia social revela alguns pontos em comum, como a inovação social e a melhoria das condições de vida (ITS, 2004), o controle autogestionário e a cooperação voluntária capazes de reduzir o tempo de fabricação do produto e de dividir a produção entre a proposta do coletivo (Dagnino, 2011), uma estratégia para o desenvolvimento (Fundação Banco do Brasil, 2004) e a identificação com "produtos, técnicas e/ou metodologias reaplicáveis, desenvolvidas na interação com a comunidade" ou com o desenvolvimento local sustentável (Otterloo et al., 2009).

Nesse sentido, são consideradas tecnologias sociais: as cisternas de placas, barragens subterrâneas e bombas d'água populares para a convivência com o Semiárido (Articulação Semiárido Brasileiro); a instalação de placas solares, fogões e fornos ecológicos e máquinas de gelo solar em comunidades isoladas da região amazônica (Instituto de Desenvolvimento Sustentável Mamirauá); a "organização de serviços de diagnóstico em área rural endêmica, criação de conselhos de saúde local e modelos de comunicação participativos sobre condições nocivas à saúde socioambiental" (Medeiros; Silva, 2016, p.155) (Fiocruz); a inserção em redes de comércio justo internacional de artesãs da seda da vila rural Esperança no município de Nova Esperança (PR) (Cooperativa dos Produtores de Artesanato de Seda – Copraseda); o software livre; projetos sociais de moradia urbana (Habitat para a Humanidade-Brasil); e a pedagogia da alternância nas Escolas Família Agrícola, entre outras muitas experiências.

O processo e os primeiros resultados do planejamento realizado no acampamento Padre Roque poderia ser considerado como uma tecnologia social somada à lista anterior. Algumas palavras são intercambiáveis: melhoria das condições de vida; controle autogestionário; cooperação voluntária; proposta do coletivo; interação com a comunidade; desenvolvimento local sustentável. No entanto, existiria uma contribuição singular própria da mobilização social pela reforma agrária como o Padre Roque? O que significa que seus protagonistas questionem a propriedade privada e defendam outro princípio constitucional como a função social da terra? Quais diálogos e limites se estabelecem com as ideias e práticas da tecnologia social, quando o movimento social que dá sustentação a essa experiência tem 36 anos, está organizado em 24 estados do país, conquistou terra com 350 mil famílias, "luta por uma sociedade mais justa e fraterna, que solucione os graves problemas estruturais do nosso país, como a desigualdade social e de renda, a discriminação de etnia e gênero, a concentração da comunicação, a exploração do trabalhador urbano" (MST, 2020, on-line) e propõe um programa de reforma agrária popular marcado por questões como a democratização da terra, a consideração da água como bem da natureza em benefício da humanidade e a necessidade de mudanças na natureza do Estado e em sua estrutura administrativa? Como marca de forma diferente a experiência o fato de enfrentar o modelo produtivo (e destrutivo) do agronegócio, em uma das regiões mais consolidadas desse modelo (os Campos Gerais do Paraná)?

São perguntas complexas, difíceis de responder em um texto curto como este. No entanto, propomos algumas reflexões em duas dimensões: primeiro, com relação à singularidade da experiência acerca do planejamento em si, do processo interno de elaboração e dos resultados obtidos; segundo, sobre o que essa experiência oferece a partir do campo de disputas externas em que acontece, quem são e qual é o papel dos antagonistas, em que conjuntura histórica se realiza e qual é o horizonte de transformação que almeja. Somos cientes de que essa separação entre interno e externo não existe na realidade do processo, é apenas um recurso para tentar explicar o peso e as características desses aspectos diversos que se juntam na singularidade do planejamento do Padre Roque.

No que se refere ao primeiro aspecto, sobre a elaboração e resultados da experiência relatada neste artigo, podemos alinhá-la a um longo processo, já apontado no início do subitem anterior, de crítica e transformação do papel do Estado e dos movimentos sociais no planejamento de assentamentos de reforma agrária. Hora, Mauro e Calaça (2019) retratam essas mudanças com clareza. Primeiro, os projetos de colonização mostram que o "Estado pouco se preocupou com o planejamento integrado dos assentamentos rurais, focando suas ações no emprego limitado do parcelamento das áreas rurais e dos projetos de colonização com a predominância dos cortes ortogonais ao longo de vias de acesso" (ibidem, p.144). Até início dos anos 2000, dificilmente se encontravam experiências que mostrassem um planejamento coerente com as dinâmicas locais e ambientais. O que predominava era o "quadrado burro" (Figura 5.8), chamado assim porque propunha "uma malha ortogonal, ignorando elementos naturais e os elementos potenciais de solidariedade, ajuda mútua e cooperação" (ibidem, p.146).

Figura 5.8 – Representação de assentamento seguindo o "quadrado burro"

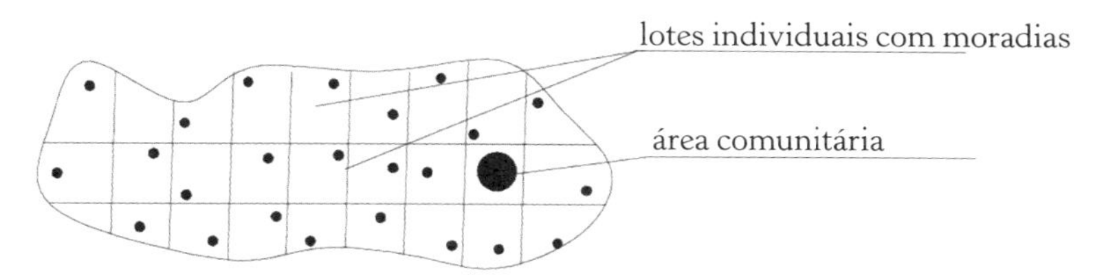

Fonte: Bertolini; Carneiro (2007).

Diante dessa situação, os próprios movimentos sociais organizam formas de realizar assentamentos,[14] agrupando a moradia em agrovilas mais ou menos distantes dos lotes de produção (Figura 5.9) ou criando um desenho em forma de "roda de carroça" nos chamados núcleos de moradia (Figura 5.10), com resultados muito diferentes ao longo do país.

14 No caso do MST, a Confederação das Cooperativas de Reforma Agrária do Brasil (Concrab) vai elaborar dois documentos nesse sentido, "O que levar em conta para a organização do assentamento – a discussão no acampamento" (2001) e "Construindo o Planejamento Participativo do Assentamento: Processo de Planejamento e Organização do Assentamento – PPOA (Metodologia para a elaboração dos 'PDAs e PRAs')" (2004b).

Figura 5.9 – Representação de assentamento em agrovila, com lotes individuais e terra coletiva

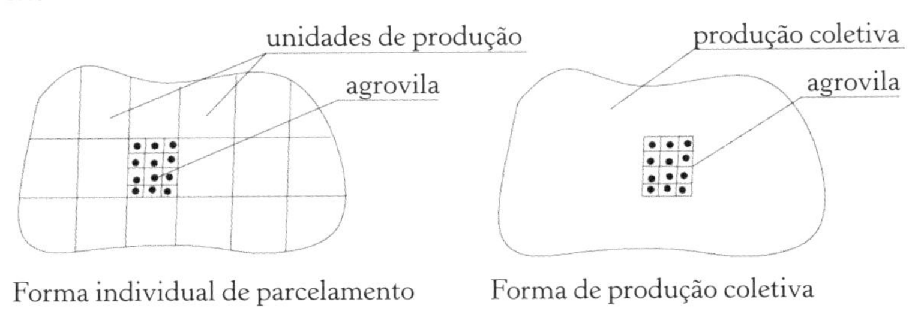

Fonte: Bertolini; Carneiro (2007).

Figura 5.10 – Representação de um assentamento em núcleo de moradia

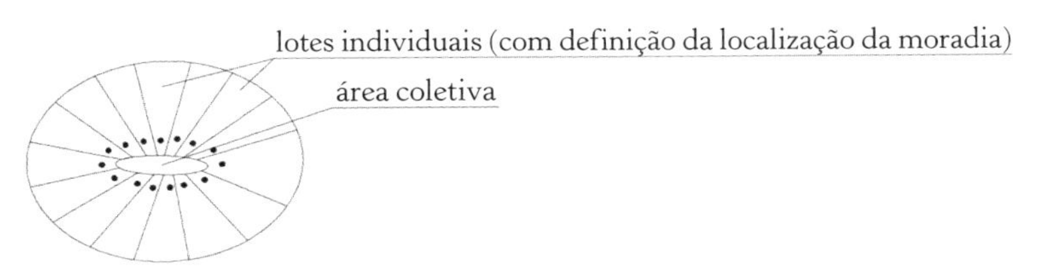

Fonte: Bertolini; Carneiro (2007).

Após 2003, mesmo "com a possibilidade de um governo cuja proposta baseava-se em inclusão social e superação da pobreza extrema, com políticas públicas elaboradas de forma participativa, poucos foram os avanços no que tange à celeridade e qualidade do processo de implantação de assentamentos rurais" (ibidem, p.148). Ainda assim, continuavam sendo construídas propostas que pensavam os assentamentos de uma forma multidimensional, como o Método de Validação Progressiva, sugerido por Carvalho (2004), a Comuna da Terra como estratégia próxima a grandes centros urbanos (Concrab, 2004c; Goldfarb, 2007), os Centros Irradiadores de Manejo da Agrobiodiversidade (Cimas) (Correia, 2007), entre 2003 e 2006, e os Projetos de Desenvolvimento Sustentável (PDS), "importados" da região amazônica, ambos vinculados às propostas da agroecologia (Duval; Ferrante, 2016).

Nesse sentido, entendemos que essas propostas realizadas a partir dos movimentos sociais, como o acampamento Padre Roque, propuseram formas mais ou menos multidimensionais, participativas ou preocupadas com a sociabilidade, a solidariedade e a relacionalidade, que pressupõem um assentamento conectado com o debate e as práticas acumuladas a partir da tecnologia social. Observando as diferentes propostas para os assentamentos, encontramos processos de inovação nas comunidades, participação democrática, destaque das metodologias participativas, diálogo entre saberes populares e científicos, apropriação de saberes para a afirmação da autonomia, sustentabilidade ambiental e transformação social (ITS, 2020), na linha do que se entende por tecnologia social. No entanto, quando tentamos entender a experiência no contexto do campo de disputas externas e da reforma agrária popular, percebemos que uma experiência como a do Padre Roque pode reverberar de maneira ainda mais profunda nessas comunidades, atuando como ferramenta de confronto e ressignificação de modelos naturalizados socialmente, radicalizando o planejamento para além dos paradigmas legais.

A radicalização do planejamento a partir das disputas da reforma agrária popular

Dentro do conjunto de disputas e condições externas para que aconteça o assentamento, percebemos outras questões que radicalizam a crítica social, impugnando o sistema capitalista,[15] denunciando a crise civilizatória instalada na atualidade e sinalizando caminhos diferentes para (re)construir o mundo em que vivemos,

15 Como expresso no programa de reforma agrária popular: "Nosso projeto se insere na luta da classe trabalhadora pela construção de relações sociais de produção que eliminem a exploração, a concentração da propriedade privada, a injustiça e as desigualdades. O nosso horizonte é, pois, o da superação do modo de produção capitalista" (MST, 2013, p.33).

aspectos que não encontramos na forma em que são lidas as experiências relacionadas com a tecnologia social.

Por exemplo, tomando o caso do acampamento Padre Roque, aparece um conflito explícito referido ao "mau exemplo" que significaria a possibilidade da instalação de um assentamento, portanto com o aval do Estado, em território dominado pelo agronegócio regional: iniciado a partir de experiências cooperativas, hoje transformadas em conglomerados empresariais (Castrolanda Cooperativa Agroindustrial, Frísia Cooperativa Agroindustrial); que sustenta centros de pesquisa de referência nacional (Fundação ABC), mas que promove tecnologias sociais e práticas ambientais nefastas (eliminação de saberes tradicionais essenciais e uso intensivo de agrotóxicos e transgênicos). Um modelo de desenvolvimento regional baseado na mercantilização da natureza, na concorrência que explora e expulsa, no aprofundamento dos desequilíbrios socioeconômicos e na manutenção dos processos de dominação.

A possibilidade de um assentamento com uma proposta agroecológica que funcione incentivaria pequenos proprietários vizinhos, com dificuldades dentro de um modelo alternativo, a experimentar outras formas de produção e de vida, assim como encorajaria outros sem-terra da região, expulsos pelo sucesso do agronegócio, a demandar a aplicação da reforma agrária em áreas que não cumprem sua função social, que foram griladas ou que têm elevadas dívidas com a União.

Ao mesmo tempo, outro aspecto revelador da radicalidade que significa lutar pela efetivação de um assentamento está na conjuntura atual, na qual a política de reforma agrária foi praticamente extinta, como já apontado no início deste capítulo (Roos; Moellmann; Luz, 2019). Se já nos últimos anos do governo da presidenta Dilma Rousseff (Partido dos Trabalhadores – PT) houve um retrocesso enorme na criação de assentamentos, o golpe parlamentar de Michel Temer (Partido do Movimento Democrático Brasileiro – PMDB) e o governo de Jair Bolsonaro (Aliança pelo Brasil) têm sepultado a reforma agrária na máquina pública, desativando financeiramente os programas e as instituições associadas.[16] Nesse contexto é que o acampamento Padre Roque disputa a continuidade da reforma agrária, em uma região dominada por um agronegócio de escala mundial, com uma bancada ruralista estadual e nacional robusta e com os meios de comunicação locais, regionais e nacionais absolutamente adversos às políticas sociais, contrários também aos modos de produção agropecuária alternativos ao agronegócio e a dar espaço para qualquer crítica ao *status quo* da barbárie perpetrada no campo.

Após um breve apoio da opinião pública à reforma agrária na segunda metade dos anos 1990,[17] as políticas de criminalização dos movimentos sociais e de valorização do agronegócio com dosagens diferentes nunca tornaram fácil a implementação da reforma agrária, porém, ela nunca foi tão difícil como nos últimos anos. Ademais, os apoios com que contava a reforma agrária no campo institucional e político-partidário foram se esvaindo nessas conjunturas adversas de golpe institucional e guinada autoritária dos últimos tempos. A opinião pública também foi mudando sua percepção no meio ao bombardeio midiático.[18]

Por fim, a leitura do último documento de referência quanto ao posicionamento sobre reforma agrária do MST, o já citado programa agrário de 2013, revela um conjunto de posicionamentos sobre o horizonte de transformação que se almeja a partir da implementação de uma reforma agrária popular:

---

16 Para uma compreensão mais ampla desse processo, consultar o "Dossiê Michel Temer e a questão agrária", na revista *Okara: Geografia em Debate*, da UFPB (2018), e Fernandes et al. (2020).

17 Segundo "pesquisa de opinião pública, realizada pela Associação Brasileira de Reforma Agrária (Abra) no município de Campinas (SP), [...] mais de 90% dos entrevistados eram favoráveis à implantação de um programa de distribuição de terras e outros 51% eram simpáticos à ocupação de imóveis rurais que não cumprem função social (Novaes et al., 1996).

18 Em 2009, o jornal paranaense *Gazeta do Povo* afirmava que "92% da população considera ilegais invasões feitas pelo MST", a partir de uma pesquisa do Ibope encomendada pela CNA naquele ano.

> [...] as raízes da reforma agrária popular brotam e crescem de um único lugar – o enfrentamento dos sujeitos trabalhadores contra as forças do capital. Que agora se agrava com sua crise civilizatória e se apropria, violentamente, de todos os bens da natureza, da saúde e da cultura popular para transformar tudo em mercadoria, em lucro! Nosso Programa não se destina apenas aos trabalhadores e trabalhadoras sem terra ou aos povos que vivem no campo. A reforma agrária é Popular, porque abrange a todas as forças e sujeitos que acreditam e necessitam de mudanças na sociedade. E somente poderá se realizar se construirmos uma grande aliança de toda classe trabalhadora. É uma reforma agrária para todo povo. (MST, 2013, p.52)

O *Programa Agrário do MST*[19] é um documento de referência para sua proposta política no período 2014-2019.[20] Segundo o próprio programa, esse documento "não deve ser visto como uma receita ou um produto já acabado. Ao contrário, são ideias que construímos, com base em conhecimentos científicos e da nossa prática concreta da luta de classes do dia a dia, em todo o país" (ibidem, p.6); nesse sentido, "esse programa seguirá em construção permanente. Seguirá sendo atualizado, de acordo com o andar das nossas lutas, conquistas e novos desafios, ao longo da história!" (p.7). A partir desse conjunto de ideias gerais e básicas, tenta-se, portanto, dar uma organicidade a um movimento social que acumula muitas experiências no tempo (36 anos) e no espaço (praticamente todo o território nacional, participação ativa na Via Campesina internacional), mas, ao mesmo tempo, são as experiências concretas nos assentamentos e acampamentos que dão forma e sentido a essas linhas gerais e materializam um conjunto de possibilidades em curso que extrapolam as

19 Esse programa começou a ser elaborado em 2011 e foi publicado em 2013, amplamente discutido nas bases dos assentamentos e acampamentos e aprovado no 6º Congresso Nacional do MST, em 2014, diante de 16 mil participantes (MST, 2013).

20 Até maio de 2020, quando da redação final deste artigo, o MST não tinha lançado um novo programa agrário.

dimensões e as escalas com que normalmente dialogam as experiências de tecnologia social já citadas.

Apesar disso, as experiências concretas nos acampamentos e assentamentos já estão desbordando a forma como o MST propõe o planejamento no documento aprovado em 2014. Ainda que nele não apareçam as palavras "planejamento", "planificação" ou "organização" relacionadas com os assentamentos, no ponto 8 da proposta, chamado de "O desenvolvimento da infraestrutura social nas comunidades rurais e camponesas", são apontadas algumas linhas nesse sentido: construção e melhoria das moradias no campo, respeitando as especificidades da cultura camponesa em cada região; estímulo a formas de sociabilidades com moradias dignas, organizadas em povoados, comunidades, núcleos de moradias ou agrovilas, de acordo com as culturas regionais; organização de bibliotecas, serviços de informática, espaços culturais e de lazer em todas as áreas de assentamentos; acesso ao transporte público e estradas vicinais em condições decentes e seguras; garantia de acesso aos serviços de saúde pública, de qualidade e gratuita, e construção de centros de saúde e cultivo de ervas e plantas medicinais; promoção da democratização dos meios de comunicação de massas, dando condições para que as comunidades rurais tenham rádios comunitárias e acesso à produção das TVs comunitárias e de todas as outras formas de comunicação digital (ibidem, p.47-8).

Em definitivo, o que se apresenta é um conjunto de equipamentos para melhorar a qualidade de vida nos assentamentos, garantir locais para a prestação de serviços públicos, reduzir seu estigma de isolamento e procurar uma melhor sociabilidade interna no contexto de uma crítica profunda do funcionamento da nossa sociedade e com o horizonte de superação do capitalismo. Sendo fundamental essa preocupação, que dialoga com a experiência da quinta oficina no Padre Roque já relatada, outras formas de enfocar as necessidades e os sonhos de uma comunidade acampada/assentada permitem enfrentar os modelos mais ortodoxos e institucionalizados de organização territorial.

Além da reforma agrária popular: a crítica convivencial do planejamento

Voltando à experiência no acampamento Padre Roque, a segunda etapa, dedicada aos espaços comuns, esteve marcada pela mobilização de uma série de verbos captados e imaginados nas oficinas da primeira fase, como já descrito anteriormente. Verbos como "alimentar", "curar", "compartilhar", "resistir", "aproximar", "emancipar", "subverter", "dialogar", "educar", "proteger", "cuidar", "crer", "conviver", "comer" e "aprender" foram mobilizados para ampliar as possibilidades de retratar necessidades e sonhos no processo de planejamento, por meio da dinâmica da árvore já descrita ou da socialização de um cartaz realizado para a 18ª Jornada de Agroecologia (Figura 5.11).[21]

Essa ênfase nos verbos remete à crítica que Esteva (2013) faz aos serviços dependentes de instituições públicas ou privadas, apostando na autonomia nos processos que ele denomina de insurreição em curso, onde outros mundos já estão acontecendo:

> A recuperação dos verbos resulta uma estratégia comum das iniciativas tomadas a partir da base social. As pessoas substituem substantivos como educação, saúde ou moradia, que seriam "necessidades" a serem satisfeitas por entidades públicas ou privadas, por

---

21 Segundo sua própria página na internet, a Jornada de Agroecologia é "uma coalizão política constituída em 2001, que resultou de amplo processo dialógico entre vários movimentos sociais, populares, do campo e organizações não governamentais atuantes no Paraná, que desde os anos 1980 promovem as lutas pela terra e pela reforma agrária, a defesa da agricultura camponesa e a agroecologia. [...] A cada ano, desde 2002, realizamos o encontro da Jornada de Agroecologia, com duração de quatro dias e participação média de 4 mil pessoas – sendo 95% de camponesas e camponeses. Os encontros da Jornada de Agroecologia são itinerantes pelo estado do Paraná, sendo realizados segundo o contexto estratégico e conjuntural de cada período, considerando ora a oportunidade de se dar em territórios hegemonizados pelo agronegócio, e ora com marcante presença histórica do campesinato. [...] Por seu caráter e funcionalidade, a Jornada de Agroecologia é, sobretudo, a expressão do campesinato em movimento" (Jornada de Agroecologia, 2020).

Figura 5.11 – Cartaz para a Jornada de Agroecologia

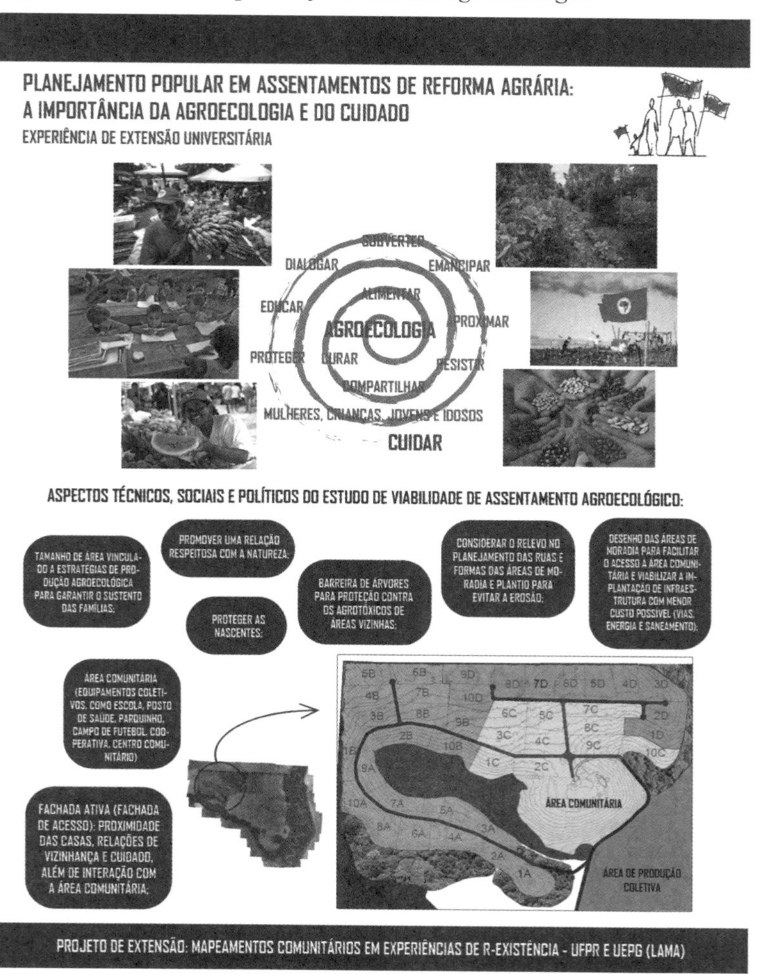

Fonte: Elaborada pelo projeto "Mapeamentos".

verbos como aprender, sarar ou habitar. Recupera, dessa forma, agência pessoal e coletiva e ativa caminhos autônomos de transformação social. Explorar o que ocorre nas esferas da vida cotidiana em que tudo isso ocorre mostra o carácter da insurreição em curso. (ibidem, p.32, tradução nossa)

Monnerat (2019) também recorre aos verbos "comer", "curar", "aprender", "conviver" e "lutar"[22] para entender o que acontece nos territórios da reforma agrária, no cotidiano das mulheres camponesas agroecológicas do MST, tendo como foco compreender como se produzem as escalas do corpo, lote, comunidade e Movimento em um assentamento. Nas suas palavras:

> As mulheres do MST também estão recuperando os verbos, mas agregando sentido a estes verbos de acordo com suas táticas e estratégias que vêm sendo amadurecidas em encontros, reuniões e espaços de formação. Esta postura está relacionada a elucidar questões relacionadas à produção e reprodução da vida, resgatar sentidos que o capitalismo foi nos roubando e construir uma nova racionalidade ou episteme. São outras lógicas, onde a vida está no centro, diferente da lógica capitalista que tem o lucro como questão primordial. (ibidem, p.124)

Em ambos os casos, uma mensagem acerca da importância de ir além de um conjunto estático de demandas nas lutas e r-existências nos movimentos sociais e nas comunidades. No caso estudado neste artigo, é o planejamento, mas Illich (2011), já nos anos 1970, o entendia de uma forma mais ampla:

> [...] [a] sociedade pode ser destruída quando o futuro crescimento da produção em massa transforma o entorno em hostil, quando extingue o uso livre das habilidades naturais dos membros de uma sociedade, quando isola as pessoas entre si e as aprisiona em uma carapaça artificial, quando debilita o tecido comunitário promovendo uma

22 A autora afirma que, além de Esteva, outra fonte de inspiração foram os Encontros Internacionais pela Terra e o Território de 2016 e 2018, organizados pelo Laboratório de Estudos de Movimentos Sociais e Territorialidades (Lemto), da Universidade Federal Fluminense (UFF), e pelo Instituto para o Desenvolvimento Rural da América do Sul (IPDRS), em que os verbos utilizados para sistematizar a situação de povos e comunidades tradicionais de todo o Brasil foram: "conviver", "comer", "habitar" e "curar".

> polarização social extrema e uma especialização desintegradora ou quando uma aceleração cancerosa impõe a mudança a um grau que exclui os precedentes legais, culturais e políticos como diretrizes formais do comportamento presente. (ibidem, p.51, tradução nossa)

Illich (2011) centrava sua crítica em como as ferramentas de uma sociedade (entendidas, de forma ampla, como a educação, a energia, a medicina, os transportes ou os centros de planejamento), a partir de um certo limiar, "sempre produzem mais regulamentação estrita, maior dependência, exploração e impotência" (ibidem, p.84, tradução nossa). Escobar (2016, p.33, tradução nossa), em diálogo com Illich, afirma que depois desse umbral elas seriam "fatalmente inabilitantes da autonomia pessoal e coletiva", produzindo um "estrito sistema de controle tanto sobre a produção como sobre a destruição", resultando em uma "sociedade megainstrumental encravada em múltiplos sistemas complexos que limitam a capacidade das pessoas para viver uma vida digna".

Não seriam os serviços públicos, as tecnologias ou a institucionalização de práticas como o planejamento que melhorariam a vida, e sim o controle das pessoas sobre todas essas ferramentas, o que permitiria uma sociedade convivencial, ou seja, aquela em que a "ferramenta moderna está a serviço da pessoa integrada na coletividade e não a serviço de um corpo de especialistas. Convivencial é a sociedade na qual o homem controla a ferramenta" (Illich, 2011, p.53, tradução nossa).

Nesse sentido, planejar com os verbos mobilizados e com a comunidade, de alguma forma, permite que a apropriação do planejamento como ferramenta incorpore as relações e os sentidos próprios para a produção do seu espaço, para além de um conjunto de bens e serviços que precisam ser gerenciados. O planejamento institucionalizado via Incra, dentro de uma política de assentamentos que respondia a conta-gotas às demandas dos movimentos sociais, reproduziu grandemente o modelo do "quadrado burro", sem nenhuma consideração para com as relações sociais existentes ou futuras. Esse planejamento e a aplicação mecânica de outras opções como a agrovila ou os núcleos de moradia normalmente ficavam totalmente fora do controle dos assentados ou com uma participação dificultada pelo tipo de linguagem especialista, pela participação apressada e sem informação ou simplesmente pelo descaso. De toda forma, o planejamento institucionalizado não tem permitido que as assentadas e assentados possam se apropriar da ferramenta planejamento de uma forma mais criativa e autônoma, mantendo-os distanciados da produção do seu próprio território.

A experiência no acampamento Padre Roque, sendo ainda pontual, limitada e com contradições, nos coloca no caminho de pensar e reformular o planejamento como uma "ferramenta convivencial", no mesmo sentido de outras propostas de planejamento, experimentadas com sensibilidade, participação e complexidade dentro do Movimento. Segundo Illich (2011), as "ferramentas são inerentes às relações sociais"; se as ferramentas são dominadas pelo homem, este poderá revestir o mundo com seu sentido, porém, se são as ferramentas que o dominam, será a estrutura destas que conseguirá delinear a imagem que ele tem de si próprio. Portanto, as ferramentas convivenciais "são as que oferecem as maiores possibilidades às pessoas que as usam de engrandecer o entorno com os frutos de sua percepção" (ibidem, p.84-5, tradução nossa).

Longe de imaginar produzir uma receita de planejamento, o processo do Padre Roque nos desafia a imaginar as circunstâncias para que um acampamento tenha a condição de dominar as ferramentas do planejamento em dois sentidos, conduzir o processo desde sua autonomia coletiva e ter o espaço e o tempo para conhecer os instrumentos desse planejamento outro. Nesse sentido e reconhecendo lacunas e contradições inerentes a um processo pontual como o experienciado, gostaríamos, para finalizar, de repensar algumas questões acerca do planejamento em áreas de reforma agrária e no contexto de uma proposta agroecológica como um exercício de desenho marcado por suas possibilidades e especificidades.

Contra o mundo feito de um só mundo:[23] as possibilidades do planejamento como desenho ontológico

O planejamento junto com as políticas públicas são ferramentas fundamentais de desenho social para estruturar a realidade e a vida cotidiana das pessoas (Escobar, 2016, p.15). Por isso, a crítica convivencial resulta tão pertinente mais de três décadas depois e especialmente nesses dois âmbitos. Quando ambos, planejamento e políticas públicas, estão colonizados pela racionalidade instrumental moderna e pelo capitalismo, a autonomia das pessoas para alcançar uma vida digna se reduz e se ampliam mecanismos cada vez mais sofisticados de controle, repressão e exploração.[24] No momento atual, a capacidade do *big data* para reunir e analisar informações permite não só mudar as formas de construir e gerir um planejamento ou uma política pública, mas também como e por quem são desenhados. O afastamento dos saberes das pessoas comuns tende a ser ampliado e sua capacidade de dominar esse conhecimento é cada vez menor. Um planejamento distante dos saberes e do controle das pessoas é um planejamento que pode até sinalizar um aumento dos equipamentos públicos para satisfazer necessidades humanas fundamentais, como educação, saúde, alimentação etc., porém também resulta em uma rede densa de mecanismos de controle e exploração quando essa educação, saúde ou alimentação pretendem um "bem comum" privatizado ou delimitado por uma ordem social totalitária.

Portanto, é fundamental disputar os mecanismos de gestão social, fazê-los mais convivenciais, restringindo o autoritarismo baseado na hierarquia do especialista descolado de princípios fundamentais de justiça, solidariedade ou liberdade em comum. Isso tem sido feito habitualmente em disputa com o Estado, mas

---

23 Para ampliar essa ideia, ver Escobar (2016, p.85).

24 Ou, como aponta Illich (2011, p.76, tradução nossa), capazes de conduzir "à homogeneização progressiva de tudo, ao desarraigamento cultural e à estandardização das relações pessoais".

acumulam-se as experiências sobre transformações vindas de "de baixo", promovendo a autonomia das comunidades.

O antropólogo colombiano Arturo Escobar, no seu livro *Autonomía y diseño: la realización de lo comunal* (2016), aponta possibilidades para confrontar esse planejamento normatizador, homogeneizador e opressor tomando como ponto de partida a crítica convivencial. Porém, avançando nas possibilidades do giro ontológico no âmbito do desenho, como veremos a seguir, o uso dos verbos e da complexidade de dimensões ao redor da agroecologia nos parece dialogar intensamente com a experiência do acampamento Padre Roque.

Escobar (ibidem) parte da constatação, junto com "ativistas indígenas, camponeses e afrodescendentes de América Latina", de que a "crise contemporânea é a crise de um modelo civilizatório, o da modernidade capitalista ocidental". Diante dessa situação, um desenho crítico, "participativo, centrado nos seres humanos e com orientação social" possui o sentido prático de "contribuir às profundas transições culturais e ecológicas que um grupo crescente de intelectuais e ativistas[25] considera necessário para a humanidade enfrentar, eficazmente, as crises inter-relacionadas do clima, os alimentos, a energia, a pobreza e os significados" (ibidem, p.11, tradução nossa).

O antropólogo colombiano considera o desenho como a construção de ferramentas tão variadas como objetos, estruturas, políticas, sistemas expertos, discursos (até narrativas), serviços, ambientes habitados ou instituições (Escobar, 2016), o que nos permite entender, sob essa perspectiva, o planejamento como um tipo especial de desenho.

Em todo caso, como o desenho tem uma história, uma diversidade de enfoques e uma série de práticas recorrentes, Escobar (ibidem) vai alinhavar uma série de críticas, que poderiam servir

25 Escobar (2016, p.12, tradução nossa) enfatiza o papel que, em toda essa reivindicação do *desenho*, tem o exemplo das "lutas políticas de afrodescendentes, indígenas, camponeses e grupos urbanos marginados na América Latina que não se mobilizam apenas para defender seus recursos e territórios, mas também a totalidade de suas formas de ser-no-mundo".

também para o planejamento e enfatizam duas grandes questões: como o desenho tradicionalmente serviu ao capitalismo, à exploração e à dominação, mantendo certas formas de divisão do trabalho e de exploração dos recursos naturais, promovendo formas de vida consumistas e intensivas no gasto energético; e como o desenho tem optado por estratégias de adaptação que desconsideram os problemas estruturais e eliminam a possibilidade de múltiplos futuros possíveis. Ainda segundo o autor, os enfoques críticos dentro do desenho se ampliariam[26] e ele em particular mobiliza algumas correntes ou debates para nos permitir pensar caminhos outros de transformação social, como a ecologia política, a teoria feminista, o pós-desenvolvimento, a ontologia política, a relacionalidade, as transições civilizatórias e o pluriverso.

Nesse sentido, vários são os aspectos em que esse desenho crítico ajuda a retomar o diálogo com a experiência do acampamento Padre Roque e a refletir sobre as possibilidades abertas nesse tipo de planejamento. Entre eles e em diálogo com autores que partem também de visões críticas sobre o desenho, Escobar (ibidem) aponta a importância do lugar, da comunidade, dos comuns, do cotidiano, do papel das mulheres e do cuidado, mas também a sensibilidade de pensar e agir "com a natureza" (e não *sobre* ou *para*), com ferramentas de fácil utilização que promovam a convivencialidade. Todos esses elementos permitem ampliar ou redesenhar as formas em que são pensados os espaços da reforma agrária, ainda que não sejam estritamente novos nem incompatíveis com outras propostas de planejamento já realizadas a partir do Movimento, como visto anteriormente, e não da institucionalidade do Estado.

De fato, esses aspectos destacados a partir do campo do desenho crítico dialogam com preocupações que já existem de forma pontual e dispersa, alguns mais reconhecidos que outros, no próprio MST,

26 Escobar (ibidem, p.64, tradução nossa) aponta para a emergência de um campo de "estudos críticos do desenho" a partir da economia política marxista e pós-marxista, a teoria feminista, *queer* e de crítica da raça, o pós-estruturalismo, a fenomenologia, a teoria pós-colonial e decolonial e o mais recente pós-construtivismo dos marcos neomaterialistas.

dentro dos diversos espaços construídos ao redor da reforma agrária, como a agroecologia e o papel central da mulher na sua materialização, as práticas de saúde baseadas nas plantas medicinais e nos ofícios tradicionais de cura, a preocupação com as relações e as práticas do cotidiano, a importância do reconhecimento da diversidade cultural ao longo das diferentes regiões do país, mas também da diversidade de gênero, racial, sexual e de geração, a importância de focar o cuidado com a vida como centralidade do projeto político etc.

A experiência no Padre Roque (repetimos: limitada, pontual e seguramente contraditória) e o diálogo com algumas práticas dentro do MST no âmbito da agroecologia nos provocam a refletir sobre a complexidade dessas experiências e dos sujeitos que as protagonizam. Partindo da identificação entre agroecologia e diversidade (de formas de fazer, de condições naturais, de espécies, de relações sociais que a sustentam etc.), refletir sobre um planejamento agroecológico nos conduz a pensar nas diferentes formas como diversos grupos sociais a implementam. A agroecologia por dentro de assentamentos de reforma agrária e dentro de uma estratégia de reforma agrária popular possui semelhanças, mas também diferenças evidentes, com projetos que não fazem parte dessa realidade. Ao mesmo tempo, dentro dos projetos de assentamento também se articulam diferentes visões de mundo próprias da heterogeneidade que os constrói. Como incorporar essa diversidade sem reproduzir formas de dominação social? Como planejar permitindo que as diferenças sejam reconhecidas e não simplesmente ignoradas?

Nas leituras de Escobar (ibidem) para enfrentar a crise civilizatória da nossa sociedade a partir de um desenho crítico e junto com os movimentos sociais, um peso importante é o reconhecimento de que o nosso mundo está feito de muitos mundos, o que confronta a visão capitalista e moderna de uma única perspectiva globalizada.[27] Qualquer processo de construção desses outros mundos parte

27 Eduardo Viveiros de Castro compartilha dessa crítica a partir do estudo dos povos ameríndios, cuja construção das múltiplas perspectivas se confronta com esse único ideal global de mundo. De acordo com o perspectivismo ameríndio

do reconhecimento de um grupo que planeja junto, de um posicionamento sobre o que "é o mundo, o que somos e como chegamos a conhecer esse mundo. [Essas questões definem] nosso ser, nosso fazer e nosso saber" (ibidem, p.110). Trata-se, portanto, de prestar maior atenção às questões ontológicas,[28] ou seja, uma

> série de fatores que molda o que conhecemos como a "realidade", ainda que dificilmente sejam considerados pela academia – objetos e "coisas", não humanos, matéria e materialidade (solo, energia, infraestruturas, clima, *bytes*), emoções, espiritualidade, sentimentos. O que reúne esses elementos tão desiguais é a tentativa de quebrar as separações normativas, fundamentais para o regime moderno da verdade, entre sujeito e objeto, mente e corpo, razão e emoção, vivo e inanimado, humano e não humano, orgânico e inorgânico. (ibidem, p.82, tradução nossa)

Outra dimensão fundamental desse enfoque ontológico para o desenho é a dimensão relacional de todos esses elementos que definem o ser, o fazer e o saber. Relação profunda entre natureza e cultura, que enfrenta as falsas dualidades da modernidade e se faz especialmente presente na agroecologia, que recupera para a agricultura um sentido profundo de convívio com a natureza. O cuidado das sementes crioulas, a especificidade e a adaptação das técnicas ao ambiente específico, a interação entre diferentes espaços de produção e cuidado, como a casa, o quintal e a área de plantio de maior escala, o cuidado com o solo e a água, a centralidade da saúde e da vida, a soberania alimentar etc. são âmbitos da agroecologia que foram

---

de Viveiros de Castro: "uma cultura, múltiplas naturezas – uma epistemologia, múltiplas ontologias" (Viveiros de Castro, 2004, p.474, tradução nossa).

28 Blaser (2013, p.22-3, tradução nossa) propõe uma definição de ontologia em três capas: a primeira seria como "um modo de compreender o mundo a partir das coisas que existem ou podem existir, das suas condições de existência e relações de dependência; a segunda estaria marcada pela ideia de que as ontologias são modeladas por meio das práticas e interações de humanos e não humanos; e a terceira a entende como representação de mundos, em que as práticas e os mitos que a formam têm critérios próprios para definir a verdade".

chaves no planejamento do Padre Roque e mostram que a agroecologia é muito mais que uma nova forma de produzir no campo, que a agricultura pode se religar novamente com a sua dimensão natural e cultural, resgatando, ao mesmo tempo, outras relações mais amplas, necessárias e até urgentes.

Planejar com essa perspectiva, segundo Escobar, requer um

> intenso envolvimento com uma coletividade, ao contrário da tão famigerada deliberação distanciada ou do entendimento descontextualizado, característicos de boa parte da ciência e dos debates na esfera pública. Requer um tipo diferente de atitude que deriva de viver em um lugar e de ter um compromisso com uma comunidade com a qual nos envolvemos em atividades pragmáticas ao redor de uma preocupação compartilhada ou em volta de uma "desarmonia" ou problemática central. (ibidem, p.130, tradução nossa)

E essa é uma capacidade exclusivamente do próprio movimento social, das pessoas que o compõem, dos acampados que anseiam por um lugar para viver. Como muitos, para quem não pertence a esse mundo, somos convidados a planejar juntos e precisaríamos ter clara essa diferença ontológica para conseguir contribuir no processo.

Dessa forma, o desenho ontológico ou um planejamento respeitoso e em coelaboração parte da consciência de que desenhar o mundo significa também nos desenhar a nós mesmos. Alguns apontamentos são relevantes, segundo o autor colombiano, para a construção de um desenho desse tipo:

- somos todos desenhadores e desenhados;
- é necessário romper com a lógica de desenhos que são destrutivos e insustentáveis, fortalecendo aqueles que envolvam a criação relacional de novos mundos e novos tipos de ser humano;
- é preciso assumir uma postura crítica ao papel da tecnologia, ressignificando-a;
- torna-se importante situar o desenho na urgência de transições civilizatórias;

- é preciso recuperar as tradições do desenho em diálogo com a inovação de forma não eurocêntrica e decolonial;
- por fim, é preciso distanciar-se da fórmula "expandir a série de opções" e focar na transformação do próprio ser humano, rejeitando os princípios liberais e relevando seu potencial não capitalista ou pós-capitalista (ibidem, p.153-5).

O desafio de planejar a partir da agroecologia, portanto, a partir de um ponto de vista relacional e ontológico, no contexto de uma política de reforma agrária reduzida a zero pelo atual governo, confrontada agressivamente pelas elites regionais e locais e desvirtuada pelos meios de comunicação, salienta a disputa de mundos em que todo esse processo acontece. A reforma agrária de uma forma mais virulenta e a agroecologia reduzida a algo pitoresco e menor (sem incentivo público, com o estigma de não ser suficiente para alimentar o mundo, ou ser atrasada) são rejeitadas por esse mundo feito de um só mundo que é o agronegócio. Este exibe sua tecnologia dependente das corporações internacionais e profundamente excludente de tão sofisticada, poluindo o solo, a água e o ar com seus agrotóxicos e transgênicos que empobrecem e contaminam a biodiversidade, priorizando uma acumulação por espoliação no campo, expulsando os camponeses e os povos e comunidades tradicionais de suas terras e territórios. São dois mundos em disputa, com princípios e lógicas diferentes, que convivem ao mesmo tempo sob a marca da assimetria e dos abusos de poder do agronegócio, mas com a força r-existente das comunidades que pensam e fazem seu território a partir da agroecologia.

Considerações "iniciais" sobre mundos existentes...

A experiência de planejamento no acampamento Padre Roque revela a interação complexa de mundos diferentes. Além dos mundos relacionalmente antagônicos do agronegócio e da agroecologia, reúne também os mundos da universidade, da comunidade e do movimento social com a perspectiva da construção de mundos possíveis. Ao longo das oficinas realizadas, os diálogos e as práticas construíram ferramentas para organizar com autonomia e múltiplos saberes os espaços de vida de um assentamento agroecológico. Isto é, ferramentas convivenciais que precisavam atentar para distintas ontologias e deviam ter em conta questões como as diferentes linguagens, compreensões e tempos, de modo que as oficinas tinham que articular dinamicidade e resultados, comunicação verbal e não verbal, o lúdico com a apreensão de uma demanda urgente ligada à subsistência, a responsabilidade coletiva com o processo e a honestidade de uma "prosa" sincera. Nesse sentido, aprender a lidar com o silêncio e as frustrações que vão surgindo ao longo do processo foi essencial.

Ao mesmo tempo, foi indispensável evitar desenhar as oficinas como simples momentos de coleta de dados e dar margem para que outros elementos e discussões tomassem conta do processo, revelando os anseios e dúvidas da comunidade. Finalmente, destacamos a importância de expor claramente e com ações os papéis de cada sujeito no processo, cada um com seus conhecimentos técnicos, sensibilidades e experiências acumuladas, para conseguir construir relações de confiança que alinhassem quanto antes os objetivos de todas e todos.

Entendemos que esse conjunto de reflexões acerca da experiência de planejamento como ferramenta ou tecnologia só faz sentido a partir do momento em que o entendemos no contexto mais amplo onde ela se inscreve. Por isso, os conflitos pela vida que acontecem com os antagonistas (agronegócio, eventualmente o Estado, mídia conservadora etc.), a proposta do movimento social de uma reforma agrária popular e as experiências que vão surgindo nos diferentes locais e tempos da reforma agrária são elementos básicos para elaborar novas possibilidades que vão além dos modelos hegemônicos de produção de subjetividades e do espaço, revelando a potência relacional e descolonizadora do mundo que se configura dentro de uma proposta de produção de subjetividades e de espaços agroecológicos.

Afinal de contas, é com essa potência da agroecologia sempre em construção que gostaríamos de terminar, que não fechar, este trabalho. Essas considerações só poderiam ser "iniciais" no sentido da continuidade da(s) experiência(s), seus desdobramentos nas práticas e nas reflexões. Portas abertas para continuar disputando, a partir de lugares e compreensões diversas, o planejamento concreto de espaços na sua dimensão de disputa ontológica, em que a hegemonia triste, irracional e destruidora de um mundo feito de um mundo só é contestada, em múltiplos tempos e lugares, pela construção de um mundo onde já cabem muitos mundos e seus saberes e os sujeitos que os disputam.

Referências

BERTOLINI, V. A.; CARNEIRO, F. F. Considerações sobre o planejamento espacial e a organização da moradia dos assentamentos de reforma agrária no DF e entorno. *Libertas*, Juiz de Fora, edição especial, p.202-26, fev. 2007.

BLASER, M. *Un relato de globalización desde el Chaco*. Popayán: Ed. Universidad del Cauca, 2013.

CARVALHO, H. M. de. *Planejamento pelo Método de Validação Progressiva MVP*: versão II – atualizada. Curitiba: Pontocom, 2004.

CONCRAB (Confederação Nacional das Cooperativas de Reforma Agrária do Brasil). *O que levar em conta para a organização do assentamento*: a discussão no acampamento. Caderno de Cooperação Agrícola nº 10. São Paulo: Concrab, 2001.

______. *A constituição e o desenvolvimento de formas coletivas de organização do trabalho em assentamentos de reforma agrária*. Caderno de Cooperação Agrícola nº 11. São Paulo: Concrab, 2004a.

______. *Construindo o planejamento participativo do assentamento*: Processo de Planejamento e Organização do Assentamento – PPOA (Metodologia para a elaboração dos "PDAs e PRAs"). Caderno de Cooperação Agrícola nº 13. São Paulo: Concrab, 2004b.

______. *Novas formas de assentamentos*: a experiência da Comuna da Terra. Caderno de Cooperação Agrícola nº 15. São Paulo: Concrab, 2004c.

CORREIA, C. E. *O MST em marcha para a agroecologia*: uma aproximação à construção histórica da agroecologia no MST. Córdoba, 2007. 61p.

Dissertação (Mestrado em Agroecologia) – Instituto de Estudios de Postgrado, Universidad de Córdoba.

DAGNINO, R. Tecnologia social: base conceitual. *Ciência & Tecnologia Social*, Brasília, v.1, n.1, p.1-2, jul. 2011.

DATALUTA (Banco de Dados da Luta pela Terra). *Report Brazil 2016.* Presidente Prudente: Nera, 2017.

DOSSIÊ Michel Temer e a questão agrária. *Okara: Geografia em Debate*, João Pessoa, v.12, n.2, 2018.

DUVAL, H. C.; FERRANTE, V. L. S. B. Avanços e desafios na implementação de assentamentos PDS em São Paulo: agentes e conjunturas políticas. *Retratos de Assentamentos*, Araraquara, v.19, n.1, p.69-99, 2016.

ESCOBAR, A. *Autonomía y diseño*: la realización de lo comunal. Popayán: Ed. Universidad del Cauca, 2016.

ESTEVA, G. La insurrección en curso. In: BARTRA, A. et al. *Crisis civilizatoria y superación del capitalismo.* México, D. F.: Unam, 2013. Disponível em: http://ru.iiec.unam.mx/2374/1/PDF%287%29-CRISISCIVILIZATORIA-IMPRESI%C3%93N-13-08-2013Cortado.pdf. Acesso em: 22 maio 2020.

FERNANDES, B. M. et al. A questão agrária no primeiro ano do governo Bolsonaro. *Boletim DATALUTA*, Presidente Prudente, n. 145, jul. 2020. Disponível em: http://www2.fct.unesp.br/nera/boletimdataluta/boletim_dataluta_1_2020.pdf. Acesso em: 22 maio 2020.

FUNDAÇÃO BANCO DO BRASIL. *Tecnologia social*: uma estratégia para o desenvolvimento. Rio de Janeiro: Fundação Banco do Brasil, 2004.

GOLDFARB, Y. *A luta pela terra entre o campo e a cidade*: as comunas da terra do MST, sua gestação, principais atores e desafios. São Paulo, 2007. Dissertação (Mestrado em Geografia) – Departamento de Geografia da Faculdade de Filosofia, Letras e Ciências Humanas, Universidade de São Paulo.

HORA, K. E. R.; MAURO, R. A.; CALAÇA, M. Desafios para o parcelamento dos assentamentos de reforma agrária sob a perspectiva ambiental a partir da experiência do MST em Goiás. *Revista Nera*, Presidente Prudente, v.22, n.49, p.140-67, maio/ago. 2019.

ILLICH, I. *La convivencialidad*. Barcelona: Virus, 2011 [1974].

ITS (Instituto de Tecnologia Social). *Tecnologia social no Brasil*. Caderno de Debate. São Paulo: ITS, 2004.

______. Valores. Disponível em: http://itsbrasil.org.br/. Acesso em: 22 maio 2020.

JORNADA DE AGROECOLOGIA. O que é a Jornada? Disponível em: www.jornadadeagroecologia.org.br/o-que-e-a-jornada/. Acesso em: 22 maio 2020.

LARROSA, J. *Esperando não se sabe o quê*: sobre o ofício de professor. Belo Horizonte: Autêntica, 2018.

MEDEIROS, C. M. B. de; SILVA, L. R. da. Dimensões constitutivas de tecnologias sociais no campo da saúde: uma proposta de construção e apropriação de conhecimento em territórios vulneráveis. *Textos & Contextos*, Porto Alegre, v.15, n.1, p.144-59, jan./jul. 2016.

MONNERAT, P. F. *Mulheres camponesas e agroecologia no MST do Paraná*: os territórios do cotidiano da luta e da luta no cotidiano. Curitiba, 2019. Dissertação (Mestrado em Geografia) – Programa de Pós-Graduação em Geografia, Universidade Federal do Paraná.

MST (Movimento dos Trabalhadores Rurais Sem Terra). *Programa Agrário do MST* – 6º Congresso Nacional do MST. São Paulo: MST, 2013.

______. Objetivos. Disponível em: https://mst.org.br/objetivos/. Acesso em: 22 maio 2020.

NOVAES, R. et al. Debate: a reforma agrária hoje. *Estudos Sociedade Agricultura*, Rio de Janeiro, v.6, p.5-35, jul. 1996.

OTTERLOO, A. et al. *Tecnologia social*: caminhos para a sustentabilidade. Brasília: Rede de Tecnologia Social (RTS), 2009.

ROOS, D.; MOELLMANN, C. E.; LUZ, E. L. Z. Violência e retrocessos na política agrária no Paraná. *Boletim DATALUTA*, Presidente Prudente, n. 139, jul. 2019. Disponível em: http://www2.fct.unesp.br/nera/boletimdataluta/boletim_dataluta_7_2019.pdf. Acesso em: 22 maio 2020.

STÉDILE, J. P.; FERNANDES, B. M. *Brava gente*: a trajetória do MST e a luta pela terra no Brasil. São Paulo: Fundação Perseu Abramo, 2005 [1999].

VIVEIROS DE CASTRO, E. Exchanging Perspectives: The Transformation of Subjective into Objects in Amerindian Ontologies. *Common Knowledge*, Durham, NC, v.10, n.3, p.463-484, 2004.

Parte 2
Reflexões em torno da solução tecnológica

6
Tecnologia social e educação popular
O desenvolvimento de uma casa de farinha em um assentamento de reforma agrária[1]

Camila Rolim Laricchia, Maurício Aguilar Nepomuceno de Oliveira e Rute Ramos da Silva Costa

Introdução

A apresentação do presente texto foi inspirada no livro *Cartas à Guiné-Bissau* (Freire, 1978), no qual encontramos uma narrativa permeada de numerosos valores que compõem os processos educativos populares. A obra de Freire (ibidem) é essencialmente corajosa pela exposição das fragilidades e potencialidades de uma experiência educativa em pleno andamento. Quando o autor elege o tempo de elaboração da escrita, provoca-nos à compreensão da existência de potência no registro da caminhada enquanto é trilhada, tanto quanto no relatório final, elaborado após a conclusão do percurso. Os relatos inebriantes valorizam a alteridade entre o autor e o povo guineense, o diálogo como um elemento central para a percepção da realidade, o aprendizado mútuo, o contexto sociopolítico-econômico. No entanto, chama-nos a atenção que um elemento de sua identificação com aquele povo foi o encontro com o sabor da comida de verdade.

1 Agradecemos às(aos) estudantes e assentadas(os) do PDS Osvaldo de Oliveira que foram, também, protagonistas na construção da casa de farinha e do processo de formação.

Diante dessa inspiração nas *Cartas à Guiné-Bissau*, ousamos elaborar um texto que fosse capaz de reunir os desafios e as potencialidades de nossa experiência de construção de uma casa de farinha adaptada às demandas do assentamento de reforma agrária, o Projeto de Desenvolvimento Sustentável (PDS) Osvaldo de Oliveira, em Macaé (RJ), tomando o conceito de tecnologia social como eixo estruturante. Esse processo vivido teve como ponto de partida uma disciplina extensionista, em que a educação popular foi o pilar teórico-metodológico, e, ainda, a mandioca, desde o plantio, o processo de beneficiamento e modos de comer, como símbolos de afetividade coletiva.

O processo de desenvolvimento da casa de farinha, enquanto tecnologia social para o fortalecimento da reforma agrária, foi central na nossa experiência. Essa unidade de produção de comida reúne um conjunto de processos e máquinas construídas a partir dos acúmulos de conhecimento dos povos originários do território nacional, ou seja, historicamente assenta-se na experiência dos povos tradicionais e dos(as) camponeses(as) (Silva, 2005). Simplificadamente, a casa de farinha é constituída por um triturador de mandioca, uma prensa e um forno, podendo conter outros artefatos tecnológicos, como o descascador da raiz. O principal produto resultante é a farinha de mandioca, alimento considerado um dos pilares do tripé culinário brasileiro, desde o tempo do Brasil Colônia, assim como o feijão e a carne-seca (ibidem). Porém, as técnicas utilizadas na casa de farinha possibilitam o beneficiamento da raiz para a produção de uma gama numerosa de outros alimentos, como a tapioca, o beiju, a farinha-d'água, o beiju doce com coco, bolos e pães.

A casa de farinha possibilitou o encontro entre a comunidade acadêmica da Universidade Federal do Rio de Janeiro (UFRJ), campus Macaé, e os(as) assentados(as) da reforma agrária do PDS Osvaldo de Oliveira, cuja demanda mais urgente era encontrar uma solução sustentável para os excedentes da produção de aipim. Os(as) assentados(as) desejavam ter uma casa de farinha coletiva em seu território e os(as) universitários(as) buscavam oportunidades para colocar em prática seus conhecimentos técnicos.

O encontro entre universidade e sociedade permite que emerjam discussões de forma integrada e não isolada da realidade, superando a ideia de que as questões sociais serão discutidas nas disciplinas de Ciências Humanas e as questões técnicas, nas disciplinas de Ciências Exatas. Em nossa experiência, foi preciso uma aproximação com os problemas de infraestrutura encontrados no PDS Osvaldo de Oliveira e o estabelecimento de articulações para o desenvolvimento de trabalhos em comunhão. Nesse sentido, a prática da tecnologia social, alinhada com a educação popular, no ambiente acadêmico é uma forma de superação dessa dicotomia, fazendo emergir o debate sobre questões interdisciplinares como a produção agrícola, a reforma agrária, o uso de agrotóxicos, entre outras.

Neste capítulo, inicialmente apresentamos o PDS Osvaldo de Oliveira, depois passamos a uma contextualização histórica sobre o distanciamento entre o saber científico e o saber popular. Em seguida, apresentamos o conceito de tecnologia social, encontrado na literatura científica. Cabe destacar que, no nosso caso, a participação dos(as) camponeses(as) e universitários(as) foi fundamental para a prática desse conceito. Seguimos o texto apresentando os pilares da educação popular que mediaram o desenrolar do processo educativo. Depois apresentamos o caso, levando em consideração três partes: 1) a formação prévia dos(as) estudantes; 2) a formação dos(as) universitários(as) e camponeses(as) no diálogo do desenvolvimento da tecnologia; e 3) a formação dos(as) camponeses(as) na prática organizativa do trabalho na casa de farinha. Por fim, tecemos as conclusões da narrativa.

O Projeto de Desenvolvimento Sustentável Osvaldo de Oliveira

Em 2010, no dia em que se comemora a independência do Brasil e também se questiona sobre a soberania nacional, dia 7 de setembro, trezentas famílias sem terra da Região dos Lagos e região Norte fluminenses ocuparam a Fazenda Bom Jardim, localizada no Córrego do Ouro, distrito de Macaé (RJ). O latifúndio, com 1.650 hectares, foi considerado improdutivo pelo Instituto Nacional de Colonização e Reforma Agrária (Incra) em 2006, sendo decretado para fins de reforma agrária no *Diário Oficial da União* no dia 1º de setembro de 2010 (Monteiro, 2014). Além de não cumprir sua função social, o antigo proprietário vinha desmatando a área, a qual é uma reserva ambiental, com densa área florestal e rios, que compõem a Bacia do Rio Macaé. Depois de três meses da ocupação, as famílias sofreram um violento despejo, voltando para o território só em 2014, quando a fazenda foi desapropriada (MST, 2014).

Próximas de retornar para o território, alojadas em uma área pública à beira da linha férrea no bairro Califórnia em Rio das Ostras (RJ), as famílias já discutiam uma modalidade diferenciada de ocupação da terra: o Projeto de Desenvolvimento Sustentável (PDS) (Rangel, 2014). Essa modalidade alternativa de assentamento foi criada pela Portaria/Incra nº 477/1999 para áreas de proteção ambiental. Para uma área ser caracterizada como um PDS, os habitantes devem seguir alguns princípios, entre eles a produção agroecológica, a proteção da mata e a apropriação coletiva da terra (Brasil, 2006). O PDS Osvaldo de Oliveira,[2] com 63 famílias, é o primeiro assentamento do estado do Rio de Janeiro nessa modalidade (Rangel, 2019).

Desde a ocupação da terra, os assentados vêm sendo assistidos por parceiros que participam (ou participaram) da luta com formações em diversos temas, como agroecologia e organização coletiva; construção participativa do plano de uso do território; promoção de feiras para escoamento da produção; auxílio no acesso a políticas públicas; assessoria jurídica; organização de eventos com o objetivo de divulgar a questão da reforma agrária, como a Jornada Universitária em Defesa da Reforma Agrária (Jura), entre outras ações. Além disso, o PDS Osvaldo de Oliveira possui um importante

2 "Osvaldo de Oliveira foi um notório lutador pela reforma agrária na Região dos Lagos, no Rio de Janeiro. E que por sua importante contribuição na luta pela terra foi homenageado dando nome ao primeiro PDS do estado do Rio de Janeiro" (Rangel, 2019, p.15).

Figura 6.1 – Mapa de localização do PDS Osvaldo de Oliveira

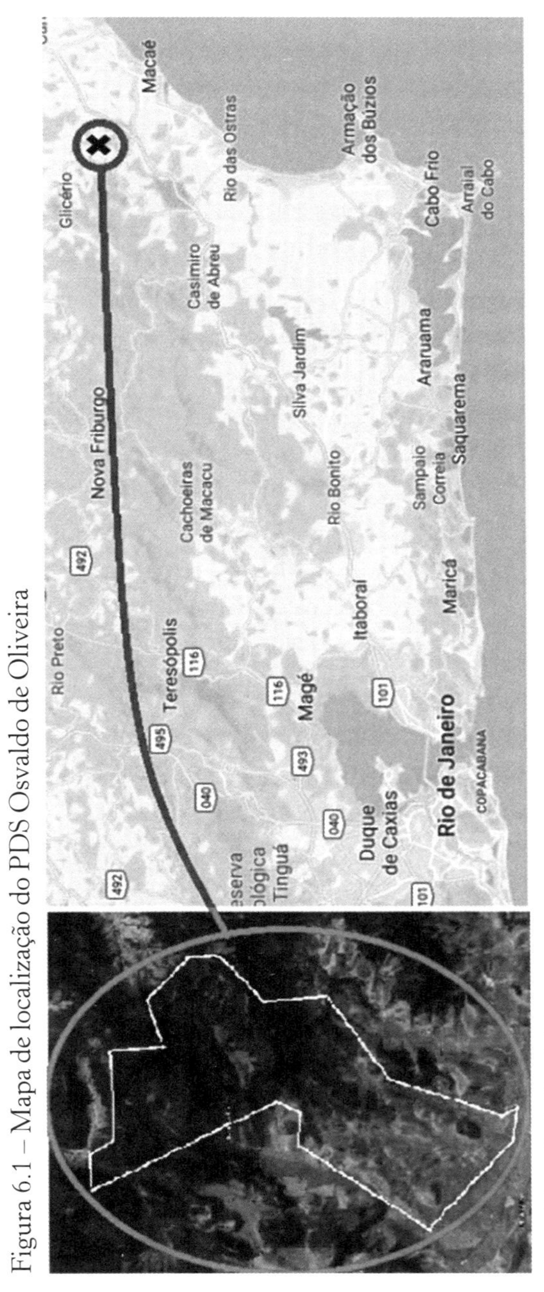

Fonte: Adaptado de Google Maps.

instrumento de gestão das Unidades de Conservação, o conselho gestor composto por representação de órgãos públicos da área ambiental e afins.

Diante desse contexto, desde a sua formação os moradores do PDS Osvaldo de Oliveira desenvolvem práticas de produção agroecológica em áreas individuais e coletivas, como a produção de aipim, feijão, banana, milho, abóbora, melancia, quiabo, maracujá, hortaliças, batata-doce, inhame, pimenta, taioba, cebolinha, cana-de-açúcar, limão, mamão, guandu, urucum, entre outros. Seus produtos são comercializados por meio de feiras (locais, estaduais e nacionais), pelo Programa Nacional de Alimentação Escolar (PNAE), lojas de comercialização e atravessadores. Em 2019, o PDS forneceu quase 10 toneladas de alimentos no âmbito do PNAE.

O trabalho relatado neste capítulo aconteceu no PDS Osvaldo de Oliveira por dois motivos principais: a) em 2018, por ocasião da 5ª Jura, houve na UFRJ, campus Macaé, uma roda de conversa sobre tecnologia social, aproximando estudantes e professores(as) da área de Engenharia e os(as) assentados(as) do PDS Osvaldo de Oliveira; e b) alguns pesquisadores e pesquisadoras já tinham tido contato com os moradores do PDS em projetos de extensão anteriores.

O contexto da luta pela terra do PDS Osvaldo de Oliveira, durante o percurso da experiência da casa de farinha, é marcado por ameaças sistemáticas de despejo; pela queda da ponte que dá acesso ao local, causando o isolamento físico da comunidade e, ainda, a impossibilidade do escoamento da produção de alimentos pelo aumento do custo com transporte; pela descontinuidade da compra dos gêneros alimentícios pelo PNAE de Macaé; e pela falta de transporte para o encontro entre a universidade e o campo.

Diante de tantos desafios para a existência de seres humanos, as universidades públicas brasileiras têm o dever de consolidar o seu compromisso ético e social, rompendo com a lógica excludente do encastelamento de suas produções, e encontrar modos de dialogar com sociedade de uma forma mais efetiva. O conhecimento científico precisa se voltar para as demandas da população e estar acessível a ela. Para isso, é necessário transpor os muros das instituições de ensino superior e nos colocarmos em contato com inúmeros problemas interdisciplinares e interprofissionais para melhorar a qualidade de vida da população. De outro modo, o distanciamento entre a racionalidade científica e a realidade daqueles(as) que vivem nos limites da sobrevivência só favorecerá os interesses neoliberais de capitalização do conhecimento e manutenção das desigualdades.

O saber científico e o modelo capitalista

No dia do transporte das máquinas que compõem a casa de farinha para o assentamento Osvaldo de Oliveira, os camponeses receberam a universidade com uma mística.[3] A encenação iniciou com um camponês carregando uma rama de mandioca nas mãos. Em seguida, ele se dirigiu ao local onde seria construída a casa de farinha e plantou a maniva, enquanto nos contava a lenda da índia Mani.

Mani já nasceu sabendo falar e andar, mas morreu de repente e foi enterrada na oca onde morava. Nesse local nasceu uma planta até então desconhecida, que os índios arrancaram e na qual constataram uma raiz marrom por fora e branca por dentro. Ao cozinharem a raiz, eles a reconheceram como um presente do deus Tupã para acabar com a fome da tribo e deram-lhe o nome de *mani-oca* ("casa de Mani", em tupi), pois nascera dentro de uma oca. Em algumas regiões do Brasil, chamaram-na de macaxeira e aipim. Por se tratar do relato de uma experiência no estado do Rio de Janeiro, neste texto chamaremos a raiz de aipim.

A encenação relatada anteriormente foi um marco para o que estava sendo construído com a disciplina: o encontro do saber

3 "[...] são performances que transcendem o espaço dos acampamentos e assentamentos e são consideradas quase obrigatórias nos encontros, atividades pedagógicas, como cartão de visitas e como forte componente dos próprios atos e manifestações políticas do grupo. A mística aparece como um fator de agregação e motivação constante, que objetiva gerar vínculos entre os militantes e o MST. As objetivações artísticas canalizam em narrativas a revolta popular do movimento" (Souza, 2012, p.47).

científico com o saber da ancestralidade indígena, vivenciada pelos(as) camponeses(as). Os(as) camponeses(as) nos fizeram enxergar a importância do aipim para os povos originários até os dias de hoje. Descobrimos, com o percurso de ensino-aprendizagem da disciplina, que por trás da farinha embalada nas prateleiras dos supermercados havia um processo produtivo que começou com o conhecimento dos(as) indígenas, passado para os(as) camponeses(as), sendo um alimento importantíssimo no combate à fome no nosso país. O completo descolamento da sociedade civil do seu estado de natureza faz que seu pensamento seja desconectado do meio rural, não conecta a farinha do supermercado com a produção de aipim nas zonas rurais. Da mesma forma, a distância entre o modo de vida urbano e o camponês leva a pensar, equivocadamente, que, se não fosse construído um maquinário automático e com grande capacidade produtiva, não se atenderia às demandas da humanidade. Assim, o pensamento moderno ocidental "perde o fio da meada" com o mito do desenvolvimento econômico (Fio da meada, 2019; Furtado, 1974).

Nesse sentido, Krenak (2019, p.9) faz dura crítica ao conceito de humanidade criado a partir da ideia de que de "os brancos europeus podiam sair colonizando o resto do mundo", levando a luz para a humanidade obscurecida. Essa luz representa a noção de que "só existe um jeito de estar aqui na Terra", ou seja, uma concepção de verdade. Para Boaventura Santos (2007), essa ideia colonial ainda compõe o pensamento moderno ocidental, denominado por ele de pensamento abissal, fazendo referência às linhas cartográficas "abissais" que separavam o Velho e o Novo Mundo na era colonial. Essas linhas são análogas à linha que separa, de um lado, a ciência, a filosofia e a teologia e, do outro, os conhecimentos populares, leigos, plebeus, camponeses ou indígenas. Estes últimos não obedecem aos critérios científicos de verdade nem aos critérios dos conhecimentos reconhecidos como alternativos, da filosofia e da teologia, e, portanto, ficam do outro lado do pensamento abissal. Os dois lados não podem coexistir, segundo esse mesmo pensamento. Dessa forma, a humanidade moderna se concebe na negação e, consequentemente, no sacrifício de uma outra parte da humanidade, os(as) considerados(as) subumanos(as).

A leitura de Silvia Federici (2017) nos indica como a trajetória dos europeus levou a "civilização" a definir o conhecimento tido como relevante. Esse processo se inicia no final da Idade Média e se consolida apenas na metade do século XIX, com a disciplina do trabalho consolidada nos corpos dos(as) trabalhadores(as). No século XI, já existia uma burguesia interessada em moldar as classes para apoiar seu objetivo de aquisição para acumulação, enquanto o modo de vida predominante era a aquisição como meio de satisfação de necessidades. A expropriação das terras comuns não foi suficiente para instaurar a disciplina do trabalho. Precisou-se instituir um regime de terror: intensificação das penas, principalmente para crimes contra a propriedade, introdução de leis sangrentas contra vagabundos, proibição de jogos, fechamento de tabernas e banhos públicos... (ibidem, p.246).

Ao mesmo tempo, a racionalidade científica, que estava se constituindo, deu base para a apropriação dos corpos pela disciplina do trabalho capitalista. Enquanto Descartes defendia o autocontrole do corpo em relação à vontade – o corpo humano, diferentemente do dos animais, deveria controlar a necessidade de ócio e prazer –, Hobbes relacionava a mecanização do corpo com a submissão total do indivíduo ao poder do Estado (ibidem, p.254).

Assim, a autora, com uma perspectiva feminista, relata o período de "caça às bruxas", em que milhares de mulheres, em sua maioria pobres e camponesas, foram torturadas e assassinadas por representarem um modo de vida que ameaçava a disciplina do trabalho capitalista. O corpo humano se distanciava da natureza animal e se aproximava de um comportamento uniforme e previsível, condizente com o interesse da burguesia de acumulação (ibidem, p.253).

A visão mecanicista da natureza, que surgiu com o início da ciência moderna, "desencantou o mundo". No período de invasão da América pelos europeus, os corpos "indisciplinados", representados pelos(as) indígenas e africanos(as) escravizados(as), continuaram a ser dizimados, refletindo-se nos dias de hoje (ibidem, p.357).

A sociedade dita civilizada, constituída nos séculos XVII e XVIII, autodeclarou o seu abandono ao estado de natureza e silenciou uma vasta região do mundo "em estado de natureza", sem qualquer possibilidade de escaparem por via da criação de uma sociedade civil (Santos, B., 2007, p.76).

É importante ressaltar que o racionalismo e o mecanicismo não foram a causa direta das perseguições, mas contribuíram para criar um mundo comprometido com a exploração da natureza (Federici, 2017, p.368). Para Boaventura Santos (2007, p.78), o pensamento moderno ocidental segue negando a existência dos modos de vida não hegemônico. Nesse sentido, algumas questões atuais são colocadas: o conhecimento científico universitário está comprometido com os interesses dos(as) trabalhadores(as) ou da pequena parcela da população representada pelos(as) donos(as) de gigantescas propriedades? A universidade legitima o pensamento hegemônico e assassino de desenvolvimento? Não temos a pretensão, neste capítulo, de responder a essas perguntas por completo, mas sim de mostrar um caso prático de aproximação entre a universidade e as demandas populares. Acreditamos que a tecnologia social, enquanto processo de desenvolvimento de tecnologia, e a educação popular são meios para subverter a lógica mercantil nas universidades, apoiando outros modos de vida, como o camponês e quilombola, e a reforma agrária popular.

A experiência de diálogo entre o campo e a cidade, a universidade e o assentamento, o saber acadêmico e o saber popular relatada neste capítulo aconteceu no âmbito da disciplina de extensão Aprendizagem por Projetos, da UFRJ/Macaé. A tecnologia social junto com a educação popular viabilizaram esse diálogo, formando não só os(as) estudantes, mas também professores(as) e camponeses(as). A partir da demanda por uma casa de farinha, vinda do assentamento Osvaldo de Oliveira, aplicamos os conceitos de tecnologia social explicitados a seguir.

Tecnologia social: uma inspiração, um caminho e uma pretensão de chegada

Para construir outra universidade, que inclua os saberes tradicionais, que não sirva apenas ao grande capital, que construa uma tecnologia nacional rompendo com o pensamento abissal – uma tecnologia a serviço de outro desenvolvimento – e, ainda, para que essa tecnologia não sirva para aprisionar corpos e maquinizar pessoas, será necessário reinventar o modo de desenvolver tecnologia e as formas de produzir. Um referencial que nos inspirou e guiou para experimentar essa caminhada foi a tecnologia social. Porém, para construir o novo é necessário desconstruir o antigo, e a crítica à tecnologia convencional que vem sendo feita em nome da tecnologia social nos suleou a assim buscarmos outros valores. Nessa busca, foi importante também identificar o conceito de tecnologia social.

No campo da tecnologia social trabalha um conjunto diverso de atores, como instituições de ensino e pesquisa, organizações não governamentais, poder público, iniciativa privada. Essa heterogeneidade permitiu uma rápida difusão do termo nos diversos segmentos da sociedade. Por outro lado, levou a uma disputa relacionada ao conceito (Dagnino, 2011). Para Dagnino, tecnologia social pode ser definida como

> o resultado da ação de um coletivo de produtores sobre um processo de trabalho que, em função de um contexto socioeconômico que engendra a propriedade coletiva dos meios de produção, e de um acordo social que legitima o associativismo, o qual enseja no ambiente produtivo um controle autogestionário e uma cooperação de tipo voluntário e participativo, é capaz de alterar este processo no sentido de reduzir o tempo necessário à fabricação de um dado produto e de fazer com que a produção resultante seja dividida de forma estabelecida pelo coletivo. (ibidem, p.1)

Essa definição dialoga com a experiência relatada neste capítulo, na qual os(as) assentados(as) formam um coletivo organizado e dono dos meios de produção. Parte do seu território é de propriedade coletiva, e nesta foi construída a casa de farinha e trabalhado o plantio de aipim. A demanda pela parceria com a universidade para o desenvolvimento de uma tecnologia para beneficiar a mandioca, transformando-a em farinha e aumentando a validade do produto, veio dos(as) próprios(as) assentados(as). A solução tecnológica foi composta por artefatos que compõem a casa de farinha e reduzem o tempo de produção, tendo sido a organização do trabalho construída pelos próprios trabalhadores.

Porém, é comum encontrar outras definições para tecnologia social, como "todo processo, método ou instrumento capaz de solucionar algum tipo de problema social e que atenda aos quesitos de simplicidade, baixo custo, fácil reaplicabilidade e impacto social comprovado" (Pena; Mello apud Corrêa; Linsingen, 2017, p.7) e "produtos, técnicas ou metodologias reaplicáveis, desenvolvidas na interação com a comunidade e que representem efetivas soluções de transformação social" (RTS; FBB apud Corrêa; Linsingen, 2017, p.7 e 8).

Este trabalho não tem a pretensão de disputar as definições de tecnologia social. Porém, o debate serviu para trazer elementos que enriqueceram a experiência de construção de tecnologia dentro de um assentamento de reforma agrária. A definição de Dagnino dialoga amplamente com a experiência vivenciada. Nesse destaque, não se pretende excluir a possibilidade de uso de outras definições em situações diferentes, de forma que fortaleçam outras experiências.

Dos trabalhos de Dagnino (2011) e Dagnino, Brandão e Novaes (2004), destacamos três comentários que dialogam com a construção das definições. Primeiro, para Dagnino (2011, p.1), no conceito de tecnologia social deve estar incluída a ligação com o ambiente produtivo ou com o processo de trabalho, pois é nesse espaço que se estabelecem as relações opressivas e de exclusão a serem superadas pela tecnologia social. Segundo, durante a construção de uma tecnologia social, deve surgir um conhecimento criado para enfrentar um problema de uma organização ou um coletivo. Isso pode se dar pelo desenvolvimento tecnológico ou por uma nova forma de gestão da força de trabalho (Dagnino; Brandão; Novaes, 2004, p.19). Terceiro, a tecnologia social não deve ser feita em um lugar e transplantada em outro, porque os atores interessados na tecnologia social devem construí-la (ibidem, p.43). Cabe lembrar que replicabilidade e reaplicabilidade possuem importantes diferenças. As definições mencionadas usam reaplicabilidade e a ênfase serviu apenas para reforçar a importância dessa distinção.

Além da construção do conceito, cabe observar as críticas à tecnologia convencional, para que a teoria ilumine a nossa prática. Para iniciar a crítica, cabe recuperar a ideia de que a tecnologia convencional tem como objetivo aumentar a mais-valia do empresário (Dagnino, 2011, p.4), portanto não tem um compromisso com a natureza, as pessoas, as desigualdades, possuindo um compromisso com o proprietário do meio de produção. Essa tecnologia vem pronta do "Primeiro Mundo" e é adquirida pelos donos dos meios de produção dos países do Sul. Vendidos como a melhor solução tecnológica, estes são os projetos ditos vencedores ou "certos". A tecnologia convencional impõe de forma subjetiva que os países de "Terceiro Mundo" não tenham liberdade de projetar, pois, quando projetam, suas soluções são diferentes e, logo, "erradas" (Marques, 2005, p.25).

Para construir essas verdades, são utilizadas argumentações técnico-científicas falaciosas que contribuem para o entendimento de que existem projetos certos. Essas argumentações ocorrem dentro de quadros de referência limitados, entendendo os quadros de referência como a moldura do olhar do projetista sobre o artefato tecnológico a ser projetado. Esse quadro de referência não pode incluir toda a complexidade do mundo real (ibidem, p.19). Por exemplo, quando um projeto de otimização de custos encontra uma solução de menor custo e logo pressupõe que essa é a melhor solução de engenharia, esse quadro de referência limitado possivelmente não considera o impacto da sua intervenção sobre a vida e o meio ambiente. Portanto, para construir outra tecnologia, é necessário ampliar os quadros de referência. Um passo importante para isso é a inclusão da visão dos usuários da tecnologia, pois estes carregam as suas histórias e experiências sociais, culturais, de gênero e raça.

Apesar de o caminho descrito neste texto ser simplificado para a complexidade dessa crítica, indicamos uma direção. Complementamos a crítica com o argumento de Bazzo (2002, p.89) de que as escolas de Engenharia pouco se preocupam com os impactos sociais da produção do seu conhecimento e de seus artefatos tecnológicos, como se apenas os benefícios de seus projetos interessassem e não lhes coubesse nenhuma responsabilidade pelos danos.

Além da dimensão do quadro de referência, Dagnino (2011, p.6 e 7) apresenta quatro mecanismos para diferenciar a tecnologia convencional da social: o controle – um mecanismo relativo ao uso e conhecimento sobre os artefatos tecnológicos nos meios de produção –, a cooperação no ambiente de produção, o contrato social – a coerção ou o ato de impelir alguém de fazer algo – e a forma de propriedade dos meios de produção.

Após analisar esses mecanismos, ele define a tecnologia convencional como

> o resultado de uma ação do capitalista sobre um processo de trabalho que, em função de um contexto socioeconômico que engendra a propriedade privada dos meios de produção, e de um acordo social que legitima uma coerção ideológica por meio do Estado, a qual enseja no ambiente produtivo uma cooperação de tipo taylorista ou toyotista e um controle imposto e assimétrico, é capaz de alterar este processo no sentido de reduzir o tempo necessário à fabricação de um dado produto e de fazer com que uma parte da produção resultante possa ser por ele apropriada. (ibidem, p.8)

O mecanismo de controle dentro da tecnologia convencional é limitado pela divisão do trabalho, separando quem planeja de quem executa as ações, e com isso apenas o capitalista controla todo o processo de produção e os caminhos para o seu desenvolvimento tecnológico. Assim, o processo de decisão fica sob seu domínio e distante dos(as) demais trabalhadores(as). Na tecnologia social, a construção e o uso são dirigidos pela comunidade, sendo um caminho para redefinir esse controle imposto e assimétrico, construindo um controle compartilhado e dividido, tanto dos rumos da tecnologia como da manutenção e operação dos equipamentos. O mecanismo de contrato social dialoga com o relato que foi feito na seção anterior, onde vimos que o contrato social definido pela forma como organizamos o Estado realiza uma coerção para moldar os corpos para o trabalho. Já um trabalho cooperado, associado, construído pela tecnologia social pode ser alimentado por outros mecanismos de motivação.

De acordo com Dagnino, Novaes e Brandão (2004, p.24), no percurso que define uma solução tecnológica, muitas alternativas são apresentadas e, destas, apenas uma culmina no projeto "vencedor". As alternativas que foram deixadas pelo caminho e as razões do seu abandono são muito mais complexas do que a superioridade técnica, em que as relações sociais e os valores envolvidos podem ser mais determinantes que as decisões técnicas. "A partir da crítica que faz, a escolha de cada engrenagem ou alavanca, a configuração de cada circuito ou programa não podiam mais ser entendidos como determinados somente por uma lógica técnica inerente, e sim por uma configuração social específica" (ibidem, p.28).

A tecnologia é uma construção social, que pretende influenciar o ambiente social, porém também sendo determinada por este. Assim, a tecnologia passa a ser um espaço de luta social (ibidem, p.32). Se para a construção da experiência relatada um conceito fundamental é o de tecnologia social, a educação popular é o método, a forma de caminhar, de orientar os ouvidos, os olhos e a fala.

Educação popular: um pilar teórico metodológico

A educação popular é um caminho teórico-metodológico cujo propósito central é a transformação social em busca da igualdade de oportunidades e liberdade para todos e todas. A educação popular se dá na união entre a teoria e a prática, e não é uma teoria vazia de sentidos e ações, tampouco uma prática sem teoria, que seria em si alienada. Porém, sua operação se dá pela prática refletida à luz da teoria e uma teoria que dialoga, intimamente, com a prática. Isso é o que Freire (1987) chama de práxis.

Com base nos escritos de Freire (2007), elencamos quatro princípios fundamentais da educação popular, que tomamos como pilares de nossa práxis e em que nos debruçamos a seguir: o diálogo; a superação da visão alienada; o ato de aprender com o(a) outro(a); e a educação como um ato político.

Antes de refletirmos sobre o diálogo, propriamente, precisamos abordar um fundamento que o precede: o reconhecimento da humanidade do outro. Em princípio, parece que tal pronunciamento é óbvio e nem mereceria ser citado, porém isso seria um equívoco, pois a alteridade[4] nunca fez parte do projeto português, já que a justificativa de colonização e escravização pressuponha a negação da humanidade do outro. Dizendo de outra maneira, baseado na filosofia aristotélico-tomista e confirmado pela religião, estabeleceu-se uma teoria de justiça em que há uma hierarquia de direitos em que a referência de humano, o homem branco europeu, é o padrão social normativo e possível da conquista e dominação de tudo o que considerasse menos perfeito ou próximo à natureza, segundo os seus critérios. Os povos indígenas e africanos não teriam relação de alteridade com os europeus, estando, portanto, à margem da noção de humanidade (Santos, G., 2002).

Os registros dos longos 488 anos de objetização e exploração de africanos(as), afrodescendentes e povos ameríndios confirmam a assertiva anterior, que só será confrontada pela Constituição Federal (1988), na qual, finalmente, se reconhecem as humanidades e os direitos de todos e todas. Apesar da importância de formalização da igualdade cidadã, é importante ressaltar que ainda vivemos sob a aplicação de medidas deliberadas e sistemáticas de exterminação dos(as) marginalizados(as), sejam elas do ponto de vista físico, político, cultural, linguístico ou religioso (Nascimento, 1978, p.15).

4 O sentido de alteridade, para o presente texto, é a ideia de que estamos nesta vida com outros e outras – seres que não sou eu, mas são humanos como eu. Uma ideia de outro semelhante e não estranho.

Somente após esse debate honesto sobre as desigualdades que assaltam o direito de existência a grupos humanos inteiros é que poderemos avançar para o conceito de diálogo. Sem o reconhecimento da humanidade do outro, não será possível respeitar, no outro, o direito de dizer a sua própria palavra. O diálogo pressupõe falantes e ouvintes, que falam a partir de seus lugares de existência, revelando as suas verdades, que, por vezes, contradizem, denunciam injustiças, confrontam e responsabilizam outrem (Freire, 2007).

Entretanto, nessa dialética, ouvir aquele(a) que se expressa é reconhecer a sua humanidade, pois os(as) "que são ouvidos(as) são também os(as) que pertencem" (Kilomba, 2019, p.42). Ouvir transforma completamente a dinâmica educativa, pois o(a) educador(a) deixa de ser "aquele(a) que fala a alguém" e passa a ser "aquele(a) que fala com alguém". Dialogar, na perspectiva da educação popular, não segue um método, tampouco um modelo, porém é uma concepção do mundo, uma disposição de viver "com", falar "com"; é a renúncia de um lugar do poder autoritário para um caminho compartilhado.

O segundo princípio é a superação da visão alienada, que ocorre em contextos nos quais os sujeitos vivenciam processos de intensa repressão e opressão. Tais experiências de viver são tão vis que, numa tentativa de sobrevivência coletiva, esses sujeitos acabam por aderir a uma leitura alienada da realidade. Nesse caso, a educação popular convida o(a) educador(a) a despir-se da pretensão de organizar um discurso que descortine aquela percepção sobre o mundo, para adotar uma postura em que o(a) educador(a) estabeleça um diálogo que parta exatamente do nível em que as pessoas estão e problematize, isto é, faça perguntas/questões simples, baseadas em fatos concretos, que provoquem reflexões e desvelem a estrutura sociopolítica em que estão elas inseridas (Freire, 2007).

A problematização só é um caminho profícuo se houver vínculos, e, para tal, é necessária a convivência, pois a distância dos sujeitos só levará o(a) educador(a) à arguição ou ao debate vazio, investigativo, constrangedor. Paulo Freire (ibidem) expôs uma experiência em que, num diálogo com alguns camponeses, acolheu as suas ideias e, pela problematização, construiu com eles um caminho de reflexão crítica sobre a própria realidade.

O terceiro princípio da educação popular é aprender "com" e estar "com" o(a) outro(a). A ideia que fundamenta esse princípio é que "não há, em termos humanos, sabedoria absoluta, nem ignorância absoluta" (ibidem, p.39). Nesse sentido, não há como vivenciar o aprendizado "com" antes que se supere o elitismo e o basismo. O elitismo é considerar, arrogantemente, o conhecimento científico superior ao popular e se colocar numa posição salvífica da "massa inculta, incompetente, incapaz" (ibidem, p.40), pois há uma sabedoria que se constitui na massa popular pela experiência acumulada, às vezes por gerações. No entanto, tampouco se deve supervalorizar o saber popular, de modo que se considere que não há possibilidades de contribuição do saber científico, o que é denominado "basismo".

O exercício desse princípio nasce da ação de ad-mirar, na qual se aprecia uma realidade demoradamente (mirar) e em profundidade (ad). Ad-mirar,[5] conscientemente redigido dessa maneira, é um convite a um encontro com o outro, em que todos(as) estejam plenamente entregues ao momento vivente, abertos(as) ao aprendizado mútuo, ao afeto crítico e à transformação. Não existe encontro, nesse nível de profundidade, em que não se exercite o ouvir devagar, no qual se apreciam as palavras como em uma degustação. Em que não se perceba a linguagem do corpo, os contextos sociopolíticos e tudo que cerca a linguagem. Os atos de ad-mirar e ouvir nos aproximam dos sujeitos e potencializam os encontros (Freire, 1981).

O quarto princípio que elencamos é "educar como um ato político". Freire, nas *Cartas à Guiné-Bissau* (1978), chama a atenção para um processo educativo não neutro, mas engajado num esforço

5 "Ad-mirar é uma operação que está diretamente ligada à prática consciente e ao caráter criador de sua linguagem. Ad-mirar implica pôr-se em face do 'não eu', curiosamente, para compreendê-lo. Por isto, não há ato de conhecimento sem ad-miração do objeto a ser conhecido. Mas se o ato de conhecer é um processo – não há conhecimento acabado – ao buscar conhecer ad-miramos não apenas o objeto, mas também a nossa ad-miração anterior do mesmo objeto" (Freire, 1981, p.43).

sério de transformação social. Ele afirma, nessa obra, que a opção política e a prática devem ser coerentes, mas sobretudo devem ser conscientes da direção a favor de quem se está, ou se ela inclui ou exclui. "Quem ajuíza é a prática. Sempre! Não o discurso. Não adianta uma proposta revolucionária se no dia seguinte minha prática é de manutenção de privilégios" (Freire, 2007, p.41). Portanto, a educação é, em si, um ato político. Não é possível negar de um lado a politicidade da educação e de outro a educabilidade do ato político (ibidem).

A prática dos pilares apresentados não ocorre por geração espontânea, especialmente para os(as) que vivem sob as pressões acadêmicas de uma estrutura tradicional de educação. Sendo assim, aqueles(as) que decidem compartilhar a caminhada, a partir dos princípios da educação popular, precisarão refletir constantemente, estabelecer diálogos honestos, considerar e mediar os conflitos, assumir os equívocos e, algumas vezes, retornar ao ponto inicial da caminhada.

A educação popular é um processo que não busca a euforia diante dos acertos, mas admite os erros como parte da caminhada a ser percorrida. Freire (1978, p.31, 32) afirma que a inexistência dos desacertos em uma experiência educativa popular é o que deveria nos surpreender, mas sugere que o importante é encontrar caminhos, dentro das condições materiais limitadas, que possam reforçar os acertos e sobrepassar os erros. É evidente que acertos e equívocos inerentes a contextos de privação de direitos fundamentais por vezes são insuperáveis no tempo-espaço de uma experiência educativa popular. Porém, como autores(as) do presente capítulo, decidimos, assim como Freire (ibidem, p.14) compartilhar a nossa experiência em pleno andamento, ainda inconclusa, não neutra, mas com os elementos que a constituem: as pessoas, os lugares, as ações e práticas, desacertos e as conquistas.

A experiência de tecnologia social na disciplina "Aprendizagem por Projetos"

A disciplina Aprendizagem por Projetos da UFRJ/Macaé foi criada com a pretensão de ser um mergulho na práxis, superando a dicotomia entre teoria e prática. Para isso, a ementa parte de uma problemática real e é construída ao longo do processo, ou seja, é aberta e desenvolvida a partir dos problemas levantados na comunidade. A partir do segundo semestre de 2018, a aproximação da disciplina com o PDS Osvaldo de Oliveira fez que a ementa permeasse os problemas de infraestrutura presentes nos assentamentos de reforma agrária.

Nesta parte do texto, relatamos a experiência de três turmas (2018/1, 2019/1 e 2019/2) na evolução do projeto da casa de farinha, levando em consideração:

- a formação prévia dos estudantes;
- o processo de construção das máquinas, em que a formação se volta a todos(as) os(as) envolvidos(as);
- e a organização coletiva do trabalho na produção de farinha pelos(as) assentados(as).

Como a narrativa não se encontra em ordem cronológica, dispomos da Figura 6.2 para explicitar a ordem dos fatos e auxiliar na compreensão do caso. Vale ressaltar que os sete encontros mostrados nessa linha do tempo são referentes aos momentos em que os(as) universitários(as) e camponeses(as) se reuniram para discussão do projeto. Além dos encontros especificados na imagem, houve outros encontros pontuais com a equipe reduzida para operacionalizar o projeto.

Figura 6.2 – Linha do tempo da disciplina

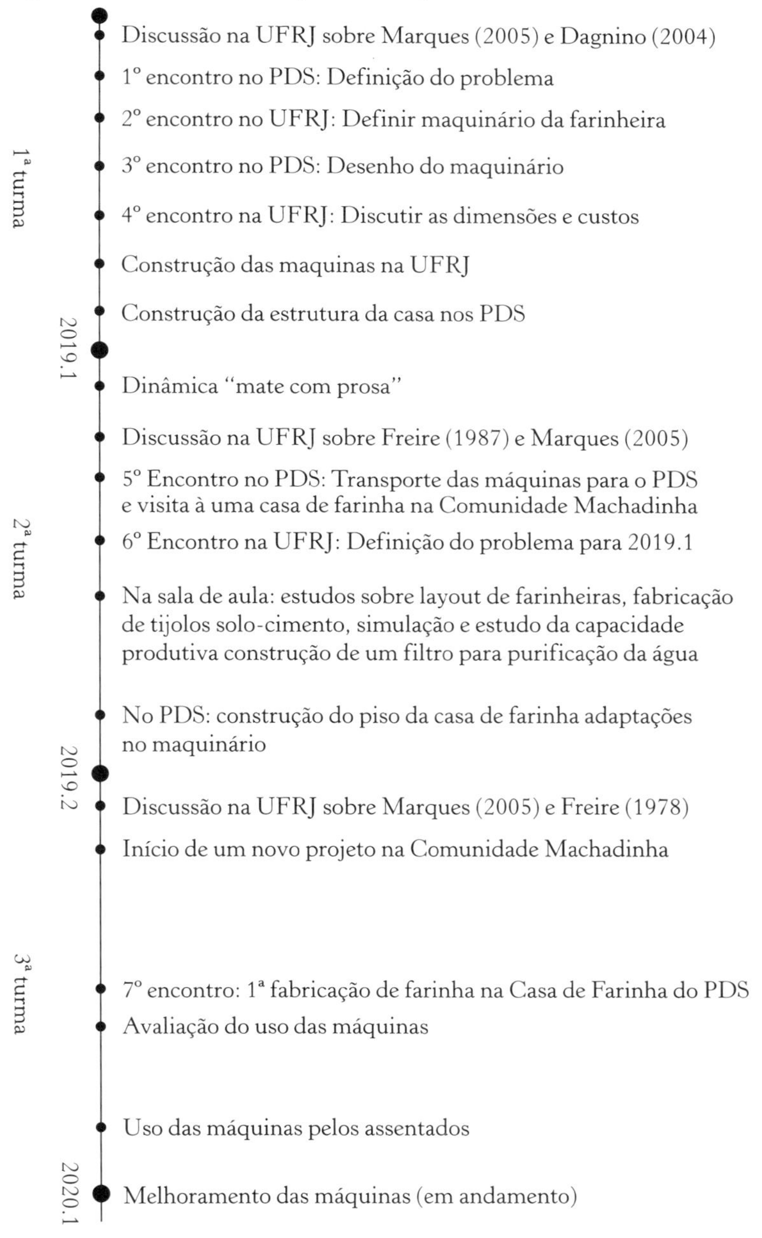

Parte 1 – Da raiz à comida: quando a farinha de mandioca dá sabor ao processo educativo

A primeira turma teve por volta de dez estudantes das escolas de Engenharia Mecânica e Engenharia Civil. Nas duas outras turmas, contamos com vinte estudantes, em cada semestre, das escolas de Engenharia Mecânica, Civil, de Produção e do curso de Nutrição. A maioria deles(as) não tinha um entendimento do que é movimento social ou reforma agrária. Portanto, nas três experiências, iniciamos com uma apresentação e discussão sobre tecnologia social (Dagnino, 2011; Marques, 2005) e educação popular (Freire, 1978, 1987).

A tecnologia social é um ponto de partida, de chegada e um caminho para essa experiência. As questões filosóficas que permeiam a construção da tecnologia são fundamentais para acompanhar essa caminhada. No debate dentro da universidade, discutimos as diferenças entre a tecnologia convencional e a social, enfatizando o mito da universalidade e da neutralidade da ciência e da tecnologia. Assim, não existe uma solução puramente técnica para um problema, ou seja, as questões técnicas não estão separadas das questões sociais. Em qualquer decisão privilegiam-se uns(umas) e desfavorecem-se outros(as), portanto, as decisões tecnológicas não são puramente técnicas e separáveis da política (Marques, 2005). Esse debate se alongou pelos semestres em que foi possível discutir e viver, com os(as) assentados(as), uma experiência participativa de desenvolvimento de tecnologia alinhado às demandas sociais reais e discutir sua relevância para a superação da tecnologia convencional.

Cabe ressaltar que, em 2019, houve a aproximação do curso de Nutrição, dando um salto interdisciplinar importante ou ampliando o quadro de referência, como descreve Marques (ibidem). Até então, éramos engenheiros(as) e camponeses(as), construindo máquinas para trabalhar a comida. No segundo semestre de 2018, tínhamos projetado um protótipo e iniciado a construção. A turma 2019/1 pretendia dar sequência ao desenvolvimento de uma casa de farinha adequada às demandas de produção do PDS Osvaldo de Oliveira. Apesar de a elaboração da estrutura física e dos equipamentos que comporiam essa unidade de beneficiamento da mandioca ser o tema central da prática da disciplina, a comida seria o resultado que confirmaria o sucesso dos projetos mecânicos e civis. Diante da potência dos alimentos resultantes da mandioca em nossa experiência de desenvolvimento de tecnologia social, decidimos aproximar a experiência educativa, em sala de aula, das preparações à base de mandioca. A partir da turma 2019/1, a comida foi, então, facilitadora de um processo educativo e, por sua materialidade, capaz de nos aproximar da vivência dos princípios da educação popular.

A metodologia utilizada na primeira aula da turma 2019/1 foi inspirada na dinâmica "Mate com prosa", do caderno de metodologias da Associação Brasileira de Agroecologia, e consiste em

> uma metodologia participativa de estímulo ao diálogo em grupos, nos quais participantes se dividem e conversam em torno de uma pergunta central. O processo é organizado de forma que as pessoas circulem entre os diversos grupos e conversas, conectando e polinizando as ideias de forma dinâmica e objetiva, possibilitando a emergência de um saber coletivo construído participativamente. É uma metodologia que possibilita a troca, o incentivo à participação de todos, o diálogo em pequenos grupos e o compartilhamento de ideias de forma rápida e dinâmica. (Biazoti; Almeida; Tavares, 2017, p.37)

Na sala de aula, preparamos quatro estações compostas por uma mesa e cadeiras. Dividimos os(as) estudantes em quatro subgrupos e escolhemos quatro estudantes para serem anfitriões de uma estação. Cada mesa continha uma preparação à base de mandioca, a saber, a) farinha com melado, b) café com farinha, c) biscoito de polvilho e d) bolo de aipim. Junto da preparação alimentícia encontrava-se uma pergunta para sulear a discussão e um(a) anfitrião(ã) fixo(a), cujo papel seria acolher os membros dos subgrupos, mediar o debate e anotar as principais ideias. As questões foram: 1) você acha que a tecnologia é sexista, racista e classista?; 2) como foi feita a distribuição de terra no Brasil?; 3) a comida de que você se alimenta respeita a vida?; 4) você acha que a universidade permite a troca de saberes com a sociedade?

A didática nos cursos de Engenharia é motivo de constantes incoerências pedagógicas (Dwek, 2012). Os(as) docentes geralmente entram nas universidades com uma formação supostamente técnica, não sendo comum a utilização de elementos didáticos nas aulas. A presença da comida deu sabor ao processo educativo. Foi a primeira vez que os(as) engenheiros(as) eram acolhidos(as) por meio da comida, em uma aula cuja metodologia se centrava na problematização e na participação. Aquela experiência inaugurou uma sequência de encontros nos quais sentávamos ao redor da mesa com a disponibilidade de alguma comida. Estávamos todos(as) mais à vontade uns(umas) com os(as) outros(as) e disponíveis ao compartilhamento de ideias, incertezas, questões, projetos. Propusemos exposições criativas dos textos do conteúdo programático, e rimas, poesias e cartazes deram mais sabor aos encontros em sala de aula.

Pode soar intrigante imaginar que um processo educativo inclua o ato de alimentar. No entanto, a própria palavra "saber" revela a sua intimidade com a unidade linguística "sabor", pois ambas guardam uma raiz etimológica comum, derivando do termo latino *sapere* (Dias; Chiffoleau; Schottz, 2015). A percepção do sabor está entre as mais poderosas e complexas sensações humanas, para a qual mobilizamos todos os sentidos e acionamos mecanismos para a ação de conhecer/aprender, assim intelecto e corpo são vias para o aprendizado (UNIDCP/WHO, 1992).

A farinha de mandioca deixou de ser um objeto, um resultado esperado, para ser a nossa comida. Trazê-la para o contexto disciplinar como mediadora de um processo de aproximação entre educadores(as) e educandas(os) estreitou o nosso vínculo e afetos mútuos; além disso, cada preparação à base de farinha nos aproximou da realidade alimentar dos assentados, do sagrado de suas culturas, da simplicidade do seu modo de comer.

Parte 2 – O diálogo entre a universidade e o assentamento, o processo da tecnologia social e a formação dos dois mundos

A proposta da aprendizagem por projetos (*Problem Based Learning*, PBL), conhecida como uma metodologia ativa de ensino, é que os(as) estudantes sejam os(as) atores e atrizes principais na construção do seu conhecimento, movidos sobretudo pela curiosidade. Para isso, a turma escolhe um projeto para ser desenvolvido ao longo do semestre e, a fim de fazer jus à função social da universidade pública, seria coerente que o projeto estivesse voltado para uma demanda da sociedade. Após uma breve formação prévia, como descrevemos na Parte 1, chegamos ao assentamento Osvaldo de Oliveira.

A infraestrutura no PDS Osvaldo de Oliveira, como em muitos assentamentos de reforma agrária, é muito precária. Os(as) assentados(as) moram em barracos feitos de madeira ou lona, sem energia elétrica, sem água encanada e, geralmente, divididos em um quarto, uma cozinha com fogão a lenha e um banheiro com fossa feita por eles. A estrada principal do assentamento é de barro, com difícil acesso. Alguns poucos assentados e assentadas têm carro, moto e/ou bicicleta, a maioria se locomove a pé, tendo que andar por volta de três horas até o ponto de ônibus. Apesar de o crédito inicial do Incra[6] ser um direito aos(às) assentados(as) da reforma agrária, com cinco anos de assentamento eles(as) ainda não tiveram acesso. Na nossa primeira visita ao território, a turma 2018/1 tinha o objetivo de conhecer suas demandas para desenvolver, em comunhão, uma proposta de formação baseada em um problema social real. Nessa visita, apareceram inúmeras possibilidades de atuação: máquina de debulhar feijão, ponte, casa de farinha, descascador de milho, trator, bomba d'água, habitações, saneamento básico...

---

6 "[...] para apoiar a instalação no assentamento e a aquisição de itens de primeira necessidade, de bens duráveis de uso doméstico e equipamentos produtivos" (Incra, 2020).

Éramos um grupo de docentes e estudantes de Engenharia e a maioria nunca tinha pisado em um assentamento rural fruto de reforma agrária. O primeiro encontro no PDS Osvaldo de Oliveira foi permeado pelo diálogo. Sentados num grande círculo ao lado da sede do assentamento, abraçados pelas montanhas do território e limitados acima pelo céu azul e abaixo por terra fofa, escutamos as apresentações individuais e os relatos dos problemas enfrentados. Conhecer a vida do(a) outro(a), saber onde mora, ver o rosto marcado do sol e por meio da escuta perceber seu compromisso com a terra, com a comida saudável e de qualidade e com a construção do país. Foi o início do diálogo, peça fundamental do processo de ensino e aprendizagem e da tecnologia social.

Descobrimos, pela nossa dificuldade em chegar à sede do assentamento, que a relação do PDS Osvaldo de Oliveira com a cidade se dava basicamente por meio de uma ponte sobre um rio. Em 2018, a ponte desabou, por causa de uma forte chuva, e foi colocada uma ponte para pedestres no lugar. Além de aumentar as dificuldades de locomoção, a falta de ponte para veículos prejudicou o escoamento da produção por meio de feiras, merenda escolar e atravessadores. A importância da casa de farinha estava nessa dificuldade em escoar a produção coletiva de aipim. Para aumentar a durabilidade do aipim, os assentados queriam transformá-lo em farinha. Decidimos, em conjunto, que a casa de farinha seria viável de construir, em consonância com nossas capacidades.

O processo de projetar e construir coletivamente a casa de farinha foi realizado com alguns encontros e no que se refere ao projeto e construção das máquinas destacamos seis encontros. O primeiro, já relatado, ficou centrado na definição do problema a ser enfrentado, em que os assentados e assentadas escolheram a casa de farinha. O segundo encontro foi realizado na universidade, no qual o foco era definir os equipamentos que iriam compor a casa de farinha e como eles iriam funcionar. Os(as) estudantes apresentaram aos(às) assentados(as) cinco equipamentos: o descascador de aipim, o triturador, a prensa, o forno e a automatização para mover a farinha sobre o forno. Em conjunto, optou-se por começar a casa de farinha com

Figura 6.3 – (a) Primeira reunião da disciplina na sede do PDS Osvaldo de Oliveira; (b) Moradia no assentamento Osvaldo de Oliveira

Fontes: Arquivo da disciplina (a); Coletivo de Comunicação do MST/RJ – Região dos Lagos (b).

três equipamentos: o triturador, a prensa e o forno. Nessa mesma reunião, dialogamos sobre as possibilidades de motorização para o triturador, os modos de operação de trituramento e os possíveis empurradores para levar a mandioca para o triturador. Para a prensa, foram discutidos os mecanismos para realizar a força, os locais factíveis para a acomodação da massa que vem do triturador e os tipos de coletor para guardar a manipueira. Para o forno, foi discutido o material a ser usado para fabricar a chapa e o formato. As decisões foram tomadas conjuntamente e, com elas, a universidade detalhou o projeto desses três equipamentos com as dimensões iniciais e os materiais que seriam utilizados.

O terceiro encontro, de visualização do equipamento, foi realizado no assentamento. Nesse terceiro momento, discutimos o esboço do funcionamento e das dimensões dos equipamentos e chegamos a um consenso a respeito do arranjo final dessas máquinas. Sistematizamos as ideias relativas às modificações e, uma vez corrigidos os rumos do projeto nos três equipamentos, a universidade ficou de elaborar uma versão final antes de iniciar a construção. O terceiro encontro está registrado na Figura 6.4. O quarto encontro foi realizado na universidade, com foco em aprovar os custos e autorizar o início da construção do protótipo. Nele foi apresentado um desenho final com as dimensões estruturais, o detalhamento das partes e os custos. O quinto encontro foi focado na experimentação do protótipo do ralador e prensa pelos(as) estudantes e assentados(as). O protótipo foi construído nas instalações da universidade pela equipe representante da instituição; os(as) assentados não conseguiram participar, por causa de dificuldades de locomoção, foi realizada apenas uma visita para acompanhamento da obra, porém não puderam trabalhar na construção. Como a primeira parte da construção foi feita dentro da universidade, optou-se coletivamente por entregar o protótipo funcionando, porém inacabado, para que os assentados e assentadas realizassem a parte final e, assim, se apropriassem também do fazer dos equipamentos. No mesmo dia da entrega das máquinas, fomos com alguns assentados(as) visitar uma antiga casa de farinha em Quissamã (RJ), na Comunidade Remanescente de Quilombo Machadinha, para analisar seu funcionamento. Tivemos a oportunidade de conhecer todo o processo produtivo da farinha nesse momento. O sexto encontro foi um mutirão para fabricação da farinha. Para fazer a mandioca no primeiro mutirão, os assentados fizeram as modificações necessárias.

Foi, portanto, pela troca de saberes entre assentamento e universidade que chegamos à conclusão de que o projeto da turma seria a construção dialógica de uma casa de farinha com os princípios da tecnologia social. A disciplina de duas horas semanais já não era mais só ensino, era extensão e pesquisa também. Entre idas e vindas

Figura 6.4 – (a) Turma 2018.1 elaborando os projetos das máquinas; (b) Projeto da trituradora movida a bicicleta

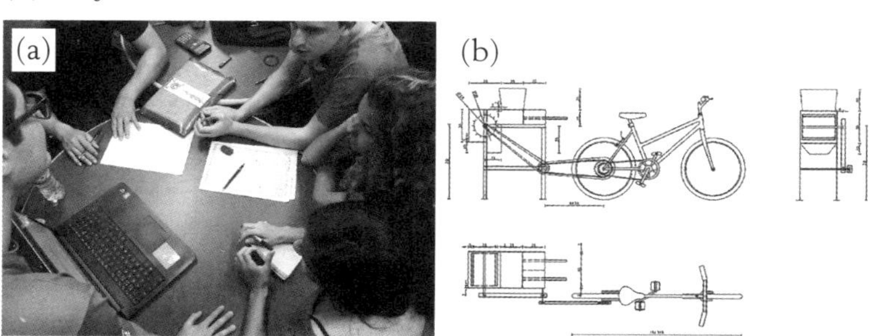

Fonte: Arquivo da disciplina.

Figura 6.5 – (a) Elaboração participativa do projeto das máquinas; (b) Reunião no PDS Osvaldo de Oliveira para elaboração do projeto das máquinas; (c) Assentados construindo a estrutura da casa de farinha; (d) Estrutura da casa de farinha no seu primeiro dia de funcionamento

Fontes: Arquivo da disciplina (a, b, d); PDS Osvaldo de Oliveira (c).

ao assentamento e ao polo universitário, possibilitadas pelo transporte da universidade, elaboramos o projeto das máquinas, calculamos a força necessária, trabalhamos elementos de máquinas, fizemos a expressão gráfica, discutimos o material... Ao final do semestre, tínhamos elaborado o projeto do forno e estávamos fabricando um triturador de aipim movido a bicicleta e uma prensa de aipim triturado.

Enquanto isso, os assentados se organizavam, preparando o piso e o teto da farinheira em um terreno coletivo. Ensina-se e aprende-se sobre reforma agrária quando se pensa, em conjunto, arranjos para a casa de farinha que respeitem a segurança alimentar e nutricional, a matriz energética disponível e o modo de vida camponês. Ao mesmo tempo, os camponeses colocavam em prática o processo de organização coletiva, por meio de assembleias e mutirões, ao gerir o espaço da casa de farinha.

As habilidades e competências necessárias surgiram a partir de questões que emergiram do campo, dos assentados e da demanda para projetar a casa de farinha, e foram trabalhadas pelos discentes em grupos, sem aulas conteudistas. Em 2019, mais estudantes se interessaram pela disciplina e ampliamos nosso quadro de referência com uma professora de Nutrição na equipe. Acessamos financiamentos do Edital 36/2018 de Tecnologia Social do Conselho Nacional de Desenvolvimento Científico e Tecnológico (CNPq) e o Edital 10/2018 da Fundação de Amparo à Pesquisa do Estado do Rio de Janeiro (Faperj) para a construção da casa de farinha. Nesse processo, fundamos o Laboratório Interdisciplinar de Tecnologia Social de Macaé (LITS/Macaé), associado à UFRJ, campus Macaé, e ao Núcleo Interdisciplinar para o Desenvolvimento Social (Nides/UFRJ), com o objetivo de desenvolver tecnologia voltada para demandas sociais. Terminamos o primeiro semestre de 2019 com um protótipo da prensa e da trituradora, mas ainda sem a farinha. Ficou a cargo da turma 2019.2 testar a viabilidade das máquinas e construir melhorias. Para isso, outros projetos surgiram: construção de uma bomba eólica para levar água até a farinheira, produção de tijolos de solo e cimento para subir as paredes, desenho do arranjo físico e discussão da gestão do trabalho coletivo na farinheira.

No dia 7 de setembro de 2019, aniversário de cinco anos do assentamento, camponeses(as), estudantes e docentes prepararam a receita ancestral da farinha nas máquinas fabricadas por todos e todas: colher o aipim, descascar, limpar, triturar, prensar e torrar. Não faltaram o beiju doce, a tapioca e o beiju tradicional. No dia seguinte, fizemos uma avaliação do uso: elencamos várias propostas de melhoria, mas as pessoas estavam satisfeitas e emocionadas com o resultado. Uma assentada relatou sua emoção quando viu a casa de farinha. Caminhava por todos os cantos do ambiente, eufórica, por fazer tanto tempo que ela não via uma farinheira fazendo

Figura 6.6 – (a) Triturador funcionando pela primeira vez; (b) Aipim sendo triturado no triturador movido a bicicleta; (c) Prensa funcionando pela primeira vez.

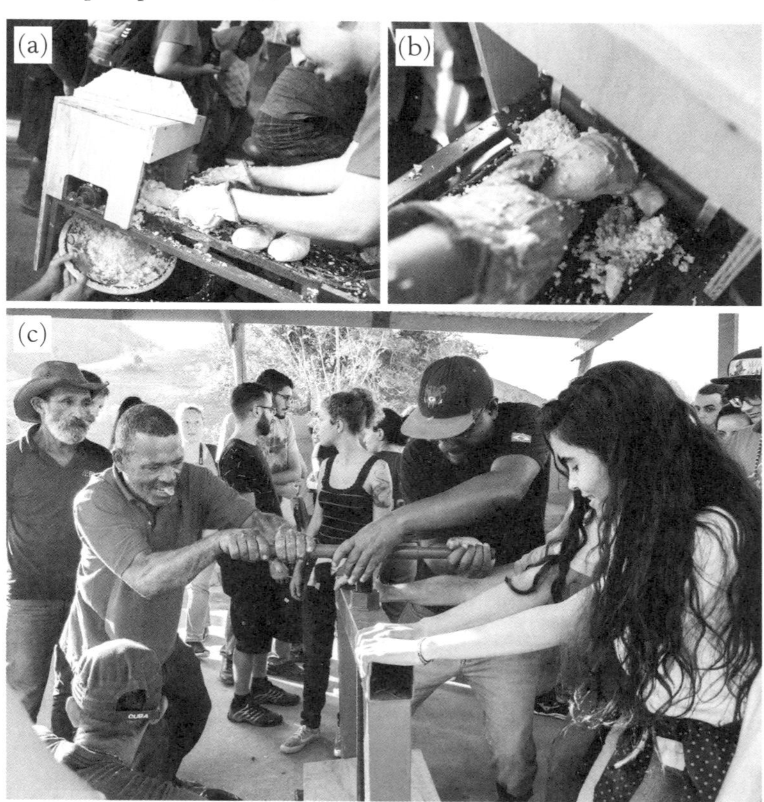

Fonte: Coletivo de comunicação do MST/RJ – Região dos Lagos.

farinha, estava transbordando emoção. Outros(as) relataram sentimentos semelhantes, especialmente por rememorarem sua infância.

Cabe ressaltar alguns pontos na fase conceitual da definição da tecnologia, os quais mostram um distanciamento do conceito de tecnologia convencional. Um primeiro é considerar as características do território onde as máquinas serão utilizadas. Em virtude dos problemas de falta de energia no assentamento, os assentados foram precisos em dizer que não queriam equipamentos movidos por motores elétricos e descartaram motores a combustão por conta do custo. Essa decisão fez que o projeto do triturador se diferenciasse de equivalentes no mercado. Com isso, decidimos em conjunto usar uma bicicleta para aumentar a velocidade de rotação e melhorar a ergonomia do operador do triturador. Para definir o número de lâminas, foi necessário definir a força na pedalada de um operador. Dessa vez não usamos o valor médio de um ser humano, que costuma definir uma força acima da média dos idosos e mulheres. Realizamos experimentos com uma bicicleta existente e uma pessoa sem perfil de ciclista para definir essa força.

Outro ponto interessante no âmbito da tecnologia social foi que, para operar o triturador, foram utilizados dois usuários: um para gerar energia para mover as lâminas (pedalar a bicicleta) e outro para manusear as raízes em direção às lâminas. Observamos que, se eles ficassem de costas um para o outro, haveria uma dificuldade de comunicação durante a realização do trabalho, coibindo momentos de troca e diálogo, além de poder ser inseguro. Assim, construímos o triturador de forma que a pessoa que pedala ficasse de frente para a que insere a raiz da mandioca no triturador.

De fato, o triturador poderia ter sido construído de forma que só se precisasse de um trabalhador, como é o caso de alguns raladores de aipim manual do mercado. Na perspectiva da tecnologia convencional, a lógica é a produção com o mínimo de força de trabalho, e não seria uma opção a concepção de um triturador que necessitasse de duas pessoas para funcionar. Porém, no assentamento a lógica é de inclusão e promoção de trabalho digno para todos(as) os(as) assentados(as). Na mesma lógica da tecnologia social, houve a decisão de desenvolver um triturador não muito grande, visando a diversidade de produtos no assentamento. A ideia da agroecologia pressupõe diversidade, e não a monocultura de aipim. Por isso, as tecnologias convencionais voltadas para o agronegócio muitas vezes não se encaixam na lógica camponesa, por serem ou muito caras ou muito grandes.

O percurso foi marcado também por dificuldades: o nível de participação e a falta de experiência com casa de farinha dos envolvidos,

Figura 6.7 – (a) Forno da casa de farinha; (b) Produção de goma de tapioca; (c) Torra da farinha

Fontes: Coletivo de Comunicação do MST/RJ – Região dos Lagos (a, b); arquivo da disciplina (c).

a distância física entre a universidade e o assentamento, o desafio de construir as máquinas de acordo com as normas da Agência Nacional de Vigilância Sanitária (Anvisa), para a comercialização futura na merenda escolar.

Algumas decisões exigiam que o(a) camponês ou camponesa e os(as) universitários(as) tivessem experiência com farinheira. Nesse sentido, uma parte dos(as) agricultores(as) já havia trabalhado em casa de farinha, mas a maioria, não. Da equipe da universidade, apenas o professor de Engenharia Mecânica tinha tido uma experiência pontual. Então, quando não havia conhecimento suficiente para tomar uma decisão, era posto em prática o método da tentativa e erro. Isso ficou evidenciado no desenvolvimento do forno, que foi desenhado pelos(as) estudantes e construído pelos(as) assentados(as). Entre os(as) professores(as) da disciplina, nenhum era engenheiro civil e isso prejudicou a orientação dos(as) discentes que estavam projetando o forno – eles só sabiam projetar forno em formato retangular, quando quem tinha experiência com casa de farinha informava que era melhor que a construção fosse redonda. Outro motivo que levou à construção do forno em formato retangular foi a falta de chapa de aço circular no mercado. Além disso, não sabíamos qual material seria apropriado para aguentar as altas temperaturas do forno a lenha. Assim, os(as) assentados(as) envolvidos(as) escolheram construí-lo com blocos de concreto, pois era mais barato, e acreditou-se que daria certo. As experiências de alguns(algumas) assentados(as) com manutenção de equipamentos e com casa de farinha ajudaram a adaptar o maquinário após a primeira fabricação.

Com relação à distância física entre o assentamento e a universidade, esse foi um impedimento para que acontecessem reuniões com maior participação e frequência. Diante desses limites, encontramo-nos com a equipe reduzida de forma mais pontual e fizemos uso de contatos telefônicos e aplicativos de redes sociais para fomentar o diálogo e a construção coletiva. Um dos momentos decisórios em que esse ponto ficou evidente foi o do posicionamento do forno. Os(as) universitários(as) e camponeses(as) tinham feito uma visita à Comunidade Remanescente de Quilombo Machadinha para conhecer uma casa de farinha em funcionamento. Foi um momento muito rico de trocas de saberes entre quilombolas, camponeses(as) e universitários(as), e percebemos que a chaminé do forno a lenha tinha que usar a direção do vento para afastar a fumaça. Porém, no momento da construção do forno no assentamento, não houve a participação das pessoas que estavam na visita, por causa da dificuldade de transporte, e o forno acabou sendo construído sem considerar a posição do vento, levando a um grande desconforto durante a fabricação da farinha, pois a casa se enche de fumaça.

O acompanhamento das manutenções das máquinas, tanto pelos(as) camponeses(as) quanto pelos(as) universitários(as), também ficou prejudicado. Em virtude da distância, o protagonismo da construção do triturador e da prensa foi dos(as) estudantes dentro da universidade. Alguns(algumas) assentados(as) participaram de discussões mensais, no horário da disciplina, sobre o projeto para interferir no processo. Na entrega dos dois equipamentos, com pendências de melhoria, discutimos com os(as) assentados(as) possíveis avanços no protótipo. A utilização das máquinas só aconteceu no dia do aniversário do assentamento. Para podermos realizar o mutirão, os assentados(as) se organizaram e construíram o forno, fizeram os reparos e as modificações no equipamento, com pouca participação da universidade, que foi prejudicada pela distância. Após o primeiro uso, outras adaptações foram realizadas pelos camponeses.

Outro grande desafio é que as regras sanitárias para uma unidade de alimentação e nutrição, postas nas normas estabelecidas pela Anvisa, tomam por referência unidades de grande porte, que possuem recursos financeiros suficientes para estar plenamente adequadas. A casa de farinha em questão seria desenvolvida a passos lentos, contando com a colaboração dos companheiros e companheiras do PDS e os recursos disponibilizados pelas agências de fomento. Não teríamos condições de adquirir revestimentos de alta qualidade, que cobrissem todas as áreas de chão e paredes, tampouco equipamentos feitos de aço inoxidável. Por outro lado, havia a urgência no uso do aipim excedente na terra, aguardando a colheita, com o risco de estragar; a paciência impaciente de ter um local de produção de alimentos para conseguir os recursos mínimos para a sobrevivência; a esperança de uma comunidade cansada de esperar. Estamos em diálogo com a comunidade para atender aos parâmetros estabelecidos pela instituição sanitária.

Além dos problemas de projeto listados, outros foram observados durante o uso das máquinas: o pé do(a) ciclista ficava muito perto do aipim triturado; estava havendo um desperdício muito grande de aipim no triturador; a farinha não ficava fina o suficiente para ser comercializada; a tinta usada na prensa e no triturador não aderiu muito bem ao equipamento; o forno rachou com a temperatura elevada; e a prensa estava bamba. Na terceira produção de farinha, o forno tinha sido reconstruído e haviam sido feitas adaptações na trituradora e na prensa. Um(a) dos(as) assentados(as) realçou a distinção entre o processo de concepção tradicional e a experiência em projetos participativos, ao frisar que a diferença entre trabalhar para o capital e para si mesmo é que o último acolhe a possibilidade de errar e consertar, sem que ninguém seja demitido.

Esses exemplos ilustram algumas dificuldades e potências do diálogo no percurso da tecnologia social. Como mencionamos, acolhemos os desacertos do percurso seguindo rumo a melhores resultados de um trabalho coletivo. Mas, como esse relato é feito pela universidade, é limitado e não registra quais barreiras e potencialidades o saber popular enxergou na comunicação com a academia.

Parte 3 – A organização coletiva do trabalho: a formação camponesa

Nesta parte, chamamos a forma como os(as) trabalhadores(as) se organizam coletivamente para beneficiar o aipim até obter a farinha de mandioca de organização coletiva do trabalho. A experiência de tecnologia social deste capítulo se dá tanto na construção de alguns artefatos tecnológicos que compõem a casa de farinha como em uma forma de organização do trabalho para a casa de farinha.

De acordo com o nosso referencial teórico, Dagnino (2011, p.1) envolve no conceito de tecnologia social o ambiente produtivo ou o processo de trabalho, sabendo que é na organização do trabalho que as relações opressivas e de exclusão podem acontecer e devem ser superadas pela tecnologia social. O ambiente produtivo é um assentamento de reforma agrária, um território com ampla formação política e promoção da consciência de classe. O assentamento Osvaldo de Oliveira é um Projeto de Desenvolvimento Sustentável (PDS), um modelo alternativo de assentamento para áreas de proteção ambiental. Isso implica que o processo de tecnologia social é ainda mais importante, pois o modelo PDS impõe os princípios de trabalho coletivo e produção agroecológica, incentivando o uso de tecnologias com fontes alternativas de energia e maquinários leves e de baixo custo.

Sendo um PDS, desde a sua criação o assentamento procura desenvolver a produção coletiva no território, obtendo frutos nos coletivos de hortaliças, melancia, abóbora, aipim, feijão, entre outros alimentos. A organização interna dos(as) camponeses(as) para o trabalho coletivo tem sido uma tarefa diária e um aprendizado constante. A casa de farinha foi a primeira experiência de beneficiamento mínimo do assentamento, sendo a sua organização do trabalho baseada nas experiências anteriores de produção coletiva. As decisões são tomadas em assembleias com todos(as) os(as) assentados(as) e a divisão da farinha é feita entre as pessoas que participaram do processo produtivo. Porém, entre outros aspectos, ainda precisamos avançar na discussão sobre capacidade produtiva para que a produção atinja uma quantidade desejada para subsistência e comercialização.

Nessa discussão, o processo organizativo do assentamento traz um rico debate para a sala de aula, pois não é comum nos cursos de Engenharia uma teoria sobre autogestão. Entendemos que os avanços e limitações da forma organizativa do PDS constituem uma prática que fomenta uma teoria cooperativa autogestionária que é urgente acontecer nos cursos de Engenharia. Da mesma forma, acreditamos que a universidade possui um conhecimento sobre gestão que pode ser aproveitado nesses espaços. O processo de tecnologia social pode nos auxiliar nesse sentido, porém, existe um desencontro temporal entre universitários(as) e camponeses(as), pois o tempo dos(as) universitários(as) é diferente do tempo camponês. As decisões nas assembleias acontecem de acordo com a disponibilidade dos(as) assentados(as) e, muitas vezes, há um desencontro temporal com os(as) estudantes e docentes. A universidade prevê produzir farinha em conjunto com os(as) trabalhadores(as) para discutir a capacidade produtiva, mas isso ainda não foi possível.

Com o propósito de auxiliar na discussão sobre a distribuição da produção, a qual é um frequente ponto de conflito na organização do trabalho coletivo, a universidade participou de uma assembleia em que foi feita a distribuição de um coletivo do feijão auxiliando na mediação. Em seguida, elaboramos uma cartilha sobre o assunto, voltada para a formação dos(as) camponeses(as), envolvendo conceitos de matemática e organização coletiva e utilizando a educação popular.

Outro fator que tem grande influência na organização do trabalho e também foi objeto de diálogo durante o processo de construção da tecnologia social foi a concepção do arranjo físico da casa de farinha: separar a área de recebimento da mandioca (área "suja") da área de saída da farinha (área "limpa"), a posição do forno, a sequência das máquinas etc. Tanto o arranjo físico quanto a concepção das máquinas influenciam na organização do trabalho – por exemplo, a concepção do triturador com duas pessoas em contato visual uma com a outra –, mas não garantem a organização autogestionária do trabalho. A cooperação autogestionária é fruto de um processo formativo coletivo. Por exemplo, na busca pelo melhor método de distribuição dos rendimentos no trabalho coletivo, alguns(algumas) assentados(as) do Osvaldo de Oliveira relataram as dificuldades de encontrar o método ideal. Esses incômodos, quando não ganham voz ou escuta e não são trabalhados, podem se tornar relações opressivas que minam a construção do coletivo. Como pontuou um assentado, o erro agora, no início da gestão, é pior do que o erro na colocação do forno. O forno pode ser colocado no lugar errado, mas se arranca e se coloca no lugar certo. Mas, quando as pessoas aprendem a fazer uma coisa, já começam a fazer com a coisa desviada, o que depois gera um desafio maior, porque as pessoas não podem ser trocadas. As pessoas serão as mesmas.

Na perspectiva do modo de produção camponesa na reforma agrária popular, as pessoas não são descartáveis, como acontece no modo de produção capitalista. A produção de artefatos tecnológicos para a casa de farinha, de acordo com a tecnologia social, repercutiu no melhoramento das máquinas e na evolução da organização coletiva do trabalho, porque as máquinas estão entranhadas de valores. Esses valores vão sendo desenvolvidos no processo do trabalho do ser humano – camponês ou camponesa, professor(a), estudante... –, sendo o aprendizado contínuo e inacabado. Portanto, construir a tecnologia sem discutir a organização das pessoas em torno dela é um trabalho incompleto, levando em consideração o conceito de tecnologia social.

Neste capítulo, apresentamos uma experiência prática do conceito de tecnologia social na educação universitária com um assentamento de reforma agrária, em que a educação popular foi o pilar teórico-metodológico. A casa de farinha, desenvolvida no diálogo entre universidade e assentamento, funcionou como unidade pedagógica, na qual todos os envolvidos foram educadores(as). Nesse processo, a contribuição dos saberes dos(as) estudantes, camponeses(as), professores(as), nutricionistas e engenheiros(as) foi fundamental para o seu desenvolvimento.

Assim como Freire (2013), defendemos que a reforma agrária acontece não só na divisão dos latifúndios, mas no processo de desenvolvimento do trabalho e, ao mesmo tempo, na transformação cultural, intencional. Ao considerar a mudança de cultura como algo necessário para a reforma agrária, a universidade não pode ver os(as) camponeses(as) como meros(as) receptores(as) de tecnologia ou de assistência técnica, mas deve se "inserir no processo de transformação, conscientizando-os(as) e conscientizando-se ao mesmo tempo" (ibidem, p.82). Nessa proposta, a casa de farinha, enquanto processo de tecnologia social, fortaleceu não só a viabilidade econômica do assentamento, mas também a formação crítica para a consolidação da reforma agrária na sociedade.

Partimos do pressuposto de que a tecnologia não é neutra de valores, posto que é fruto de uma construção social. Assim, o conceito de tecnologia social se materializa em um processo coletivo de concepção de tecnologia, e quanto maior for o seu quadro de referência, mais inclusiva e transformadora ela será. Como premissa básica, esse processo deve ser voltado para o trabalho cooperativo e autogestionário, de forma que supere as relações de opressão e diminua a separação entre quem concebe e quem usa a tecnologia. Como mostrou Freire (2013),

> A reforma agrária deve ser um processo de desenvolvimento do qual resulte necessariamente a modernização dos campos, com

a modernização da agricultura. Se tal é a concepção que temos da reforma agrária, a modernização que dela resulte não será fruto de uma passagem mecânica do velho até ela, o que, no fundo, não chegaria a ser propriamente uma passagem, porque seria uma superposição do novo ao velho. Numa concepção não mecanicista, o novo nasce do velho através da transformação criadora que se verifica entre a tecnologia avançada e as técnicas empíricas dos camponeses. (ibidem, p.74 e 75)

Conclusão

O percurso de construção e consolidação da casa de farinha, ainda que inacabado, como relatamos neste capítulo, pretendeu superar a concepção mecanicista, pois nasceu de uma construção coletiva, em que os(as) trabalhadores(as) estiveram presentes e ativos. Em vez de adquirir o maquinário no mercado, o nosso relato se fez na construção de tecnologias adaptadas à realidade, de maneira que o desenvolvimento de consciência crítica dos(as) envolvidos(as) não foi negligenciado, fomentando a reforma agrária não só no território camponês. Portanto, a práxis da tecnologia social se colocou como um elemento que pode contribuir com o processo da reforma agrária ao partir de uma demanda comunitária, confiar no conhecimento empírico dos(as) camponeses(as) e mesclá-lo com o conhecimento científico.

A consideração dos conhecimentos dos dois mundos foi possível pela educação popular, embasada no diálogo, na superação da visão alienada, no ato de aprender com o(a) outro(a) e na educação como um ato político. No entanto, não foi um processo sem dificuldades e muitos desafios ainda estão sendo vivenciados. Como relatamos, algumas das nossas limitações foram lidar com a distância física entre a universidade e o assentamento; a falta de experiência com casa de farinha e com a construção dos maquinários que a compõem, pois a maioria dos(as) universitários(as) e muitos(as) dos camponeses(as) nunca tinham vivenciado o processo produtivo da farinha nem construído forno, triturador e prensa; e o desafio de construir as máquinas de acordo com as normas sanitárias da Anvisa, para comercializar o produto futuramente na merenda escolar. Ressaltamos que as máquinas ainda estão em processo de construção e as dificuldades estão sendo contornadas em conjunto com o assentamento.

Essas limitações provocaram alguns erros de projeto, verificados com o uso das máquinas: o forno rachou com a temperatura elevada, a fumaça atrapalhou a torra da farinha, o triturador desperdiçava massa, a prensa estava bamba, entre outros. Além disso, a experiência do território nos mostrou que haveria o desafio de promover a organização cooperada do trabalho na casa de farinha. Porém, mesmo com alguns tropeços inerentes ao processo de educação popular, o assentamento produz farinha com os maquinários, e a cada erro identificado os(as) camponeses(as) serão capazes de alterar os equipamentos para melhorar a qualidade do alimento, mostrando que os conhecimentos sobre os equipamentos estão sob o controle dos assentados e assentadas. Esse ciclo de implementação de melhorias está se iniciando, portanto o projeto está incompleto, e nós, educadores(as) dessa unidade pedagógica, precisamos constantemente ser educados(as) para continuar a transformar a realidade.

Referências

BAZZO, W. A. A pertinência de abordagens CTS na educação tecnológica. *Revista Iberoamericana de Educación*, Madrid, v.28, n.1, p.83-99, 2002. Disponível em: https://rieoei.org/historico/documentos/rie28a03.htm. Acesso em: maio 2020.

BIAZOTI, A.; ALMEIDA, N.; TAVARES, P. *Caderno de metodologias*: inspirações e experimentações na construção do conhecimento agroecológico. Viçosa, MG: Ed. Universidade Federal de Viçosa, 2017.

BRASIL. Ministério do Desenvolvimento Agrário. *Metodologia para implantação dos Projetos de Desenvolvimento Sustentável – PDS*. Brasília: Ministério do Desenvolvimento Agrário, 2006.

CORRÊA, R. F.; LINSINGEN, I. von. Tecnologias sociais e educação CTS: reflexões sobre uma prática no ensino médio federal. In: Esocite, 7, 2017, Brasília. *Anais do VII Esocite*. Brasília: Universidade de Brasília, 2017. p.1-13.

DAGNINO, R. Tecnologia social: base conceitual. *Ciência & Tecnologia Social*, Brasília, v.1, n.1, p.1-12, 2011.

DAGNINO, R.; BRANDÃO, F. C.; NOVAES, H. T. Sobre o marco analítico-conceitual da tecnologia social. In: LASSANCE JR., A. E. et al. *Tecnologia social*: uma estratégia para o desenvolvimento. Rio de Janeiro: Fundação Banco do Brasil, 2004. p.65-81.

DIAS, J.; CHIFFOLEAU, M.; SCHOTTZ, V. Comida: esse diálogo sem palavras. *Revista Advir*, Rio de Janeiro, n.34, dez. 2015. Disponível em: http://twixar.me/0XSK. Acesso em: 5 jan. 2020.

DWEK, M. *Por uma renovação da formação em Engenharia*: questões pedagógicas e curriculares do atual modelo brasileiro de educação em Engenharia. Rio de Janeiro, 2012. Dissertação (Mestrado em Engenharia de Produção) – Instituto Alberto Luiz Coimbra de Pós-Graduação e Pesquisa de Engenharia, Universidade Federal do Rio de Janeiro.

FEDERICI, S. *Calibã e a bruxa*: mulheres, corpo e acumulação primitiva. São Paulo: Elefante, 2017.

FIO da meada. Direção de Silvio Tendler. Rio de Janeiro: Caliban Cinema, 2019. 1 longa (78 min).

FREIRE, P. *Cartas à Guiné-Bissau*: registros de uma experiência em processo. Rio de Janeiro: Paz e Terra, 1978.

______. *Ação cultural para a liberdade*. 5.ed. Rio de Janeiro: Paz e Terra, 1981.

______. *Pedagogia do oprimido*. Rio de Janeiro: Paz e Terra, 1987.

______. Pacientes impacientes. In: BRASIL. Ministério da Saúde. Secretaria de Gestão Estratégica e Participativa. Departamento de Apoio à Gestão Participativa. *Caderno de educação popular e saúde*. Brasília: Ministério da Saúde, 2007.

______. *Comunicação ou extensão?* Rio de Janeiro: Paz e Terra, 2013.

FURTADO, C. *O mito do desenvolvimento econômico*. Rio de Janeiro: Paz e Terra, 1974.

INCRA (Instituto Nacional de Colonização e Reforma Agrária). Crédito. Disponível em: http://www.incra.gov.br/pt/credito.html. Acesso em: maio 2020.

KILOMBA, G. *Memórias da plantação*: episódios de racismo cotidiano. Rio de Janeiro: Cobogó, 2019.

KRENAK, A. *Ideias para adiar o fim do mundo*. São Paulo: Companhia das Letras, 2019.

MARQUES, I. da C. Engenharias brasileiras e a recepção de fatos e artefatos. IN: LIANZA, S.; ADDOR, F. *Tecnologia e desenvolvimento social e solidário*. Porto Alegre: Ed. da UFRGS, 2005. p.13-25.

MONTEIRO, J. O. *Das trincheiras de contra-hegemonia em tempos sombrios*: contribuições de uma experiência de extensão universitária com processos de formação política junto ao MST. Rio de Janeiro, 2014. 170p. Trabalho de Conclusão de Curso (Graduação em Serviço Social) – Instituto de Humanidades e Saúde de Rio das Ostras, Universidade Federal Fluminense.

MST (Movimento dos Trabalhadores Rurais Sem Terra). Depois de 8 anos, Justiça concede assentamento ao MST no Rio de Janeiro. Movimento dos Trabalhadores Rurais Sem Terra. Notícias, 6 mar. 2014. Disponível em: https://mst.org.br/2014/03/06/depois-de-8-anos-justica-concede-assentamento-ao-mst-no-rio-de-janeiro/. Acesso em: 17 jul. 2020.

NASCIMENTO, A. *O genocídio do negro brasileiro*: processo de racismo mascarado. Rio de Janeiro: Paz e Terra, 1978.

RANGEL, D. F. *Sistematização do processo de construção do PDS (Projeto de Desenvolvimento Sustentável) Osvaldo de Oliveira, no município de Macaé (RJ)*. Lapa, 2019. 83p. Trabalho de Conclusão de Curso (Tecnologia em Agroecologia) – Instituto Federal de Educação, Ciência e Tecnologia do Paraná, campus Campo Largo.

______. Assentamento Osvaldo de Oliveira: 4 anos de lutas e uma grande conquista. *Boletim do MST Rio*, Rio de Janeiro, set. 2014. Disponível em: http://boletimmstrj.mst.org.br/assentamento-osvaldo-de-oliveira-4-anos-de-lutas-e-uma-grande-conquista/. Acesso em: jul. 2020.

SANTOS, B. de S. Para além do pensamento abissal: das linhas globais a uma ecologia de saberes. *Novos Estudos Cebrap*, São Paulo, n.79, p.71-94, nov. 2007. Disponível em: http://www.scielo.br/scielo.php?script=sci_arttext&pid=S0101-33002007000300004&lng=en&nrm=iso. Acesso em: 7 maio 2020.

SANTOS, G. A. dos. *Selvagens, exóticos, demoníacos*: ideias e imagens sobre uma gente de cor preta. *Estudos Afro-Asiáticos*, Rio de Janeiro, v.24, n.2, 2002.

SILVA, P. P. e. *Farinha, feijão e carne-seca*: um tripé culinário no Brasil colonial. São Paulo: Ed. Senac, 2005.

SOUZA, R. B. R. de. *A mística no MST*: mediação da práxis formadora de sujeitos históricos. Araraquara, 2012. 148p. Tese (Doutorado em

Sociologia) – Faculdade de Ciências e Letras, Universidade Estadual Paulista "Júlio de Mesquita Filho". Disponível em http://wwws.fclar.unesp.br/agenda-pos/ciencias_sociais/2607.pdf. Acesso em: maio 2020.

UNIDCP/WHO (United Nations International Drug Control Programme/ World Health Organization). Informal Expert Committee on Drug-Craving Mechanism. *Vienna Report*, Technical Report Series v.92 – 54439T, 1992.

7
Tecnologias sociais no litoral do Paraná

Construção de territórios agroecológicos a partir de experiências do MST e do curso de Tecnologia em Agroecologia da UFPR[1]

Paulo Rogério Lopes, Alan Marx Francisco, Ananda Graf Mourão, Lunamar Cristina Morgan, Luciane Cristina de Gaspari, Keila Cássia Santos Araújo Lopes, Gustavo Jesus Gonçalves, Fernando Luis Diniz D'Ávila, Marialina Clapis Ravagnani, Fatima Abgail Oliveira de Freitas, Rayen Cristiane Mourão, Vinicius Britto Justos e Max Eric Osterkamp

Introdução

Nos dias atuais a população mundial encontra-se numa situação alarmante. Bilhões de pessoas continuam a viver na pobreza,

1 Nossa gratidão e reconhecimento às agricultoras e agricultores camponeses do acampamento José Lutzenberger/MST, sábias guardiãs e sábios guardiões do conhecimento tradicional. Nossa gratidão à dona Vera, dona Célia, Sara, Juliana, Mary, sr. Adolfo, Juonas, Zé, Maxsuel, George, Gustavo e demais camponesas e camponeses que construíram e socializaram conosco inúmeras tecnologias sociais agroecológicas em seus quintais produtivos agroecológicos, em suas roças caboclas e sistemas agroflorestais, dividindo e socializando-as mundo afora num compromisso solidário de repartir, multiplicar e fomentar as tecnologias e a agroecologia em outros acampamentos, assentamentos, territórios, municípios, estados, regiões e países. Nossa gratidão à Universidade Federal do Paraná e ao curso de Tecnologia em Agroecologia (UFPR Litoral), pelo compromisso e responsabilidade social, pelas ações em comunicação agroecológica, pela gestão e organização de programas e projetos de pesquisa e extensão capazes de aproximar e juntar o conhecimento empírico e científico, pelas bolsas de estudos oferecidas aos estudantes vinculados ao Projeto Tecnologias Sociais para a Promoção da Segurança e Soberania Alimentar – UFPR Litoral.

apresentando altos índices de desigualdade econômica, fome, sede, desemprego, conflitos territoriais, violência, terrorismo, poluição, sem acesso à saúde, educação, habitação, saneamento e alimentação adequada, aliada ao esgotamento, contaminação e poluição dos recursos naturais.

A partir desse trágico cenário, no ano de 2015 a Organização das Nações Unidas (ONU) anunciou dezessete Objetivos de Desenvolvimento Sustentável (ODS), com o intuito de buscar, coletivamente, caminhos para o desenvolvimento sustentável global, dando autonomia aos Estados para exercer soberania sobre a sua riqueza, recursos naturais e atividades econômicas de acordo com o seu contexto regional e local, a fim de garantir a promoção dos direitos humanos, a liberdade, sem distinção dos sujeitos que vivem em suas respectivas nações.

Nesse contexto, realçamos o papel das comunidades tradicionais que, ao longo de sua história, desenvolveram técnicas, formas, métodos, práticas, rituais, dinâmicas, ferramentas e outros modos de adaptação capazes de promover bem-estar às suas populações, bem como de cuidar do ambiente e das demais formas de vida. Em outras palavras, podemos afirmar que as tecnologias sociais surgem a partir das necessidades humanas mais elementares. Essas populações tradicionais, em especial os povos camponeses, quilombolas e originários, construíram formas eficientes de uso de energia, respeitando as leis ecológicas e as teias alimentares. Nesse sentido, conhecer as tecnologias sociais utilizadas pelas populações tradicionais, valorizá-las, multiplicá-las, socializá-las e (re)construí-las nos parece necessário.

Tais tecnologias são destacadas ao longo do texto como tecnologias agroecológicas capazes de combater a fome e a miséria, bem como de garantir segurança alimentar e nutricional, boas condições de vida, saúde humana e ambiental às comunidades de agricultores familiares camponeses, indígenas, quilombolas e caiçaras do litoral do Paraná, a partir dos sistemas produtivos agroecológicos que produzem abundância e diversidade de alimentos saudáveis, beneficiando a saúde humana e ambiental do meio rural e urbano.

Infelizmente, há diversos equívocos que se arrastam há tempos no que se refere à origem e à persistência da fome humanitária. Pois, inicialmente, a partir da década de 1960, buscou-se uma resposta efetiva de cunho tecnológico para enfrentar e acabar com a fome no mundo. A dita revolução verde, que, infelizmente, não resolveu a fome no mundo e trouxe consigo diversos problemas de ordem social, ambiental, sanitária, ecológica e econômica. A revolução verde promoveu a adoção de práticas que distanciaram os agricultores dos processos de seleção de sementes, melhoramento genético, produção e desenvolvimento dos novos bens de produção, ficando tais funções a cargo de instituições públicas e privadas que desprezaram as técnicas milenares utilizadas pelas populações tradicionais e vendem a alto custo as novas técnicas que nem todos podem comprar (Lazzar et al., 2017).

Para o uso sustentável dos recursos naturais são necessários planejamento estratégico e políticas públicas locais. A agroecologia, enquanto ciência, movimento e prática, tem apresentado caminhos, ferramentas, técnicas, métodos e práticas para a sustentabilidade planetária. A partir de 2002, o Movimento dos Trabalhadores Rurais sem Terra (MST) assume a agroecologia como matriz produtiva e tecnológica. Muitos assentamentos rurais de reforma agrária iniciam um processo de transição agroecológica de relevância nacional. A produção de alimentos saudáveis, aliada à conservação ambiental, vem promovendo modificações positivas nos territórios, nas paisagens, na mesa dos consumidores e na saúde humana e ambiental. A reforma agrária popular orienta processos de transformação social que vão do acesso à terra à construção de bases práticas, propostas e políticas voltadas à saúde, saneamento, habitação, educação do campo, autonomia, soberania alimentar, resiliência dos sistemas agroecológicos, comercialização de alimentos agroecológicos e um projeto societário de abundância, equidade e solidariedade à classe trabalhadora.

Dessa forma, levando em consideração as atuais crises enfrentadas pela humanidade – fome, miséria, perda da sociobiodiversidade, contaminação e privatização da agrobiodiversidade, contaminação e privatização dos recursos hídricos, perda dos serviços ecossistêmicos e mudanças climáticas –, o projeto Tecnologias Sociais para a Promoção da Segurança e Soberania Alimentar, realizado a partir de uma parceria entre a Universidade Federal do Paraná – Setor Litoral (UFPR Litoral) e o Movimento dos Trabalhadores Rurais Sem Terra (MST), apresenta ao longo deste capítulo caminhos, bases, métodos, processos, ferramentas e tecnologias voltados à transição agroecológica.

Num primeiro momento, iremos apresentar a importância das tecnologias sociais agroecológicas vinculadas aos saberes tradicionais e sua relação com a transição agroecológica e a transformação social. Logo após, como segunda parte do capítulo, apresentaremos a experiência do projeto vinculada ao mapeamento das tecnologias sociais presentes no acampamento José Lutzenberger, cuja caminhada consiste na implementação de agrofloresta e de processos de transição agroecológica em pastagens degradadas por búfalos. Já como terceira abordagem textual, descrevemos alguns mecanismos e espaços de sistematização e socialização das tecnologias sociais mapeadas pelo projeto.

O saber tradicional e popular na construção de tecnologias e territórios agroecológicos

De acordo com Toledo e Barrera-Bassols (2015), ao longo do processo histórico de ocupação dos seres humanos na Terra, desenvolveram-se relações de dependência e interdependência com relação aos recursos naturais, bem como técnicas e acúmulos de saberes foram sendo construídos. Contudo, atualmente verificamos uma intensa degradação da natureza, que culmina na redução da diversidade cultural e natural, assim como da *memória biocultural*, embora esta ainda seja mantida pelos povos tradicionais.

A expansão geográfica da espécie humana foi possível pela sua elevada capacidade de se adaptar às peculiaridades de cada hábitat do planeta e, sobretudo, pelo reconhecimento e pela apropriação adequada da diversidade biológica contida em cada uma das paisagens (ibidem). Esse processo biocultural de diversificação é a expressão da articulação e amálgama da diversidade da vida humana e não humana e representa, em estrito sentido, a memória da espécie (ibidem).

> A agroecologia também contempla o reconhecimento e a valorização das experiências de produtores locais, especialmente daqueles com uma longa presença histórica. Sendo assim, a agroecologia reconhece na pesquisa participativa um princípio fundamental. O diálogo de saberes se torna então um princípio fundamental da pesquisa agroecológica. (ibidem, p.244)

A praxe da agricultura convencional requer a simplificação de sistemas naturais complexos, em outras palavras, a prática agrícola acarreta uma redução da biodiversidade e um aumento da vulnerabilidade dos sistemas agrícolas às pragas e doenças (Altieri, 2012). Há alguns milênios, os agricultores de todo o mundo lidam cotidianamente com práticas agrícolas que buscam controlar as pragas e as doenças dos cultivos (Mazoyer; Roudart, 2009). Com passar dos séculos, um grande arcabouço de conhecimento empírico e tradicional sobre o manejo de pragas e doenças de plantas foi formado e divulgado por gerações de agricultores (McCook, 2008). Tais práticas e técnicas são tecnologias sociais amplamente utilizadas e valorizadas pela agroecologia. São essas práticas ancestrais cunhadas numa rede de observações, interpretações e conhecimentos que permitem a (re)existência da agricultura familiar camponesa. A constituição do acampamento José Lutzenberger (MST), em Antonina (PR), se deu a partir desses saberes, das tecnologias, práticas e métodos camponeses ancestrais.

Em grande parte, esse arcabouço de conhecimento formado por gerações de agricultores sobre o manejo de insetos e doenças, plantio de roças para a manutenção das famílias, conservação dos alimentos antes do advento tecnológico da energia elétrica, irrigação por gravidade, conservação dos solos e construção de diversos arranjos produtivos e casas basearam-se na observação da natureza e de seus princípios funcionais. A organização e a construção do acampamento José Lutzenberger, pautadas nos princípios da agroecologia e da permacultura, se devem ao histórico de luta e das diretrizes políticas e produtivas do MST assumidas a partir do início dos anos 2000, com foco na autonomia produtiva, na segurança e na soberania alimentar e na produção de alimentos saudáveis, sem agrotóxicos e a preços acessíveis ao povo brasileiro.

Existem relatos de práticas agrícolas que buscam aumentar a biodiversidade nos cultivos agrícolas ou no seu entorno anteriores ao século I d. C., como a rotação de culturas (Mazoyer; Roudart, 2009), que compreende alterações de cultivos em uma mesma área, escalonados e associados. Outra prática agrícola, conhecida entre os astecas nas chinampas e os índios mundurucus na Amazônia (Frikel, 1959), são os policultivos que consistem na combinação de espécies anuais e perenes de modo diverso e arranjos espaciais simples ou complexos, plantados na mesma época ou não (Liebman, 2012), como, por exemplo, os quintais agroflorestais, o plantio em aleias e consórcios de culturas agrícolas e/ou criação de animais.

No Peru, as civilizações pré-incaicas já buscavam resgatar a biodiversidade dos campos agrícolas com o plantio de plantas atrativas para os inimigos naturais das pragas (Mazoyer; Roudart, 2009) e de plantas repelentes, que representam barreiras físicas ou químicas que dificultam a localização, reprodução e colonização da cultura hospedeira pelas pragas (Embrapa, 2011). Os índios mundurucus criavam barreiras biológicas a pragas e doenças agrícolas (Alves, 2001) com o mesmo intuito que os agricultores familiares hoje utilizam as cercas vivas e o manejo de ervas espontâneas próximas aos cultivos, que é manter hábitats para os insetos inimigos naturais das pragas agrícolas (Nicholls; Altieri, 2008). As práticas dos mundurucus visam a diversificação das espécies cultivadas e o sucesso da agricultura, tanto que Alves (2001) não encontrou na literatura citação de crises atravessadas por eles por falta de alimentos. São essas e outras práticas, posteriormente, serão descritas.

A redução da biodiversidade aérea e a prática agrícola levam à degradação das condições físicas, biológicas e químicas do solo e acarretam a vulnerabilidade dos sistemas agrícolas a doenças e pragas (Altieri, 2012; Primavesi, 1990). No Brasil, populações indígenas entendiam que "a terra tem que descansar" e transmitiram a gerações de agricultores familiares esse conhecimento, como o pousio da área destinada à lavoura, que não pode ser cultivada durante mais de um ano e visa recuperar o solo, e a coivara ou agricultura itinerante, que intercala várias culturas com poucos anos de cultivo seguidos de muitos anos de descanso e inclui o corte, uma derrubada e a queima da floresta nativa, onde o fogo desempenha um papel fundamental de formar cinzas que servem como adubo do solo e fontes de macronutrientes e micronutrientes.

O uso intenso do solo leva à erosão e à perda da fertilidade do sistema, fato observado e relatado já no sexto milênio, com o desflorestamento das bacias hidrográficas nos vales do Tigre e do Eufrates (Mazoyer; Roudart, 2009). Para combater a erosão e produzir alimentos nas montanhas mexicanas, a civilização maia (ibidem) recorria a cultivos em terraços, que minimizavam a erosão e disciplinavam o volume de escoamento das águas das chuvas, e ao plantio em nível, que consiste em cultivar o solo de acordo com o terreno. Em sistemas de rizicultura, os antigos egípcios, chineses e vietnamitas construíam drenos para a retirada do excesso de água do solo de forma gradativa e lenta, sem causar erosão (ibidem).

Para aumentar a disponibilidade de água em períodos de seca, no Antigo Egito, 6 mil anos antes da era cristã, os aldeões já preparavam as primeiras bacias de vazante (ibidem), precursoras das atuais barraginhas, que são pequenas bacias escavadas no solo que acumulam água da chuva e impedem enxurradas e erosões e proporcionam a reativação do lençol freático e das nascentes. Igualmente antigas são as práticas de irrigação por declividade e o uso de sulcos nos cultivos de arroz.

As tecnologias sociais possibilitam o enfrentamento de insetos e doenças, a conservação da fertilidade do sistema agrícola com baixo custo e a preservação dos recursos naturais, contribuindo com a autonomia de comunidades e assentamentos rurais e levando a transição rumo a uma produção agrícola mais sustentável (Nicholls;

Altieri, 2008). Essas tecnologias sociais são estudadas pela ciência da Agroecologia (Primavesi, 1990; Khatounian, 2001; Gliessman, 2009) e amplamente utilizadas por agricultores familiares e assentados brasileiros, como comprovam inúmeros estudos.

Além do acampamento José Lutzenberger, muitos outros assentamentos do MST e de outros movimentos sociais do campo desempenham um excelente trabalho de manutenção, construção de tecnologias sociais, partilhas e trocas das mesmas. Partilhar, trocar e comercializar sementes crioulas faz parte da luta diária da agricultura familiar. Valorizar os guardiões e as guardiãs da agrobiodiversidade é dar destaque à contribuição passada, presente e futura desses milhares de agricultores para a conservação das variedades crioulas de sementes, de mudas e de animais. Destacamos os coletivos e organizações sociais do Paraná, tais como o Coletivo Triunfo e a Rede de Sementes da Agroecologia no Paraná (ReSA), que têm se mostrado atuantes nesse processo de valorização, resgate, sistematização, trocas e construção de políticas públicas relacionadas às tecnologias sociais determinantes para a sustentabilidade alimentar de toda a sociedade, as sementes da vida (propágulos da agrobiodiversidade). Entre as principais tecnologias, destacamos as sementes crioulas, as espécies e raças de animais adaptados localmente, as manivas, estacas e ramas que promovem segurança e soberania alimentar. Com a modalidade compra com doação simultânea, o Coletivo Triunfo, via AS-PTA, inscreveu as entidades que dele fazem parte para desenvolverem o projeto da modalidade de compra e doação simultânea de sementes crioulas.

Por um lado, os saberes dos povos, principalmente os povos da floresta, indígenas, seringueiros, quilombolas, caiçaras e ribeirinhos, se fazem presentes e são fundamentais para as comunidades tradicionais, sendo expressos no modo de vida, na relação com a natureza, na construção dos artefatos e nas sociabilidades internas. Por outro lado, muitos povos nativos e tradicionais sofrem atualmente com a não demarcação de suas terras, com a pressão do agronegócio, do garimpo, dos madeireiros, dos grileiros e das políticas públicas que vão na contramão da valorização e da conservação da socioagrobiodiversidade. Nesse sentido, a sistematização, a troca de experiências e a publicização das experiências e tecnologias agroecológicas cumprem um papel relevante de manutenção dos saberes locais e de sua socialização, essenciais às comunidades que estão iniciando o processo de transição agroecológica e/ou reconstrução produtiva. Essas tecnologias estão em constante movimento, de acordo com a realidade que está sendo vivida, assim como os povos que possuem uma verdadeira interação de suas culturas e aquilo que o ambiente lhes proporciona, semelhantes a uma floresta. Essas técnicas, que vêm sendo desvendadas por cientistas, etnoecólogos e antropólogos, não são apenas o resquício de uma barbárie genocida, mas o movimento que fazem para sobreviver e manter viva sua memória.

Entende-se por tecnologias sociais as metodologias, produtos e técnicas reaplicáveis, que representam transformações sociais efetivas, sempre desenvolvidas em interação com a comunidade, incorporando a participação coletiva no seu processo de desenvolvimento, validação e implementação. Dessa forma, buscam-se soluções para problemas como alimentação, educação, energia, habitação, recursos hídricos, geração de renda, saúde e meio ambiente, entre outros (Estação Luz, 2013).

As tecnologias sociais também podem ser vinculadas à permacultura, pois se baseiam em uma abordagem sistêmica na solução de problemas e otimização de recursos, proporcionando, assim, o desenvolvimento social em escala e, consequentemente, uma melhora na qualidade de vida daqueles que detêm o conhecimento e conseguem replicá-lo (ibidem). Enquanto proposta metodológica, a permacultura visa, por meio de observação e adaptação, trazer soluções baseadas no contexto local, partindo dos saberes nativos da população que a está utilizando, acrescentando descobertas e apontamentos recentes da chamada "ciência oficial", que muitas vezes não reconhece ou incorpora conhecimentos ancestrais de comunidades tradicionais (Ferreira Neto, 2018). Com isso, transforma o educando-educador em sujeito de seu processo pedagógico, criando contra-hegemonia ao não optar por uma educação com características colonizadoras e bancárias (Freire, 2014).

Mapeamento de tecnologias sociais no acampamento José Lutzenberger (MST): uma experiência de transição agroecológica e agrofloresta

O projeto de extensão Tecnologias Sociais para a Promoção da Segurança e Soberania Alimentar, vinculado ao curso de tecnólogo em Agroecologia da UFPR Litoral, tem como objetivo mapear, construir, avaliar, sistematizar e socializar tecnologias sociais capazes de promover a transição agroecológica de unidades produtivas familiares do acampamento José Lutzenberger, organizado e estruturado pelo MST. O acampamento José Lutzenberger foi criado há vinte anos, formado por vinte famílias de agricultores familiares camponeses. O acampamento localiza-se em Antonina, no litoral norte do estado do Paraná. Antes de ser ocupada pelo MST, a área sofreu diversos impactos ambientais, pois, apesar de se encontrar numa área de preservação ambiental (APA), era utilizada para criação extensiva de búfalos, animais com cerca de mil quilos quando adultos e de origem africana. A pecuária extensiva de búfalos promoveu compactação do solo, contaminação de minas, desmatamento, perda da biodiversidade local e assoreamento do Rio Pequeno. O Rio Pequeno, que atravessa a antiga propriedade, sofreu um desvio do seu curso, o que é caracterizado como outro crime ambiental. Salienta-se que as áreas de preservação ambiental se constituem, de acordo com a Lei nº 9985/2000, em Unidades de Conservação. A área de proteção ambiental, de acordo com o Sistema Nacional de Unidades de Conservação (Snuc), abrange

> a ocupação humana, dotada de atributos abióticos, bióticos, estéticos ou culturais especialmente importantes para a qualidade de vida e o bem-estar das populações humanas, e tem como objetivos básicos proteger a diversidade biológica, disciplinar o processo de ocupação e assegurar a sustentabilidade do uso dos recursos naturais. (Brasil, 2000)

As comunidades que se encontram na APA resistem e são responsáveis por contribuir com a proteção ambiental, produção de alimentos agroecológicos e manutenção de serviços ecossistêmicos. O MST, a partir de suas bases políticas, tem feito um trabalho socioambiental nessa área, aliando produção sustentável de alimentos, recuperação ambiental e conservação da socioagrobiodiversidade. As famílias camponesas que ocuparam a área tiveram muitas dificuldades para avançar na produção agroecológica. Inicialmente, enfrentaram problemas nutricionais e de compactação do solo, a incidência elevada de insetos e patógenos, o manejo cotidiano das plantas espontâneas, entre muitos outros de ordem produtiva, técnica e ecológica. Dessa forma, compreendemos que o mapeamento e a socialização das tecnologias sociais agroecológicas utilizadas ao longo do processo de transição da área poderão colaborar com outras áreas, famílias, assentamentos, comunidades e territórios, além de servirem para a construção de políticas públicas. O trabalho dos agricultores e agricultoras do acampamento vem sendo reconhecido local, nacional e internacionalmente. Eles produzem alimentos saudáveis, sem agrotóxicos e fertilizantes sintéticos, atendendo a escolas dos municípios do litoral do Paraná, via Programa Nacional de Alimentação Escolar (PNAE) e feiras locais e fazendo entrega de cestas agroecológicas. O reconhecimento público pelo reflorestamento do bioma Mata Atlântica veio em 2017, quando a comunidade venceu o prêmio "Juliana Santilli". A premiação revela o papel das comunidades locais na preservação da Mata Atlântica (MST, 2019). A liderança do acampamento demonstra por meio de sua fala a importância das ações do movimento e dos agricultores e agricultoras nesse processo.

"Estamos mostrando que nós ocupamos uma área totalmente degradada e estamos recuperando a mata e ainda produzindo alimento sem veneno. Isso mostra que a reforma agrária é um projeto viável, não apenas na questão social, mas também na ambiental", comenta Jonas Souza, que também é um dos coordenadores do acampamento (ibidem, on-line).

Além de promover uma agricultura ecológica, a comunidade tem como base as tecnologias sociais agroecológicas que promovem conservação e preservação dos recursos naturais, pautada na agrofloresta. A agrofloresta consiste em um sistema que associa a produção de alimentos e criação animal, a partir de arranjos ecológicos biodiversos, com a presença de espécies espontâneas, herbáceas, arbustivas e arbóreas, as quais desempenham diferentes funções no agroecossistema. Nesse sentido, iremos descrever ao longo deste capítulo as principais tecnologias sociais agroecológicas utilizadas no acampamento José Lutzeberger, essenciais ao processo de transição agroecológica, recuperação ambiental de áreas degradadas e conservação da socioagrobiodiversidade.

De acordo com Altieri (2012), Khatounian (2001) e Gliessman (2009), a transição agroecológica dos agroecossistemas é realizada de maneira gradativa, iniciando-se com a redução do uso de fertilizantes químicos e agrotóxicos, a substituição dos insumos sintéticos por insumos endógenos orgânicos e o incremento da biodiversidade a partir do redesenho dos sistemas produtivos. Segundo os mesmos autores, a transição agroecológica aumenta a resiliência, a segurança e a soberania alimentar, a autossuficiência e a sustentabilidade em suas diversas dimensões.

Ressalte-se que esse processo de mapeamento e sistematização ocorreu no decorrer do ano de 2019, em diferentes atividades de diagnósticos e vivências com a comunidade local, resultado da troca de saberes e da interação dialógica entre comunidade e universidade. Os processos construídos ao longo dessa permanente interação perpassam pela formação científica, técnica e empírica, permitindo que ocorra a indissociabilidade da pesquisa, extensão e ensino. A tríade ensino, pesquisa e extensão promove aprofundamentos, diagnósticos, permite a elaboração de sistematização, possibilitando análises fundamentadas, elaboração de planejamentos das comunidades, troca de saberes, troca de tecnologias sociais, impactando positivamente a qualidade de vida das famílias envolvidas com o projeto. Nesse sentido, o projeto tem como prerrogativa básica valorizar os saberes locais, criar espaços de trocas entre agricultores e agricultoras, dentro das comunidades e entre elas, sistematizar esses conhecimentos, as técnicas, processos, metodologias, práticas e experiências agroecológicas capazes de contribuir com o cotidiano das famílias. Por outro lado, a abordagem metodológica participativa permite aos estudantes vinculados ao projeto obter um aprofundamento teórico, conceitual e prático, colaborando com a aprendizagem e um olhar voltado à comunicação agroecológica e à horizontalidade do conhecimento. Reforçamos que optamos pela abordagem metodológica da pesquisa participativa porque ela permite ampla e efetiva participação da comunidade, bem como seu empoderamento. Ao longo do texto mencionamos e descrevemos diversas ferramentas, dinâmicas e métodos participativos utilizados pelo projeto.

Como mencionado, a agrofloresta é a principal tecnologia utilizada pelas camponesas e camponeses no acampamento Lutzenberger. Diferentes arranjos agroflorestais foram estruturados pelos(as) agricultores(as), a partir do método Camponês a Camponês, cuja base pedagógica se alicerça no conhecimento popular, na horizontalidade e na troca de saberes tradicionais. Consideramos a agrofloresta como uma tecnologia social porque ela é realizada a partir de conhecimentos dos povos originários, de saberes locais camponeses, dos recursos locais, do trabalho coletivo, do planejamento, observação e validação participativos, trazendo autonomia, autossuficiência, resiliência, confiabilidade e soberania ao acampamento. Entre os principais modelos e arranjos dessa tecnologia social construída no acampamento, destacamos os descritos a seguir.

A horta de sistema agroflorestal (SAF) é um sistema agroecológico construído e estruturado a partir dos recursos locais e inclui o cultivo de hortaliças com o componente arbóreo. De maneira geral, as hortas utilizam estruturas de metal e plásticos, tais como sombrites e estufas para produção de diversas espécies de olerícolas. Essas estruturas são onerosas e insustentáveis quando analisamos seu custo energético, econômico e ecológico. Desse modo, as árvores presentes nas hortas têm diversas funções e podem ser alocadas em diferentes espaços e tempos. Entre as principais funções, destacamos as seguintes: sombra, manutenção de microclima com temperaturas amenas, quebra-ventos, proteção contra geadas e chuvas de granizo, atração de inimigos naturais e polinizadores, produção de matéria orgânica, adubação verde, cobertura do solo, tutoras etc.

O consórcio entre o ingá e a bananeira (Figura 7.1) traz diversos benefícios: serve de quebra-vento, diversifica o ambiente, promove sombreamento para controlar o crescimento do capim-brachiaria e outras plantas espontâneas e atrai inimigos naturais por meio dos nectários extraflorais, contribuindo com o aumento da diversidade da entomofauna que realiza o controle biológico natural. O ingá constitui-se em uma leguminosa, cujas raízes têm a capacidade de se associar às bactérias fixadoras de nitrogênio. Além disso, é considerado uma árvore semidecídua, ou seja, que perde parte das folhas em determinada parte de ano, criando com elas cobertura para o solo e promovendo, assim, a fertilidade natural deste. Podemos observar pela imagem (Figura 7.1) que as bananeiras que estão próximas do ingazeiro se desenvolveram mais do que as que se encontram mais distantes, embora todas elas tenham sido plantadas no mesmo período.

Esse sistema, adaptado e construído não apenas com essas espécies, a depender da ecologia, cultura camponesa e clima local, tem se firmado como uma ferramenta de segurança e soberania alimentar camponesa. Constitui-se em uma importante estratégia de manejo das ervas espontâneas, aproveitamento dos terrenos, diversidade de espécies, atração de insetos benéficos e controle de patógenos causadores de doenças. O consórcio de ingazeiro com batata-doce ou outras espécies é amplamente utilizado no acampamento e também se alinha à tecnologia agroecológica da horta SAF.

As aleias também se encaixam dentro do conceito de sistema agroflorestal e são comumente utilizadas no acampamento. Consistem em faixas contínuas, curtas ou longas, de árvores, intercaladas com outras espécies, principalmente cereais e olerícolas. No acampamento há predomínio de linhas de bananeiras e ingazeiros intercaladas com espécies anuais (abóbora, mandioca, quiabo, batata-doce e hortaliças).

A horta mandala é outra tecnologia social em evidência no acampamento. O sistema possui formatos e canteiros circulares e permite

Figura 7.1 – Consórcio entre ingazeiro e bananeira no acampamento José Lutzenberger

Fonte: Projeto Tecnologias Sociais, 2019.

o maior aproveitamento do espaço, umidade do solo e crescimento das plantas. No acampamento, o plantio na horta mandala tem sido feito por meio de consórcios de diversas espécies olerícolas e leguminosas.

Os quintais, uma das formas mais antigas de manejo da terra, consistem em uma combinação de espécies florestais, agrícolas, medicinais e ornamentais, associadas, em muitas situações, à pequena criação de animais domésticos (Figura 7.2). Além de terem função ecológica e conservarem alta diversidade de plantas na sua composição, garantem a variabilidade genética de muitas espécies.

Figura 7.2 – Arranjos produtivos agroecológicos do acampamento José Lutzenberger

Fonte: Projeto Tecnologias Sociais, 2019.

Esses quintais, enquanto sistemas agrícolas tradicionais voltados para a subsistência, contribuem, sobretudo, para a dieta alimentar e o fornecimento de vários produtos e serviços ao mercado interno para melhoria da renda familiar (Carneiro et al., 2013). Esses quintais produtivos foram identificados no acampamento, onde diversas famílias fazem o uso dessa tecnologia agroecológica, em cujos espaços observamos uma grande diversidade de espécies, além de serem usados para socialização dessas famílias.

Destaca-se que os sistemas agroflorestais mais antigos possuem formato ou semelhança a uma floresta, por causa da diversidade de espécies presentes no agroecossistema e da presença de espécies arbustivas e arbóreas. Esse nível de complexidade e fitofisionomia é alcançado normalmente a partir do oitavo ano do sistema agroflorestal, dependendo do seu local e manejo.

Para um desenvolvimento saudável das plantas, é importante que haja uma boa condução com realização de podas que retirem galhos improdutivos ou com alguma doença ou que estimule brotações novas de ramos produtivos e florescimento a partir das alterações hormonais que o manejo ocasiona. No acampamento, em diálogo com moradoras e moradores, percebeu-se a importância e a atenção que eles dão às fases lunares para estabelecer os períodos de poda e outros manejos, destacando a preferência na realização da poda durante a fase da lua minguante.

A brachiaria é uma gramínea usada na alimentação de bovinos. Planta com alta capacidade de disseminação e persistência nas áreas de produção, seu manejo pelos camponeses e camponesas torna-se difícil. A comunidade do Rio Pequeno teve que reinventar formas de uso e manejo dessa gramínea, até então destacada como um problema do acampamento. Observamos três maneiras populares e eficientes de lidar com esse empecilho. O uso da brachiaria como cobertura de solo disponibiliza uma palhada fininha que mantém a umidade do solo e se decompõe rapidamente, conforme destaca uma agricultora na fala a seguir.

> A cobertura é boa para as hortaliças, além disso, ela nos apresenta métodos para triturar no menor tamanho possível a gramínea invasora fazendo uso de forrageiro ou triturador de jardinagem, também pode ser feito com facão batendo em cima de uma madeira, a brachiaria serve como uma ótima cobertura de solo. (Agricultora do acampamento José Lutzenberger, Antonina, PR)

Outra tecnologia social para o controle da brachiaria registrada se constitui nos consórcios de espécies para promoção do sombreamento. O plantio de árvores de diferentes formas de copas e tamanhos gera sombra, controla o crescimento das gramíneas e traz outros benefícios já descritos anteriormente. Essa tecnologia social possibilita o cultivo de roças, hortas e sistemas agroflorestais em áreas com forte incidência da gramínea, controlando-as de maneira efetiva. Além disso, um dos camponeses do acampamento José Lutzenberger mencionou que o manejo da brachiaria pode ser realizado com o plantio de capim e/ou lírio-do-brejo, criando uma barreira densa que controla sua entrada nos espaços de cultivo dos alimentos.

O plantio escalonado consiste em distribuir cultivares com diferentes características de ciclo de crescimento em diferentes épocas, dentro do intervalo de tempo mais indicado para plantio da cultura em cada região (Embrapa, 2002). Forma antiga de cultivo, o plantio escalonado tem sido uma tecnologia agroecológica utilizada pelos agricultores do MST na comunidade do Rio Pequeno. O aproveitamento dos canteiros para cultivar diversas espécies, em conjunto, auxilia no aumento da diversidade, contribuindo para a segurança alimentar e possibilitando excedentes que podem ser utilizados para trocas e comercialização.

Outra ação iniciada pelo projeto Tecnologias Sociais em conjunto com as famílias do acampamento se refere ao Planejamento e Uso de Tecnologias para o Manejo Agroecológico dos Sistemas de Produção, a partir dos quintais produtivos das famílias e demais áreas produtivas do acampamento. Realizamos reuniões, vivências e diagnósticos para compreender as estratégias de manejo e mapear as principais tecnologias utilizadas. Promovemos cursos e oficinas em parceria com o módulo "Manejo da Fauna e Flora I", oferecido pelo curso de Tecnologia em Agroecologia na UFPR/Litoral. Após o processo de mapeamento das tecnologias mais utilizadas, verificou-se uma demanda do acampamento no que se refere às técnicas e práticas de manejo ecológico do solo, dos insetos e de patógenos que causam doenças e prejuízos econômicos. Foram realizados cinco encontros na perspectiva da troca de saberes. No primeiro encontro,

Figura 7.3 – Oficina de coleta, multiplicação e uso de EM no acampamento José Lutzenberger

Fonte: Projeto Tecnologias Sociais, 2019.

foram abordados temas como planejamento anual de produção, área utilizada, produção e produtividade das espécies "carros-chefes", agrobiodiversidade, escolha das variedades e escalonamento da produção. Para esse levantamento, foram utilizadas perguntas geradoras no início dos diálogos. As questões geradoras tinham por objetivo provocar a reflexão e a compreensão dos agricultores e agricultoras relacionadas ao planejamento da produção dos cultivos anuais. Entre as principais questões, indagamos quais eram os alimentos voltados prioritariamente ao consumo e à comercialização, qual era a área plantada, a produção, a produtividade das espécies, o custo de produção e a renda líquida. Outras oficinas desenvolvidas foram: a) indicadores de sustentabilidade para avaliação da qualidade do solo e da sanidade das plantas; b) uso, coleta e multiplicação de micro-organismos eficientes (EM) (Figura 7.3).

Em outros encontros, foram produzidas caldas repelentes e biofertilizantes que ajudam no controle de insetos e doenças, contribuindo com uma experiência interdisciplinar no processo de elaboração, aplicação e validação (testes) dessas caldas. As caldas foram feitas numa oficina com a participação dos estudantes, que conduziram a atividade e a troca de experiências com as agricultoras e agricultores presentes.

Atualmente, o projeto possui uma articulação agroecológica para contribuir com o aumento da agrobiodiversidade no acampamento e, consequentemente, com a melhoria da segurança alimentar das famílias e geração de renda. Realizamos uma parceria com o Instituto Agronômico do Paraná (Iapar), Estação Experimental Morretes, para as unidades produtivas familiares do acampamento acessarem a agrobiodiversidade da entidade (mais de duzentas espécies, com diversas variedades de espécies olerícolas, medicinais, frutíferas e palmeiras). Inicialmente, traçamos um planejamento estratégico e científico a partir das três espécies mais utilizadas para autossuficiência das famílias camponesas e comercialização do acampamento, na seguinte ordem: mandioca, batata-doce e banana.

O planejamento consiste em mapear as principais variedades presentes no Iapar, realizar sua caracterização produtiva e replicá-las

Figura 7.4 – Ramas de algumas variedades (a), cores e características das raízes cruas e cozidas (b) e replicação no acampamento (c)

Fonte: Projeto Tecnologias Sociais, 2019 e 2020.

no acampamento, utilizando os quintais produtivos das famílias, que realizam o monitoramento participativo, acompanhando o processo de desenvolvimento e adaptação das variedades nas condições edafoclimáticas, ecológicas e sociais locais. Esse processo foi realizado com 21 variedades de mandioca, como se pode verificar de maneira resumida nas imagens a seguir (Figura 7.4). Essas 21 variedades foram plantadas há cerca de seis meses no acampamento (Figura 7.4, foto c). Já iniciamos o planejamento de realização do mesmo procedimento experimental com as etnovariedades de batata-doce e bananeira. No entanto, por causa da pandemia, esse processo foi interrompido.

Sistematização, socialização e comunicação: experiências do projeto Tecnologias Sociais para a Promoção da Segurança e Soberania Alimentar no litoral do Paraná

A construção do conhecimento agroecológico requer um esforço coletivo para superar os desafios que são encontrados no campo. Nesse sentido, o processo de sistematização, socialização e comunicação das tecnologias sociais demanda ainda mais comprometimento dos envolvidos com a práxis educadora. Cultivar um papel pedagógico comunicativo, que reafirma a participação popular na construção do conhecimento e trabalhando com a ecologia de saberes enquanto práxis social, é um processo contínuo, que se desenvolve pelas experiências coletivas de inclusão e diálogo entre o conhecimento científico e os saberes populares. Proporcionar um ambiente de diálogo é também o exercício próprio desse fazer, no intuito de viabilizar a compreensão do processo epistemológico que, uma vez considerado pelos movimentos sociais, atua sobre eles próprios, o que reforça as lutas pela emancipação social. Repensar o movimento participativo das universidades, do conhecimento científico/acadêmico, transformando-o em um contínuo diálogo entre movimentos sociais e os saberes populares, é ressignificar o papel da universidade na superação dos paradigmas de uma sociedade excludente e individualista.

Para o desenvolvimento do referido projeto, diferentes frentes de pesquisa e extensão foram construídas, tendo-se como norte metodológico a pesquisa participativa, o diálogo de saberes e a práxis agroecológica. Uma dessas frentes é a proposta de sistematização das tecnologias sociais de comunicação. As tecnologias sociais de comunicação agroecológica referem-se às diferentes abordagens de cunho participativo que implicam respeitar, valorizar, conhecer, compreender e socializar o conhecimento das agricultoras e agricultores com outras comunidades, acampamentos, assentamentos e territórios. Assim, esta seção do capítulo visa elucidar algumas das tecnologias de comunicação social utilizadas durante o projeto, essenciais à construção do conhecimento agroecológico. O círculo de cultura esteve presente em diversos encontros. Consiste em uma dessas abordagens de comunicação social e proporciona a democratização da palavra, da ação e da gestão coletivizada e consensual do poder. Para tal, o círculo de cultura propõe a disposição das pessoas em uma "roda de conversa" em que visivelmente ninguém ocupa um lugar proeminente (Brandão, 2017), de modo que todos e todas têm seus momentos de fala.

A mesa da partilha pode ser considerada uma tecnologia social de comunicação agroecológica, pois traz em seu bojo o processo de partilha do alimento saudável, as relações de reciprocidade, a coletividade, o diálogo, a troca de receitas, a troca de sabores e saberes, o conhecimento das culturas alimentares herdadas de diferentes povos e lugares, proporcionando, ainda, a intensificação das relações entre os grupos de diferentes agricultores, estudantes, educadores, extensionistas e técnicos, entre outros grupos. Além disso, salienta-se que provocar e sensibilizar os participantes a construírem uma mesa da partilha composta por alimentos agroecológicos se constitui num ato político e educativo.

O mate ou café com prosa como uma tecnologia social de comunicação agroecológica consiste em propiciar o estímulo ao diálogo em grupos, em que os participantes se dividem e conversam em torno de uma pergunta central. Desse modo, a organização é realizada de modo que as pessoas circulam entre os diferentes grupos e temas geradores, possibilitando a emergência de um saber coletivo construído de maneira participativa. Assim, há troca, incentivo e participação de todos, bem como o diálogo em pequenos grupos e o compartilhamento de ideias de forma rápida e dinâmica (Biazoti; Almeida; Tavares, 2017). Podemos afirmar que a mesa da partilha e o mate ou café com prosa nos acompanharam em todos os encontros de planejamento, organização, ações, avaliação e sistematização.

O diagnóstico socioambiental também consiste em uma tecnologia social de comunicação, avaliação e problematização. Para Martins (2004, p.2), um diagnóstico socioambiental pode ser definido como

> um instrumento que permite conhecer o patrimônio ambiental de uma comunidade (atributos materiais e imateriais). É um instrumento de informações, de caráter quantitativo e qualitativo específico para uma dada realidade (não devem ser generalizados) que revela sua especificidade histórica e que reflete a relação da sociedade com o meio ambiente. Devem ser construídos de uma maneira sistêmica, ou seja, considerando as interações entre os elementos (sociais, econômicos, ambientais, culturais, espirituais) da realidade. Este mapeamento permite avaliar sua qualidade ambiental e sua qualidade de vida, e o estabelecimento de indicadores de sustentabilidade. O conhecimento da realidade além de ensejar a afirmação da identidade local (conhecimento do patrimônio ambiental) é fundamental no processo de construção da cidadania ambiental, uma vez que seus elementos são fundamentais para a tomada de decisão por atores públicos e privados na elaboração de alternativas de transformação no sentido de harmonizar a relação entre as pessoas e destas com a biosfera.

No entanto, um diagnóstico socioambiental participativo possibilita o levantamento de indicadores sob o olhar das comunidades com as quais as tecnologias sociais estão sendo trabalhadas. Lembrando que as tecnologias sociais agroecológicas possuem um caráter endógeno, construtivo, sistêmico e transformador. A abordagem sistêmica engloba as relações sociais, econômicas, ambientais, éticas e políticas.

Saliente-se que o diagnóstico socioambiental participativo permite que as comunidades observem atentamente suas realidades locais e, a partir de uma análise coletiva, consigam estabelecer e desenvolver, de forma organizada, as tecnologias sociais agroecológicas em seus respectivos territórios.

A facilitação gráfica é uma ferramenta de tecnologia social de comunicação agroecológica muito pertinente, pois, por meio de imagens, símbolos, ideias e registros de memórias, são esboçados desenhos, gráficos, mapas e demais formas visuais de comunicação em papel ou mesmo de forma improvisada no solo (areia ou argila, barro ou poeira).

Essas diferentes metodologias de cunho socioparticipativo contribuíram para o desenvolvimento de diversas técnicas utilizadas durante o projeto, a exemplo das fichas agroecológicas.

No esforço de promover a agroecologia e seus princípios, pelo registro e pela memória coletiva dos envolvidos, determinou-se a elaboração de fichas agroecológicas como um novo marco analítico-conceitual, cujo objetivo se baseou na contraposição entre as tecnologias convencionais e a concretização das tecnologias alternativas, aproximando experiências empíricas (confecção e utilização das tecnologias sociais para a transição agroecológica) e também analíticas (diálogo de saberes e resgate do conhecimento popular).

O esforço coletivo de pensar um modelo de ficha agroecológica comunicativa, que contemplasse a proposta pedagógica do projeto, que perpassa pela valorização, resgate e conservação do conhecimento popular, e a formação de agricultores(as) e técnicos(as) que proporcione a transição agroecológica e, por fim, resulte em um passo adiante na soberania e segurança alimentar constituíram um desafio que buscamos superar ao apresentar nas fichas as fichas agroecológicas com uma linguagem simples e cotidiana, com mais facilitações gráficas e fotografias. As fichas agroecológicas foram construídas a partir de metodologias como o círculo de cultura (Freire, 1991) e a travessia ou caminhada transversal (Verdejo, 2006), e ainda utilizamos a fotodocumentação e o diário de campo. As fichas agroecológicas foram baseadas na criatividade, com desenhos, cores e figuras, no intuito de facilitar a comunicação com a população do acampamento.

A primeira ficha agroecológica sistematizada consistiu no consórcio de manjericão e tomate, identificada na horta urbana do antigo Centro Cultural de Matinhos. Após a construção dessa ficha, outras foram sendo elaboradas durante todo o período de atividade do projeto: consórcio do ingá com a bananeira; controle da brachiaria com o sombreamento de espécies arbustivas e arbóreas; desbaste de bananeira com a ferramenta Lurdinha; feira popular; lírio-do-brejo ou capim para controle da brachiaria; mate com prosa; escalada de árvore utilizando a peconha; sombreamento com maracujazeiro; EM; caldas repelentes; biofertilizantes; plantas indicadoras, entre outras.

Outro espaço de comunicação e socialização no qual o projeto se fez presente foi a Jornada de Agroecologia do Paraná, realizada em Curitiba (2019), estruturada na Praça Santos Andrade a partir de instalações artístico-pedagógicas, com elementos camponeses e agroecológicos, permitindo um diálogo direto com a sociedade. Também contribuímos na organização da Jornada Universitária em Defesa da Reforma Agrária (Jura) (2019) e na apresentação do projeto a partir das instalações. Em constante diálogo com a comunidade do Rio Pequeno, com os companheiros do acampamento José Lutzenberger e com a proposta de incentivar o diálogo de saberes entre comunidade e universidade, dividiu-se a Jura em dois momentos. As primeiras atividades foram dedicadas ao espaço universitário, na sala multiúso, nas dependências da UFPR, onde as discussões sobre conflitos territoriais, com a participação e protagonismo de assentados da reforma agrária, acampados e comunidades tradicionais do litoral paranaense, permearam o espaço universitário, rompendo paradigmas e preconceitos. E o segundo momento consistiu numa vivência agroecológica de um dia no acampamento José Lutzenberger. Denominamos essa vivência Tecendo Saberes e Sabores. Os estudantes foram recebidos no acampamento, conheceram a história do local, os arranjos produtivos biodiversos, parte da cultura camponesa, o trabalho que o MST realiza na região, a produção agroecológica vinculada à recuperação ambiental da antiga fazenda, o café e o almoço camponês. Esses espaços permitem formação e troca de saberes entre comunidade acadêmica e comunidade local, quebra de paradigmas, formação de sujeitos e desconstrução de preconceitos.

Considerações finais

Os saberes tradicionais oriundos das observações, vivências e experiências milenares dos povos tradicionais embasaram a construção de centenas de tecnologias sociais agroecológicas imprescindíveis aos dias atuais, na busca por sistemas produtivos, territórios e sociedades sustentáveis. Nos últimos cem anos, a procura por modelos e sistemas agrícolas mais sustentáveis promoveu uma efervescência nas universidades públicas, ONGs, movimentos sociais, centros de pesquisa, entre outras instituições. Estilos de agricultura menos impactantes surgiram, destacando-se a agricultura biodinâmica, a natural, a ecológica, a biológica e a permacultura. Todos fundamentados na sabedoria popular e nas tecnologias sociais de cunho ecológico. Na década de 1970, a agroecologia é reconhecida enquanto ciência, cujos princípios e bases políticas, técnicas, metodológicas, energéticas, sociais, econômicas, produtivas e ambientais foram capazes de orientar a transição agroecológica de milhões de unidades produtivas. A agroecologia enquanto movimento político sempre reconheceu a necessidade de "reformas agrárias" profundas no território nacional, capazes de promover a diminuição das desigualdades sociais e da concentração de terras e renda e o acesso aos direitos sociais elementares, tais como alimentos saudáveis, saúde, casa, terra, emprego, educação, cultura, lazer e meio ambiente equilibrado. Não há dúvida de que as tecnologias sociais agroecológicas permitiram que o campesinato persistisse e sobrevivesse até os dias atuais, pois este possui em suas bases a memória coletiva, os saberes, práticas e tecnologias sociais locais. Atualmente, os movimentos sociais do campo enfrentam retaliações, perda de direitos, retiradas de programas e políticas sociais importantes para a reprodução socioeconômica camponesa e, o pior, um projeto societário alicerçado no capital financeiro internacional, que atua na contramão das bases populares, endógenas e solidárias que fundamentam os territórios e sociedade, cujas dinâmicas locais estão aliadas à soberania nacional, equidade social e desenvolvimento territorial. Apesar da atual conjuntura política e dos cenários futuros nebulosos, acreditamos na força popular e nas organizações camponesas alicerçadas nos princípios e bases agroecológicas capazes de promover mudanças e transformações sociais. A experiência do acampamento José Lutzenberger (MST) em Antonina (PR), uma dos milhares de experiências agroecológicas de cunho popular existentes no Brasil, alia compromisso e transformação social, produção de alimentos saudáveis, recuperação de áreas degradadas, conservação da socioagrobiodiversidade e multiplicação de tecnologias sociais e arranjos produtivos biodiversos (sistemas agroflorestais). Reforçamos a importância de manter a sistematização e a socialização das tecnologias sociais construídas pelas comunidades camponesas, pois elas se tornam bases fundantes de processos de transição agroecológica de unidades produtivas familiares, territórios e paisagens. Como visto ao longo do texto, as tecnologias sociais agroecológicas utilizadas pelo acampamento, tendo grande destaque a agrofloresta, mudaram a realidade ambiental, ecológica, econômica, social, cultural e produtiva das famílias, trazendo dignidade, segurança e autonomia à classe trabalhadora. As tecnologias e experiências agroecológicas sistematizadas poderão ser testadas, reconstruídas e/ou adaptadas em outras comunidades, assentamentos rurais e regiões do país.

Referências

ALTIERI, M. *Agroecologia*: bases científicas para uma agricultura sustentável. São Paulo: Expressão Popular, 2012.

ALVES, R. N. B. *Caracterização da agricultura indígena e sua influência na produção familiar da Amazônia*. Belém: Embrapa Amazônia Oriental, 2001.

BIAZOTI, A.; ALMEIDA, N.; TAVARES, P. *Caderno de metodologias*: inspirações e experimentações na construção do conhecimento agroecológico. Rio de Janeiro: ABA, 2017.

BRANDÃO, C. R. Círculo de cultura. In: STRECK, D. R; REDIN, E.; ZITKOSKI, J.J. (Orgs.). *Dicionário de Paulo Freire*, 2008.

BRASIL. Lei n.9985, 18 de julho de 2000. Institui o Sistema Nacional de Unidades de Conservação da Natureza. Presidência da República da Casa Civil. Brasília, DF, 18 jul. 2000. Disponível em: http://www.planalto.gov.br/ccivil_03/leis/l9985.htm#:~:text=LEI%20No%209.985%2C%20DE%2018%20DE%20JULHO%20DE%202000.&text=Regulamenta%20o%20art.,Natureza%20e%20d%C3%A1%20outras%20provid%C3%AAncias. Acesso em: 28 abr. 2014.

CARNEIRO, M. G. R. et al. Quintais produtivos: contribuição à segurança alimentar e ao desenvolvimento sustentável local na perspectiva da agricultura familiar (O caso do assentamento Alegre, município de Quixeramobim, CE). *Revista Brasileira de Agroecologia*, [s.l.], v.8, p.135-47, 2013. Disponível em: http://revistas.aba-agroecologia.org.br/index.php/rbagroecologia/article/view/10589/8902. Acesso em: 21 maio 2020.

EMBRAPA. *Cultivo do feijão-caupi* (*Vigna unguiculata* (L.) Walp.). Teresina: Embrapa Meio-Norte, 2002. 110p.

EMBRAPA. Agroecologia manejo de pragas e doenças de plantas. *Bahia Agrícola*, Salvador, v.9, n.1, nov. 2011.

ESTAÇÃO LUZ (Espaço Experimental de Tecnologias Sociais – OSCIP). Cartilha Caravana da Luz. 2.ed. Ribeirão Preto: Petrobras, 2013.

FERREIRA NETO, D. N. *Uma alternativa para a sociedade*: caminhos e perspectivas da permacultura no Brasil. São Carlos: [s.n.], 2018. 317p.

FREIRE, P. *Educação como prática de liberdade*. 20.ed. Rio de Janeiro: Paz e Terra, 1991.

FREIRE, P. *Educação e mudança*. Rio de Janeiro: Paz e Terra, 2014.

FRIKEL, P. Agricultura dos índios Mundurukús. *Boletim do Museu Paraense Emilio Goeldi*, Belém, n.4, p.1-35, 1959. (Nova Série)

GLIESSMAN, S. R. *Agroecologia*: processos ecológicos em agricultura sustentável. 4.ed. Porto Alegre: Ed. da UFRGS, 2009. 654p.

KHATOUNIAN, C. A. *A reconstrução ecológica da agricultura*. Botucatu: Agroecológica, 2001.

LIEBMAN, M. Sistemas de policultivos. In: ALTIERI, M. A. *Agroecologia*: bases científicas para uma agricultura sustentável. São Paulo: Expressão Popular, 2012. p.221-40.

MARTINS, S. R. Critérios básicos para o diagnóstico socioambiental. In: MARTINS, S. R. *Texto base para os Núcleos de Educação Ambiental da Agenda 21 de Pelotas*: formação de coordenadores e multiplicadores socioambientais. Pelotas: SMA, 2004.

MAZOYER, M.; ROUDART, L. *História das agriculturas no mundo*. São Paulo: Ed. Unesp; Brasília: Nead, 2009.

MCCOOK, S. Crônica de uma praga anunciada epidemias agrícolas e história ambiental do café nas Américas. *Varia Historia*, Belo Horizonte, v.24, n.39, p.87-111, jun. 2008. Disponível em http://www.scielo.br/scielo.php?script=sci_arttext&pid=S0104-87752008000100005&lng=en&nrm=iso. Acesso em: 29 abr. 2020. DOI: https://doi.org/10.1590/S0104-87752008000100005.

MST (Movimento dos Trabalhadores Rurais Sem Terra). Comunidade do MST em Antonina receberá Festa da Reforma Agrária com fandango caiçara.

Movimento dos Trabalhadores Rurais Sem Terra. Notícias, 18 nov. 2019. Disponível em: https://mst.org.br/2019/11/18/comunidade-do-mst-em-antonina-recebera-festa-da-reforma-agraria-com-fandango-caicara/. Acesso em: 21 maio 2020.

NICHOLLS, C. I.; ALTIERI, M. A. Projeção e implantação de uma estratégia de manejo de habitats para melhorar o controle biológico de pragas em agroecossistemas. In: ALTIERI, M. A.; NICHOLLS, C. I.; PONTI, L. *Controle biológico de pragas através do manejo de agroecossistemas*. Brasília: MDA, 2008. 33p.

PRIMAVESI, A. *Manejo ecológico do solo em regiões tropicais*. São Paulo: Nobel, 1990. 549p.

TOLEDO, V. M.; BARRERA-BASSOLS, N. *A memória biocultural*: a importância ecológica das sabedorias tradicionais. São Paulo: Expressão Popular, 2015. 225p.

VERDEJO, M. E. *Diagnóstico rural participativo*: guia prático. Revisão e adaptação de Décio Cotrim e Ladjane Ramos. Brasília: MDA/Secretaria da Agricultura Familiar, 2006. 62p.

8
Produção de biofertilizantes
Desafio científico e político da reforma agrária popular

Marina Bustamante Ribeiro, Clarilton E. D. C. Ribas,
Marília Carla de Mello Gaia e Acácio Zuniga Leite

Introdução

A reforma agrária popular (RAP), ambicioso projeto político, nos mostra a necessidade de levar para outro patamar a questão agrária brasileira. Mais do que pensar a reorganização fundiária do país (nos moldes de uma reforma agrária clássica, baseada nas noções do desenvolvimento capitalista), implica a construção de outro sistema agrícola, em oposição ao agronegócio, pautado na produção de alimentos saudáveis para toda a população e na necessária articulação campo-cidade. Insere-se no "atual estágio da luta pela terra no Brasil, que não se centra mais entre um latifúndio arcaico e improdutivo *versus* camponeses pobres que lutam por um pedaço de chão" (Instituto Tricontinental de Pesquisa Social, 2020, p.4).

Para além da democratização do acesso à terra (mas considerando esta essencial a esse projeto), a reforma agrária popular demarca uma disputa pelo modelo agrícola brasileiro; ou, ainda, por um outro modelo de campo, se pensarmos em esferas mais amplas para além da econômico-produtiva, tais como educação, saúde, relações humanas, trabalho, cultura etc. (MST, 2016; Instituto Tricontinental de Pesquisa Social, 2020). A RAP reafirma a existência de dois modelos antagônicos para o desenvolvimento das forças produtivas no campo: agronegócio e agroecologia.

O modelo do agronegócio, materializado muitas vezes no pacote tecnológico da revolução verde, entre outros destaques, nos levou ao patamar de país que mais consome agrotóxicos no mundo e produtor de *commodities* em vez de alimentos para a população brasileira. Modelo marcado por crises ambiental, energética e social, envolto em terríveis contradições, pelo aumento da fome e do desamparo, além de um visível final das reservas energéticas baseadas em combustíveis fósseis.

Por outro lado, a agroecologia, como ciência, como um conjunto de práticas e experiências e como bandeira de luta, trabalha a partir da reconexão do ser humano com a natureza e busca a produção diversificada de alimentos saudáveis. Uma modificação de como olhamos e construímos a ciência e o desenvolvimento tecnológico, com imbricações políticas no papel do Estado. A agroecologia configura-se como um novo paradigma[1] produtivo em desenvolvimento, antagônico à produção convencional cara, poluidora, insalubre para produtores e consumidores, ideia que desenvolvemos ao longo do texto. Esse novo paradigma tem pela frente desafios em pelos menos dois campos: científico e político.

Diante desse contexto, a problematização que trazemos para reflexão se atém aos desafios científicos, considerando que estes indicam a exigência de aperfeiçoamentos na ciência e na técnica da produção de alimentos na perspectiva da reforma agrária popular. Desafio ainda mais formidável se levarmos em conta uma originalidade epistemológica, já que propugnamos pelo desenvolvimento da ciência normal[2] a partir de metodologia implicando, paralelamente, o mesmo grau de relevância, a sabedoria camponesa milenar na

---

1 Aqui a expressão "paradigma" é utilizada em seu sentido original, de Thomas Kuhn, em seu clássico *A estrutura das revoluções científicas* (2006).

2 A ciência normal é também um conceito utilizado na obra de Thomas Kuhn (ibidem) e se refere às atividades desenvolvidas pelos cientistas sob a diretriz de um determinado paradigma.

relação dialógica com a natureza e a ciência acadêmica propriamente dita com seus investigadores(as), suas bibliotecas e laboratórios.

O desenvolvimento dessa ciência normal na agroecologia, suporte da reforma agrária popular, é indicado para muitas áreas da ciência e da técnica, tais como:

- estudos sociológicos, econômicos, políticos, culturais, pedagógicos, demográficos etc.;
- estudos agronômicos, em solos, climas, sementes, adubações, colheitas, beneficiamento, manejo, comportamento de animais e plantas, patologias animais e vegetais e seus tratamentos, agroflorestas, piscicultura, extrativismo etc.;
- estudos de gestão, cooperativas, mercados, arranjos produtivos, logística de distribuição, elaboração, análise e implementação de projetos, estudos de viabilidade social, ambiental, econômica, comercial e tecnológica etc.

Como se vê, a agroecologia envolve uma multiplicidade de esferas, listados aqui apenas alguns campos que carecem de investimentos maciços para seu desenvolvimento. Portanto, o trabalho em questão se justifica pela necessidade de pensar tecnologias sociais no âmbito da produção de alimentos saudáveis e com diversidade, apresentado aqui como uma oportunidade de desenvolver avanços a partir da experiência realizada em áreas de assentamento de reforma agrária.

À luz dessas discussões, foram realizados, entre 2009 e 2012, os projetos "Produção de biofertilizantes: tecnologia social com vistas à transição agroecológica da produção nos assentamentos de reforma agrária da região Norte/Nordeste de Santa Catarina" e "Centro de pesquisa e extensão relacionado ao uso e à produção de biofertilizante", construídos pelo Laboratório de Educação do Campo e Estudos da Reforma Agrária (Lecera), vinculado à Universidade Federal de Santa Catarina (UFSC).

Os projetos tiveram como princípios orientadores a relevância de conhecer e comprovar, pela ciência, os resultados visíveis e aplicáveis à agricultura agroecológica, desenvolvidos pela capacidade que os agricultores e agricultoras assentados(as) da reforma agrária possuem para reduzir o impacto ambiental e minimizar os efeitos da baixa disponibilidade ou ausência de recursos para investir na produção. Isso porque os insumos que compõem o biofertilizante são, na sua maioria, provenientes da unidade produtiva. Paralelamente e sobretudo, cabe destacar os resultados em relação à qualidade de vida, como agricultor(a) ou consumidor(a) de sua própria produção e qualificando sua relação com a terra e os bens da natureza como um todo. Os objetivos principais foram trocar conhecimentos e experiências em produção de biofertilizantes e analisar seus efeitos na nutrição vegetal para possível fabricação e comercialização desses produtos em escala.

Este ensaio é composto por esta breve introdução, seguida por uma contextualização dos modelos em disputa no universo rural brasileiro, em diálogo com a inquietação de Bruno (2017), que advoga pela necessidade de problematizar a relação entre conservadorismo e tecnologia;[3] na sequência, apresentamos aspectos teórico-metodológicos da experiência de desenvolvimento de tecnologia social realizada por meio dos projetos descritos anteriormente, os resultados alcançados e algumas considerações finais.

Contextualização tecnológica e política

Durante os anos 1990 houve uma mudança na polarização no universo rural brasileiro. Se durante o período anterior as categorias mobilizadas na questão agrária giravam em torno do latifúndio e da pequena propriedade, outras noções emergiram no debate sociopolítico: agronegócio e agricultura familiar/camponesa de base agroecológica. Cada qual sustentando um projeto político, que são apresentados na sequência.

3 Regina Bruno problematiza que a tecnologia expressa a "relatividade" do conservadorismo, reflete os sentidos e as tensões que implicam, tensões estas que se neutralizam pela causa maior – a manutenção da estrutura de propriedade fundiária vigente (Bruno, 2017).

O projeto de agricultura industrial capitalista

De forma resumida, serão tratados conjuntamente dois conceitos diferentes, mas que possuem imbricação e são alicerces do projeto de agricultura industrial capitalista: a tecnificação da agricultura e a constituição da noção de agronegócio no Brasil.

O surgimento da noção de agronegócio no Brasil foi parte de um processo gradual e não linear. A origem do termo, relacionada com a aproximação da agropecuária com segmentos a montante (sementes, maquinário, adubos etc.) e a jusante (logística, distribuição, armazenamento etc.), remete à elaboração dos professores Davis e Goldberg, da Harvard School of Business, na década de 1950 (Pompeia, 2018). No Brasil, as mobilizações iniciais da noção estão relacionadas à política de cooperação internacional dos anos 1960, conjugadas com a retórica de combate à fome e modernização da agricultura. A ditadura civil-militar de 1964, apesar de ter editado o Estatuto da Terra, que previa a reforma agrária, encerrou o debate entre questão agrária e questão agrícola.

A interdição do debate veio casada com duas agendas: a primeira, modernizante e conservadora, foi a revolução verde. Com a intenção de ampliar a produção agrícola brasileira, foi estruturado um amplo sistema que passava pela política de crédito rural subsidiado, aquisição de maquinário, rede de pesquisa, extensão rural e formação profissional. Ao mesmo tempo, empresas norte-americanas passaram a atuar em território nacional. A atuação desse arranjo possibilitou a estruturação de uma fatia diminuta dos proprietários de terra. A segunda agenda foi a expansão das fronteiras agrícolas, ampliando a produção sem enfrentar o latifúndio (ao contrário, ampliando-os), por meio da criação de projetos de colonização em regiões de baixa densidade demográfica e presença de terras públicas e áreas devolutas.

Apesar do avanço da agenda da modernização conservadora no Brasil sem a democratização do acesso à terra, a noção de agronegócio não eclodiu nesse momento. Somente no início dos anos 1990 foi consolidado um projeto político do agronegócio, proposto pela

Agroceres (ibidem; Heredia; Palmeira; Leite, 2010). Esse projeto político estava baseado em três pontos principais:

- a defesa da proposta de que a agropecuária deveria ser vista a partir de suas ligações com outros setores da economia;
- a elaboração de análises econômicas e estatísticas a partir do conceito de agronegócio;
- a formação de uma entidade que sustentasse a formulação política, o que ocorreu em 1993 com a fundação da Associação Brasileira do Agronegócio (Abag).

Conforme pontuou Fernandes (2004), essa noção/projeto político configura uma manobra política na tentativa de superar as iniciativas anteriores de adjetivação do latifúndio (empresarial, moderno, produtivo, integrado etc.).

A lógica do agronegócio deu-se não somente em contraposição ao alicerce latifundista, mas também à produção de subsistência/consumo e à lógica camponesa. Ao mesmo tempo, a adoção do aparato tecnológico da revolução verde significa também a imposição de um "modo social de produção", fruto de imposições ideológicas e simbólicas sobre a esmagadora maioria da população rural (Sauer, 2008).

Entretanto, a construção desse conceito/lógica produtiva, ainda que tenha se constituído num pacto de economia política (Delgado, 2012), apresenta uma perspectiva excludente e repleta de contradições, amplamente tratada pela literatura, abrangendo múltiplas dimensões, como a alimentar (FAO, 2019; Trivellato et al., 2019), a laboral (Balsadi; Del Grossi, 2018), a ambiental (Fian International et al., 2018) e mesmo a produtiva (Mitidiero Junior; Barbosa; De Sá, 2017). Resta, portanto, a construção de novas concepções políticas e tecnológicas para a produção de alimentos do século XXI.

A construção de outro campo e novas relações

A concepção que especializou a agricultura para combater uma determinada praga, uma determinada erva daninha e para corrigir os diferentes tipos de solo (seja como fornecedor de nutrientes, seja pelas suas condições estruturais de ser substrato ou erodir) não considera as complexas relações agroecossistêmicas.[4] Além disso, isenta o ser humano de suas responsabilidades enquanto interveniente e parte do meio. Os primeiros estudos que buscaram alternativas de manejo e cultivo de alimentos baseavam-se apenas em alternativas técnicas. Ainda que apontando para a necessidade do entendimento de sistemas complexos, permaneciam intimamente vinculados a respostas imediatas para problemas pontuais. É nesse contexto que a agroecologia passa a ser entendida não apenas como um conjunto de meras práticas agrícolas alternativas ao pacote tecnológico da revolução verde, mas sim como uma concepção inter e transdisciplinar dos agroecossistemas, avessa à visão analítico-reducionista.

Um dos enfoques da agroecologia é o conhecimento dos agricultores e agricultoras sobre a agricultura. Resgatá-los e aplicá-los é de fundamental importância para a transição agroecológica. Portanto, para a evolução da agroecologia, torna-se essencial o diálogo entre pesquisadores(as) e agricultores(as) e a aplicação desses conhecimentos. O desenvolvimento de alternativas agroecológicas apropriadas para cada situação socioambiental vem se dando concretamente por meio de processos de intensa troca de experiências envolvendo grupos de agricultores(as) experimentadores(as) com apoio de assessorias técnicas. Esse foi um importante legado das Caravanas Agroecológicas[5] rumo ao 3º Encontro Nacional de Agroecologia (ENA),

4 Neste trabalho entendem-se os agroecossistemas, conceito ainda em construção, como espaço composto pelo subsistema sociocultural (formado pelas pessoas e suas relações de trabalho e moradia), pelo subsistema biofísico (composto pela paisagem, seu relevo, altitude, composição vegetal e animal e recursos hídricos) e pelo subsistema econômico-produtivo (sistema produtivo animal, vegetal, extrativistas e processados). Todos esses subsistemas se relacionam e se complementam de alguma forma, ou seja, não são isolados ou independentes, mas sofrem mútua interferência, sobretudo pela presença e ação humana, pelas diversas áreas do conhecimento.

5 Planejadas pela Articulação Nacional de Agroecologia (ANA), em parceria com várias organizações locais, as oito caravanas fizeram parte do processo preparatório rumo ao 3º ENA.

ocorrido em 2013 e que de fato reflete a experiência vivida no desenvolvimento do projeto, ao longo dos anos de 2009-2012. No entanto, a agroecologia não aparece como uma prática comum dentro dos assentamentos nos dias atuais, apesar do desenvolvimento de experiências com tecnologias poupadoras de insumos e dos recursos naturais desde a década de 1980 (Moura, 2017) e, em especial, a partir das experiências do Projeto Lumiar durante o governo FHC e da Assessoria Técnica, Social e Ambiental (Ates) durante os governos Lula e Dilma Rousseff. Infelizmente, ainda não foi possível romper com a lógica produtivista predominante nas instituições de assistência técnica e extensão rural (Ater), mesmo com a aprovação da Política Nacional de Assistência Técnica e Extensão Rural (PNATER).

Apesar desses percalços, a agenda da transição agroecológica ganhou maior relevância a partir da formulação de um novo programa agrário: a reforma agrária popular. O Movimento dos Trabalhadores Rurais Sem Terra (MST) desenvolveu essa noção, segundo a qual a luta pela reforma agrária não era apenas por distribuição de terras, tampouco pela manutenção de um modelo de agricultura produtivista e de exploração, mas sobretudo pela interação solidária no atendimento aos interesses sociais (Martins, 2017).

Em outras palavras, a reforma agrária popular não parte do pressuposto de que afeta apenas o camponês ou camponesa e sua família, de forma a garantir sua sobrevivência e reprodução, mas amplia para questões outras que afetam, sobretudo, trabalhadores(as) assalariados(as) e toda a sociedade brasileira.

Debora Nunes, da coordenação nacional do MST, contribuiu com alguns critérios que constroem a perspectiva da reforma agrária popular. Para além da resistência e enfrentamento ao modelo do agronegócio, a militante também abordou as formas de construção no uso da terra, sem transformá-la em mercadoria, mas na perspectiva do uso de um bem comum da natureza, com os cuidados de preservação e produzindo alimentos saudáveis.[6] A agroecologia se

---

6 Informação fornecida durante o 1º Encontro Nacional das Mulheres Sem Terra, ocorrido entre os dias 5 e 9 de março de 2020, em Brasília.

apresenta, portanto, como ferramenta para conciliar o cuidado com a vida e com o ambiente e a produção agropecuária. Toda a construção realizada a partir de políticas da agroecologia, até a sua incorporação pela assistência técnica, o acesso às populações do campo, para produzir alimentos livres de agroquímicos e o mais biodiversa possível, não se limita apenas à população do campo. A população urbana também se beneficia, principalmente na condição de consumidora de alimentos limpos e incentivadora de políticas que atendam à realidade do campo brasileiro.

É possível dizer que a estratégia apontada pelo MST, ao estabelecer como orientação política geral a reforma agrária popular, e com ela a afirmação da produção de alimentos saudáveis de base agroecológica, conecta esse movimento ao futuro da humanidade. Essas reflexões são atemporais e as experiências relatadas na sequência, mesmo que realizadas entre 2009 e 2012, refletem a atualidade da discussão e a pertinência do debate.

Contexto da investigação

Este relato tem por base os projetos de pesquisa desenvolvidos pelo Lecera, da UFSC, entre 2009 e 2012.

As pesquisas envolveram assentamentos de reforma agrária das regiões Planalto Norte e litoral norte do estado de Santa Catarina, de forma mais específica, em sete municípios: Araquari, Garuva, Santa Cecília, Santa Terezinha, Irineópolis, Mafra e Rio Negrinho, todos organizados pelo MST. A mesorregião abrangida apresenta um dos menores Índices de Desenvolvimento Humano (IDH) do estado. A produção agrícola dominante é "convencional", predominam as propriedades da agricultura familiar, ligadas em especial à produção de fumo e soja, cultivos altamente dependentes de agroquímicos e de financiamentos externos, de forma que as famílias agricultoras ficam sujeitas às determinações das grandes corporações.

A maioria das famílias assentadas nessa região ainda reproduz o modelo de produção imposto pela revolução verde. Em contraposição, a organização nos assentamentos, cada vez mais, traz a discussão de alternativas para viabilizar a reprodução social nas unidades produtivas familiares dentro de um contexto de desenvolvimento sustentável da agricultura, capaz de fazer do espaço rural um lugar vivo e de pleno exercício da cidadania.

O Lecera, em virtude de experiências prévias de trabalho com esse público e na região apresentada, conduziu os estudos e elaborou dois projetos de pesquisa, prevendo, principalmente: troca de experiências entre famílias, técnicos(as), agricultores(as), estudantes e pesquisadores(as) da universidade; resgate de práticas agrícolas tradicionais; oficinas de trocas de conhecimentos e experiências em produção de biofertilizantes, compostagem e questões ambientais; oficinas de produção de biofertilizantes e monitoramento; análises laboratoriais, com o objetivo de verificar as contribuições nutricionais.

Observou-se que agricultores(as) desenvolviam empiricamente alguns manejos, produtos (por exemplo, caldas) e maquinários que auxiliavam na produção de alimentos, de forma alternativa. O uso de preparados, muitas vezes a partir de plantas, esterco e urina de vaca, eram comuns principalmente nos quintais e hortas. Nesse contexto, em 2009, foi proposto e aprovado o projeto "Produção de biofertilizantes: tecnologia social com vistas à transição agroecológica da produção nos assentamentos de reforma agrária da região Norte/Nordeste de Santa Catarina", pelo Edital n. 29/2009 do Ministério da Ciência e Tecnologia (MCT)/Fundo Nacional de Desenvolvimento Científico e Tecnológico/Ação Transversal/Conselho Nacional de Desenvolvimento Científico e Tecnológico (CNPq),[7] com vigência de dois anos. Ainda durante o segundo ano de sua realização, foi submetida e aprovada a continuidade da pesquisa em novo edital, também pelo CNPq: o projeto "Centro de pesquisa e extensão relacionado ao uso e à produção de biofertilizantes", aprovado ao final de 2010 pelo Edital n. 58/2010 do Ministério do Desenvolvimento Agrário (MDA)/Secretaria de Agricultura

7 Tema 2: Tecnologias sociais voltadas à agroecologia.

Familiar (SAF)/CNPq,[8] propôs continuidade do estudo dos biofertilizantes produzidos nos assentamentos, colocando em prática as mudanças do modelo tecnológico vigente.

Outro objetivo pleiteado, a partir do aprofundamento da pesquisa, foi ampliar sua produção, para expansão de uso dentro das unidades produtivas e, posteriormente, em larga escala para a comercialização.

Preceitos teórico-metodológicos

No contexto dessa experiência, entendemos como biofertilizante o fertilizante líquido fermentado à base de esterco e urina de vaca, melado ou açúcar mascavo, leite e água, com a possibilidade de inserir outros ingredientes, desde que sejam produzidos na propriedade, como cinza de fogão a lenha e plantas medicinais, assim como insumos minerais externos.

Considerando que existe a possibilidade de substituir insumos químicos e validar um processo de produção de biofertilizante que diminua os custos da produção utilizando materiais disponíveis nos próprios assentamentos, as experiências realizadas tiveram como alicerce a pesquisa participativa de validação técnica dos conhecimentos populares dos assentados no que se refere à produção de biofertilizante, a partir do aporte tecnológico e científico da universidade.

Nas diversas publicações sobre biofertilizantes líquidos, ressaltam-se suas ações benéficas à relação solo-planta, destacando o fato de serem bioativos e de alta atividade microbiana, atuando nutricionalmente sobre o metabolismo vegetal e na ciclagem de nutrientes no solo. São também ricos em enzimas, antibióticos, vitaminas, toxinas,

8 Chamada 2 (Implantação e/ou consolidação de núcleos de pesquisa e extensão em agroecologia nas instituições de ensino, contribuindo para ampliar a produção científica e a extensão rural a partir dos princípios da agroecologia junto aos agricultores familiares, fortalecendo parcerias com a assistência técnica e extensão rural visando qualificar a formação de professores, alunos e técnicos).

fenóis, ésteres e ácidos, inclusive de ação fito-hormonal. Além de sua ação nutricional já conhecida, tem sido atribuída aos biofertilizantes a ação indutora de resistência, por apresentarem propriedades fungicidas, bacteriostáticas, repelentes, inseticidas e acaricidas sobre diversos organismos-alvos. Esse aporte de informações instigou a construção da pesquisa, de maneira a aliar conhecimento científico e saber popular, avaliando diferentes formulações e suas contribuições no desenvolvimento das culturas.

Para o primeiro projeto, foram realizadas reuniões de planejamento com a coordenação dos assentamentos envolvidos e definidos núcleos de produção de biofertilizante. Ou seja, designava-se um agricultor ou agricultora para realizar o experimento na sua unidade produtiva, sendo representante e multiplicador(a) da experiência, mas todos os demais agricultores e agricultoras do assentamento acompanhavam as oficinas práticas e teóricas.

Em um primeiro momento, foram adquiridos para o projeto alguns insumos minerais, compondo o kit Supermagro,[9] para viabilizar produção de algumas famílias que estavam se inserindo no processo de transição agroecológica. Houve a sugestão de utilização do kit de maneira integral, parcial ou de não utilização, diante das necessidades das famílias de analisar o produto e as culturas desejadas.

Ao todo, nas oficinas práticas e teóricas, estiveram presentes 96 agricultores e agricultoras, de nove assentamentos diferentes. No entanto, outro(as) agricultores(as), que não participaram das oficinas, se interessaram pelo projeto, fazendo diversos questionamentos às famílias agricultoras multiplicadoras, de forma a replicar as experiências em suas áreas produtivas. Assim, a execução do trabalho pôde contar com importante efeito presente em outras ações que desenvolvemos nessa região: o efeito demonstração, segundo o qual,

9 O Supermagro é um fertilizante líquido formulado sobretudo com ingredientes minerais e esterco de gado leiteiro. Devido a sua composição, suas análises apresentam alto nível dos nutrientes presentes. É considerado um fertilizante organomineral. Os kits foram compostos por: bombonas de 200 litros, bombonas de 20 litros, enxofre, farinha de ostra, sulfato de zinco, sulfato de magnésio, sulfato de manganês, sulfato de cobre, bórax e cloreto de cálcio.

tendo em vista a interação social entre agricultores e agricultoras, há uma densa profusão de experiências bem-sucedidas.

É importante destacar que os(as) agricultores(as) escolheram as culturas em que queriam aplicar o biofertilizante foliar. Portanto, a proposta foi analisar espécies diferentes, entre hortaliças, grãos e frutas (beterraba, repolho, alface, batata-inglesa, cenoura, couve folha, feijão, cebolinha, brócolis, rúcula, radite, espinafre, uva e pêssego), testando as formulações que cada um(a) fez, entre biofertilizante ou Supermagro, nas suas quatro culturas escolhidas. Em cada núcleo de produção, havia um(a) agricultor(a) experimentador(a), que também era responsável pela replicação no seu próprio assentamento. Portanto, cada agricultor(a) testou a formulação de seu interesse nas culturas que produzia, com o objetivo de verificar cientificamente os efeitos que observava a campo. Ressalte-se que alguns desses agricultores e agricultoras já utilizavam biofertilizante a partir de suas próprias receitas com base em esterco, urina e outros ingredientes.

As dosagens de biofertilizantes tinham em média 6% de concentração e o intervalo entre as aplicações variou de três a sete dias, repetidas em média quatro vezes. As aplicações foram realizadas na fase de maturação das culturas. Ou seja, no período entre a pós-germinação e anterior ao florescimento. No caso do pessegueiro e da parreira, que já estavam estabelecidos, as aplicações foram realizadas previamente ao florescimento. Essa metodologia foi pensada para ser uma primeira experiência de uso por alguns agricultores e agricultoras. As formas de aplicação e concentrações seguiram o descrito em alguns estudos e em relatos das experiências daqueles que já usavam biofertilizante nas suas produções. Essa experiência demonstrou o quanto é importante o conhecimento dos(as) agricultores(as) no desenvolvimento de tecnologias sociais. Todas as formulações apresentaram ótimos resultados no que se refere à disponibilidade de nutrientes, o que permitiu o interesse de um estudo que contribuísse para a comercialização dos líquidos.

Ao final do primeiro projeto, os dados das pesquisas possibilitaram a identificação dos ingredientes para uma melhor formulação, com disponibilidade de nutrientes em quantidades consideráveis.

Foram realizadas coletas de amostras dos biofertilizantes, amostras foliares e amostras de solo das áreas de cultivo com os biofertilizantes para análises em laboratório. Em um seminário com os(as) agricultores(as) e técnicos(as), foi enfatizada a questão da necessidade de escolha de um biofertilizante que pudesse ser testado e validado, também para fins de comercialização.

Com esse intuito, entre o fim do primeiro projeto e o início do segundo, foi feita uma reunião no Ministério da Agricultura, Pecuária e Abastecimento (Mapa), para obter informações quanto aos procedimentos para os processos de registro e certificação. Nessa reunião, descobriu-se que era imprescindível para o experimento realizado a comprovação da eficácia do produto, para obtenção do registro no Mapa com vistas à comercialização. A entrevista, importante passo metodológico, contribuiu com informações que deram qualidade à pesquisa, buscando respeitar a legislação e os processos necessários que pudessem viabilizar melhores resultados, inclusive para uma produção comercial de biofertilizante. Outra observação importante foi quanto à possibilidade de a UFSC instruir processos para registros de produtos ser totalmente válida, pois se trata de uma instituição de ensino superior pública. Assim como também há a possibilidade de institutos de pesquisa estaduais realizarem pesquisas com fins de registro. Em outras palavras, o experimento deveria ser conduzido de forma técnica, necessitando manejo diário, acompanhamento e controle. Portanto, os experimentos que no primeiro projeto eram conduzidos pelos(as) agricultores(as) passaram a ser conduzidos pelo Lecera/UFSC, por causa da necessidade de rigor científico para o registro, certificação e comercialização. Por restrições orçamentárias, apenas uma formulação do biofertilizante fez parte desse experimento.[10]

Outra questão importante, apresentada pelo fiscal agropecuário do Mapa, refere-se à realização de análises de contaminantes (coliformes, salmonela, ovos de helmintos e metais pesados). A presença desses contaminantes em quantidades não permitidas pela legislação

10 Formulação disposta na primeira coluna do Quadro 8.1.

inviabiliza a comercialização do produto. Um exemplo são os coliformes fecais que podem aparecer, até por estarem na composição do esterco, mas há quantidade limite no líquido para este poder ser liberado para comercialização. Outro fator que se destaca é que, na mesma metodologia de pesquisa, não puderam ser avaliados conjuntamente o fornecimento de nutrientes e o controle de pragas e doenças, pois isso acarretaria "registros diferentes, trâmites diferentes, exigências diferentes... não tem como registrar, mesmo que ele tenha essas ações... é outra legislação... Você pode ter o mesmo produto... mas daí você vai ter que registrar como agrotóxico..." (fiscal do Mapa entrevistado, 2011). Em outras palavras, as orientações de pesquisa e a legislação para um insumo que forneça nutrientes (ou fertilizante) são diferentes de um insumo que iniba o acometimento da planta por insetos indesejados ou doenças (ou agrotóxico), mesmo que o insumo apresente diferentes propriedades.

Com o objetivo de avaliar o conhecimento local e os saberes dos(as) agricultores(as), a pesquisa seguiu com a característica de produzir um insumo e observar seus efeitos, de forma compatível com a legislação, dentro das normativas estabelecidas e também realizando as observações relatadas pelos(as) agricultores(as), para que fosse possível a comercialização. Ou seja, os aspectos de sanidade e desenvolvimento das hortaliças, as possibilidades de diluição com avaliação da absorção da cultura, a metodologia utilizada para formular o biofertilizante, observando sua adequada fermentação, e a disponibilidade de nutrientes no decorrer dos meses de aplicação e ciclo das hortaliças deveriam seguir normas de registro. Por outro lado, é importante destacar que se optou por investigar a questão nutricional, mas observando suas outras possíveis ações. Isso significa que, mesmo tendo como orientação metodológica as análises de um insumo com disponibilidade de nutrientes de forma equilibrada, somado ao desenvolvimento de hortaliças e seu registro para uma possível comercialização, considerou-se a teoria da trofobiose[11] como princípio fundante. A

11 Ana Primavesi (2016), na sua publicação *Manual do solo vivo: solo sadio, planta sadia, ser humano sadio*, descreve todos os princípios orientadores para

teoria elaborada por Chaboussou (2006) alerta para a importante observação de que todo processo vital se encontra sob a dependência da satisfação das necessidades do organismo vivo.

A partir da perspectiva apontada pelo Mapa, surgiu a proposta de uma oficina para produzir os fertilizantes, especificamente biofertilizante (com formulação mais básica, apontada pelos agricultores e agricultoras a partir do primeiro projeto) e Supermagro, de forma a compará-los. Foi definido que o campo experimental seria a Fazenda Experimental da Ressacada, da UFSC, em Florianópolis (SC).

Para a produção dos fertilizantes foi proposto o assentamento 25 de Maio, no município de Santa Terezinha (SC). Essa área foi escolhida porque durante o processo haveria acompanhamento do responsável pela assistência técnica do assentamento e da equipe da universidade. Já na universidade teríamos dificuldade para a obtenção dos insumos que compõem o biofertilizante, com relação, principalmente, à origem do leite, do esterco e da urina de bovinos.

Foram formuladas quatro bombonas de 200 litros: duas de biofertilizante e duas de Supermagro, seguindo as formulações do Quadro 8.1.

O processo de fermentação ocorreu por sessenta dias, até os fertilizantes serem levados para a fazenda da universidade, onde seriam utilizados nas culturas de hortaliças. Durante todo o processo de fermentação dos fertilizantes até o seu último mês de uso, num período de quase cinco meses, foram realizadas dez análises laboratoriais, quinzenalmente, em laboratório credenciado no Mapa mais próximo da região do experimento, que faz análise de nutrientes (boro, ferro, cálcio, cobre, manganês, zinco, magnésio, nitrogênio, fósforo, potássio) e contaminantes (coliformes e salmonela) nos líquidos.

Para dar início à implementação do experimento, foi desenvolvido um croqui no local, considerando a disposição das culturas (alface, cenoura e couve) e seus tratamentos por sorteio, a

---

uma nutrição equilibrada de solo e planta, afirmando que o excesso de um nutriente induz a uma deficiência de outro e inevitavelmente provoca o ataque de algum parasita.

Quadro 8.1 – Formulações pesquisadas

Biofertilizante	Supermagro
40 kg de esterco fresco gado 15 L de urina de vaca 2 kg de açúcar mascavo 2 L de leite Água 300 g de cinza de fogão a lenha	40 kg de esterco fresco gado 2 kg de açúcar mascavo 2 L de leite 2 kg de pó de rocha Água 2 kg de sulfato de zinco 1 kg de sulfato de magnésio 0,5 kg de sulfato manganês 0,5 kg de sulfato de cobre 1 kg de bórax

Fonte: Pesquisa de campo, 2011.

possibilidade de influência da cultura vizinha já instalada (com aplicações de agrotóxicos) e questões de sombreamento e variação do solo a partir de sua análise química. A escolha das culturas se deveu ao seu rápido crescimento e ciclo curto, podendo haver repetição do experimento, caso fosse necessário.

Pensando na possibilidade de ventos e chuvas fortes, comuns no local do experimento, e num maior controle quanto à irradiação solar e à pluviosidade, o ensaio foi conduzido em canteiros cobertos com lona, em túneis. Com o cultivo protegido, houve maior controle sobre o efeito das intempéries e foi minimizada a possibilidade de lixiviação dos nutrientes antes da absorção pela planta, em especial nas aplicações foliares do biofertilizante e do Supermagro.

Os plantios de couve e alface foram conduzidos em estufa e realizados em sementeiras. Ao mesmo tempo, foi realizada a semeadura de cenoura direto nos canteiros. As plântulas germinaram em uma semana e tiveram seu crescimento acompanhado, irrigações diárias e controle das plantas espontâneas a campo. Vinte dias após a semeadura, as mudas foram plantadas e apenas quinze dias depois de enraizadas e em desenvolvimento foi iniciada a aplicação semanal do biofertilizante e do Supermagro. As aplicações ocorreram semanalmente, entre nove e onze horas da manhã, durante cinco semanas. Para a aplicação do biofertilizante e do Supermagro, dividimos a diluição da aplicação em 3%, 6%, 9% via foliar e

50% no solo, utilizando pulverizador costal, além da testemunha. As concentrações utilizadas foram baseadas na literatura. Para validar o experimento estatisticamente, foram realizadas três repetições para cada cultura (alface, couve e cenoura). Após as cinco semanas de aplicações, as culturas permaneceram mais alguns dias a campo, antes da colheita para análise.

Todas as colheitas foram feitas ao mesmo tempo, durante dois dias, pois além da colheita havia o preparo das amostras para análise. Essa colheita ocorreu aproximadamente com oitenta dias, considerando o ciclo da alface e o interesse de apenas observar a absorção de nutrientes pelas culturas.

Parte das amostras foliares (33%) foi lavada, picada e armazenada em sacos de papel identificados para secagem em estufa, com circulação de ar e temperatura controlada. Após a secagem, as amostras foram mantidas acondicionadas em sacos de papel e enviadas para análise laboratorial. Essa análise teve o objetivo de avaliar a absorção de nutrientes disponibilizados pelos fertilizantes, identificando qual concentração apresentou melhores resultados. Outra parte do material, sendo 33% das amostras lavadas e as outras 33% não lavadas, foi acondicionada em geladeira e encaminhada no dia seguinte para o laboratório. Essa análise teve o objetivo de captar possíveis resíduos de contaminação por salmonela e coliformes.

Resultados encontrados

Estudos com biofertilizantes ainda são pouco realizados pela comunidade acadêmica e pouco utilizados como prática agrícola, mesmo tendo seu uso sido constatado no início da década de 1980 por extensionistas da Empresa de Assistência Técnica e Extensão Rural do Estado do Rio de Janeiro (Emater-Rio) em lavouras de café e cana-de-açúcar, para realizar a complementação nutricional e auxiliar na irrigação, já que eram altamente diluídos (Santos, 1991).

Considerando que a comercialização de insumos sintéticos para produção é uma atividade mais frequente e que há maior financiamento para pesquisas, apenas nos últimos anos é que se iniciaram as pesquisas e as práticas agroecológicas. Ainda que pouco conhecido por alguns agricultores e agricultoras, "percebem-se resultados positivos dos biofertilizantes para uso na melhoria das características químicas, físicas e biológicas do solo; controle de pragas e doenças" (Tesseroli Neto, 2006).

Ao longo dos quatro anos do projeto (2009-2012), buscou-se contribuir com a redução dos custos de produção, considerando que a agroecologia implica a utilização de insumos da própria propriedade. A produção de biofertilizante, quando combinado com um manejo racional dos recursos naturais, permite uma redução acentuada de insumos externos.

Na visão dos(as) agricultores(as), a utilização do biofertilizante em determinadas culturas, como o pepino, mostrou-se diferenciada em relação ao adubo químico. Alguns relataram que o tempo para produzir e a quantidade produzida são diferentes, garantindo quantidade e qualidade superiores. Outro apontamento se refere aos insetos indesejados nas hortaliças. Um agricultor relatou uma experiência com utilização de biofertilizante e a inibição de injúrias provocadas por tesourinha (*Doru luteipes*) em couve-chinesa (*Brassica rapa pekinensis*).

Além disso, as famílias agricultoras também destacam a importância de considerar não apenas o processo, mas os ingredientes utilizados. Relatam que é fundamental não usar nenhum medicamento nos animais dos quais se utilizam esterco e/ou urina, pois isso pode afetar o desenvolvimento e as ações dos micro-organismos presentes no resíduo e, consequentemente, a fermentação.

Na análise química feita com as diferentes formulações de biofertilizante testadas no primeiro projeto, verificou-se a grande quantidade de nutrientes presentes nos insumos, fazendo que as plantas tenham uma nutrição mais rica. Entre os nutrientes analisados, foram encontrados: boro, cálcio, cobre, enxofre, ferro, fósforo, magnésio, manganês, molibdênio, potássio, zinco e nitrogênio. A quantidade encontrada de cada macro ou micronutriente variou de acordo com a formulação produzida e com a fase de fermentação após o preparo. A fermentação da mistura dos ingredientes utilizados nas diferentes formulações permitiu encontrar diversidade de macro e micronutrientes em quantidades satisfatórias para uma absorção lenta e gradual das plantas testadas.

Os diversos nutrientes presentes nos biofertilizantes analisados no primeiro projeto permitem concluir, com base na teoria da trofobiose, que os biofertilizantes possibilitam um desenvolvimento saudável para a planta, pois apresentam disponibilidade de grande parte do que uma cultura necessita para um bom desenvolvimento.

É importante ressaltar que o insumo químico mineral apresenta poucos nutrientes, principalmente nitrogênio, fósforo e potássio, o que limita uma nutrição eficiente, podendo também afetar a absorção de outros nutrientes.

Nos resultados das análises foram observadas disponibilidade e quantidade de nutrientes (macro e micronutrientes), nos diferentes biofertilizantes preparados, nas amostras de solo e nas amostras foliares. Foram consideradas nas amostras foliares a presença de nutrientes com objetivo de verificar a absorção foliar a partir da pulverização dos biofertilizantes. Paralelamente, foram levantadas, na literatura, as exigências nutricionais em cada cultura, principalmente de micronutrientes, considerando que estes são os responsáveis pelo crescimento e produção. Dessa forma, foi possível realizar uma análise das exigências das culturas pesquisadas e dos nutrientes disponibilizados. Outro fator importante a ser destacado é que os micronutrientes são exigidos em quantidades menores e os biofertilizantes são ricos em micronutrientes, principalmente pela presença de matéria orgânica. Ressalte-se também que a riqueza dos biofertilizantes está em disponibilizar diversos macro e micronutrientes em quantidades baixas, facilitando sua absorção pela planta e menor perda por lixiviação ou volatilização.

De posse dessas informações, no seminário realizado para os(as) agricultores(as) ao final do primeiro projeto, foi possível apontar qual era a melhor formulação para cada agricultor(a), conforme as culturas de interesse e análise do solo. Em outras palavras, buscou-se uma formulação que fornecesse a quantidade de nutrientes desejável para cada cultura pesquisada, considerando sua exigência, a disponibilidade de nutrientes no solo e as condições climáticas no local de implementação. A proposta foi que os(as) camponeses(as) pudessem trocar formulações e experiências para o melhor aproveitamento da cultura produzida e o aproveitamento de todas as formulações.

Na pesquisa conduzida na universidade, que se propôs de forma mais aprofundada a obter resultados de análise dos preparados e de absorção de algumas hortaliças, foi possível fazer alguns apontamentos importantes. Foi observado que, quanto maior a concentração na aplicação, melhor o resultado na planta, em qualquer um dos fertilizantes utilizados (biofertilizante e Supermagro). Portanto, quanto ao tratamento com biofertilizante, os melhores resultados foram obtidos em concentração de 9%. Para o Supermagro, os melhores resultados foram obtidos com sua aplicação 50% no solo.

O objetivo final do cultivo das hortaliças é o consumo familiar ou comercialização. Nesse caso, mesmo tendo o cultivo caráter de experimento, consideramos relevante analisar a possibilidade de presença de contaminantes nas culturas e considerar, assim, inviabilizar de alguma forma seu consumo. Para a análise de contaminantes nos alimentos por coliformes fecais, não foram observados índices que indicariam problemas para o consumo. As análises de folha ou raiz, amostras lavadas ou não, não captaram valores maiores que 1,0 x 10 UFC/g para os tratamentos, com a exceção de apenas uma amostra das três repetições, de alface não lavada, com aplicação de biofertilizante, com o tratamento de 50% no solo, em que foi obtido o resultado de $1,8 \times 10^6$ UFC/g. Portanto, a contaminação de coliformes no líquido não significou inviabilidade do consumo das hortaliças. No entanto, o resultado obtido inviabilizaria seu registro e comercialização, pois o valor de $1,8 \times 10^6$ UFC/g ultrapassa o limite permitido.

Foram realizadas análises químicas do biofertilizante e do fertilizante Supermagro aos 28, 42, 56, 77, 91, 105, 119, 133, 148 e 160 dias para avaliar a disponibilidade dos macros e micronutrientes ao longo do experimento e compará-los. As análises de ambos demonstram que durante todas as coletas os nutrientes estiveram acima das garantias mínimas exigidas pelo Mapa (Normativa 25), com exceção do boro na terceira coleta aos 56 dias. Podemos afirmar que as melhores concentrações se encontram no período entre 91 e 133 dias de fermentação e que suas características são preservadas por até 150 dias. Após esse tempo, ocorre oscilação de alguns nutrientes, reduzindo sua disponibilidade. Esses resultados asseguram que o uso do biofertilizante no cultivo de culturas de ciclo curto é viável e que ele poderá ser mantido armazenado por até cinco meses, desde que em condições adequadas.

Foi possível verificar também que os dados referentes ao pH de ambos os fertilizantes foram inferiores a 7,0, resultando em uma fermentação incompleta. Normalmente, o pH oscila entre 7,0 e 8,0, para que haja uma fermentação adequada. Possivelmente foi essa a causa de algumas amostras estarem contaminadas com coliformes, mesmo que os resultados referentes a esses contaminantes não tenham ultrapassado os limites máximos admitidos (Brasil, 2006). No entanto, eles demonstram cuidados necessários aos agricultores e agricultoras e reforçam a importância de estabelecer um procedimento metodológico na fabricação de fertilizantes orgânicos.

Ao final do projeto, foi realizada outra reunião no Mapa, com o objetivo de discutir os procedimentos adotados e debater como poderiam ser resolvidos os problemas enfrentados, garantido qualidade e atendimento à legislação. Sugeriu-se a realização de nova pesquisa, com nova metodologia, para analisar os contaminantes e as possíveis interferências na disponibilidade de nutrientes. No entanto, a investigação teve que ser interrompida num momento de importantes achados, por causa dos cortes orçamentários que reduziram o projeto a zero.

Com relação à execução do projeto a campo, não houve qualquer menção por parte do Mapa, pois de maneira geral a presença de nutrientes nas análises foliares demonstra que houve absorção para aplicação em qualquer um dos tratamentos, quando comparado à testemunha.

Considerações finais

A preocupação em gerar alternativas ao problema dos rejeitos orgânicos na cidade e no campo e transformá-los em insumos de baixo custo e capazes de ser aplicados na produção agrícola representa um grande avanço na perspectiva de preservação ambiental como forma de promover a sustentabilidade dos ambientes cultivados e uma tentativa de contribuir com a segurança alimentar e nutricional para a população. Constata-se que na maior parte das propriedades rurais, independentemente da atividade principal desenvolvida, não há o aproveitamento integral das matérias-primas existentes no local e que muitos resíduos dessas atividades, a exemplo da suinocultura e da avicultura, também são subutilizados ou descartados no ambiente.

Essa reflexão já apresenta sinais que permitem vislumbrar caminhos para o projeto da reforma agrária popular, insígnia estratégica que se amplia para uma visão de toda a sociedade, rural ou urbana, não só na questão da produção de alimentos agroecológicos e segurança alimentar e nutricional, mas também na tentativa de apresentar uma contribuição para questões ambientais. A reforma agrária popular busca dialogar com a sociedade, principalmente a urbana, propondo ações que contribuam para o atendimento das necessidades básicas dos trabalhadores e não apenas no ato de comer, mas sobretudo de se nutrir e com qualidade.

As(os) autoras(es) guardam absoluta convicção de que um robusto programa de investigação científica nas universidades e demais organismos de pesquisa com enfoque na agroecologia e nas tecnologias sociais contribui para o fortalecimento da noção de reforma agrária popular. Se é verdadeiro fazermos um balanço positivo do quanto avançamos nesse campo nos últimos anos, é imperativa a continuidade de pesquisa científica no desenvolvimento da agroecologia.

Esse campo novo do saber representa uma mudança substantiva de paradigma técnico e político na produção de alimentos. E, como tal, consideramos inevitável o aprofundamento das investigações científicas tendo como precondição uma concepção metodológica nesse desenvolvimento que deve ser dada pela indissociabilidade entre dois saberes: o saber acadêmico e o saber camponês.

Na prática, já é percebido nos agroecossistemas olerícolas que o modelo convencional vem sendo substituído pela prática de processos vivos. Um exemplo é o emprego de produtos microbianos, como os biofertilizantes líquidos e outros fermentados à base de micro-organismos eficientes. Dessa maneira, procura-se contribuir com a transição agroecológica a partir do incentivo da substituição de fertilizantes sintéticos e validar o processo de produção de biofertilizante já existente nos assentamentos.

Com a facilidade de obtenção dos materiais necessários ao produto final, ou biofertilizante, produzidos nas áreas rurais, ele pode ser destinado ao uso em áreas de lazer públicas, em hortas comunitárias e escolares, na agricultura como fomento à produção agroecológica e em outras atividades realizadas pelos cidadãos. Essa medida colabora consideravelmente para a promoção da sustentabilidade de novos projetos em hortas urbanas e rurais, pois garante o fácil acesso a um material básico de grande importância para sua execução, o adubo orgânico.

A produção de biofertilizante nos próprios assentamentos tem como finalidade a viabilização da produção agroecológica, de forma que quebre parte da dependência dos(as) agricultores(as) em relação às empresas fornecedoras de insumos sintéticos, aumentando assim a sustentabilidade dos agroecossistemas locais. Além de promover um incremento direto da renda das famílias assentadas, em virtude da diminuição dos custos de produção, seja de hortaliças, seja de plantas medicinais.

Ao longo da pesquisa, foi possível perceber que as tecnologias sociais que contribuem para a produção de alimentos, com baixo custo, fácil aplicabilidade e de grande impacto social para o universo dos camponeses, precisam ter mais investimentos. Muitos dos resultados obtidos com o biofertilizante devem ser mais explorados. Por se tratar de uma pesquisa, seria necessário repetir a metodologia de preparo ou até modificá-lo, para torná-lo mais eficiente, considerando outras possibilidades de diluição e frequência de aplicação e utilização em um universo maior de culturas. Enfim, os bons resultados iniciais instigaram a curiosidade e maiores questionamentos. No entanto, a falta de orçamento inviabilizou a continuidade do estudo.

Há necessidade de percorrer novas trilhas de investigação com essa temática (que representa não só ganhos econômicos em razão do incremento da renda e da disponibilidade local dos insumos), como os benefícios dos biofertilizantes contra a capacidade tóxica dos insumos sintéticos, além das contribuições positivas nos aspectos ambientais, na saúde, no trabalho e na vida dos agricultores e agricultoras.

Apesar da interrupção, a pesquisa reforça nosso compromisso com a necessidade de construção de agroecossistemas sustentáveis, o que sublinha a imprescindibilidade de políticas públicas no enfrentamento das crises ambiental, social e energética vividas pela humanidade. É importante renovar a convicção da necessidade de alteração da matriz tecnológica da produção de alimentos de forma massiva e consistente inclusive.

Portanto, para que uma produção de massa seja alimentada, pensando em tecnologia social, agroecologia e RAP, são necessários pelo menos quatro feixes de políticas públicas com participação de movimentos populares:

- Acesso à terra, garantindo áreas agricultáveis e orientações técnico-científicas necessárias ao bom uso e ocupação do solo, superando o atual modelo de criação de assentamentos que atende a demandas pontuais e primárias para uma agenda vinculada a uma política pública de combate à fome e à desnutrição e abastecimento saudável;
- Garantia de financiamento, assegurando crédito barato, desburocratizado e generoso, não restrito às normas bancárias convencionais e às culturas convencionais que hoje excluem estruturalmente as regiões do país mais carentes de acesso a recursos financeiros;
- Assistência técnica em parceria com universidades e institutos de pesquisa agropecuária, garantindo a adequada qualificação via amplo programa de formação permanente de

quadros técnicos orientados para esse novo paradigma, com continuidade, superando a situação de incertezas e interrupções, como se presencia atualmente;

- Garantia de comercialização, por meio de políticas públicas, utilizando para isso os equipamentos existentes de combate à fome e à desnutrição, aí incluída a aquisição de alimentos para restaurantes populares, creches, escolas, cozinhas comunitárias, hospitais, além do provimento de recursos para uma inserção progressiva no mercado em geral, preferencialmente via circuitos curtos de comercialização.

Referências

BALSADI, O. V.; DEL GROSSI, M. E. Labor and Employment in Brazilian Northeastern Agriculture: A Look at the 2004-2014 Period. *Revista de Economia e Sociologia Rural*, Brasília, v.56, n.1, p.19-34, 2018.

BRASIL. Instrução Normativa SDA nº 27, de 5 de junho de 2006. Anexo V. Disponível em: https://www.normasbrasil.com.br/norma/?id=76246. Acesso em: 20 dez. 2012.

BRUNO, R. Bancada ruralista, conservadorismo e representação de interesses no Brasil contemporâneo. In: MALUF, R. S. J.; FLEXOR, G. *Questões agrárias, agrícolas e rurais*: conjunturas e políticas públicas. Rio de Janeiro: E-papers, 2017. 329p.

CHABOUSSOU, F. *Plantas doentes pelo uso de agrotóxicos*: novas bases de uma prevenção contra doenças e parasitas – teoria da trofobiose. São Paulo: Expressão Popular, 2006. 320p.

DELGADO, G. C. *Do "capital financeiro na agricultura" à economia do agronegócio*: mudanças cíclicas em meio século (1965-2012). Porto Alegre: Ed. da UFRGS, 2012. 142p.

FAO (Food and Agriculture Organization). *The State of Food Security and Nutrition in the World 2019*. Roma: FAO, 2019. 212p.

FERNANDES, B. M. *Agronegócio e reforma agrária*. 2004. 4p. Mimeografado.

FIAN INTERNATIONAL; REDE SOCIAL DE JUSTIÇA E DIREITOS HUMANOS; COMISSÃO PASTORAL DA TERRA. *Os custos ambientais e humanos do negócio de terras*: o caso do Matopiba, Brasil. Brasília: Fian International, 2018. 95p.

HEREDIA, B.; PALMEIRA, M.; LEITE, S. P. Sociedade e economia do "agronegócio" no Brasil. *Revista Brasileira de Ciências Sociais*, São Paulo, v.25, n.74, p.159-76, 2010.

INSTITUTO TRICONTINENTAL DE PESQUISA SOCIAL. *Reforma agrária popular e a luta pela terra no Brasil*. Dossiê nº 27. São Paulo: Instituto Tricontinental de Pesquisa Social, 2020. 35p.

KUHN, T. *A estrutura das revoluções científicas*. São Paulo: Perspectiva, 2006. 324p.

MARTINS, A. F. G. *A produção ecológica de arroz nos assentamentos da região metropolitana de Porto Alegre*: apropriação do espaço geográfico como território de resistência ativa e emancipação. Porto Alegre, 2017. 279p. Tese (Doutorado em Geografia) – Instituto de Geociências, Universidade Federal do Rio Grande do Sul.

MITIDIERO JUNIOR, M. A.; BARBOSA, H. J. N.; DE SÁ, T. H. Quem produz comida para os brasileiros? 10 anos do Censo Agropecuário 2006. *Pegada: A Revista da Geografia do Trabalho*, Presidente Prudente, v.18, n.3, p.7-77, 2017.

MOURA, I. F. de. Antecedentes e aspectos fundantes da agroecologia e da produção orgânica na agenda das políticas públicas no Brasil. In: SAMBUICHI, R. H. R. et al. *A política nacional de agroecologia e produção orgânica no Brasil*: uma trajetória de luta pelo desenvolvimento rural sustentável. Brasília: Ipea, 2017. p.25-53.

MST (Movimento dos Trabalhadores Rurais Sem Terra). O papel da reforma agrária popular no Brasil. Movimento dos Trabalhadores Rurais Sem Terra. Artigos, 26 set. 2016. Disponível em: https://mst.org.br/2016/09/26/o-papel-da-reforma-agraria-popular-no-brasil/. Acesso em: 21 maio 2020.

POMPEIA, C. *Formação política do agronegócio*. Campinas, 2018. 352p. Tese (Doutorado em Antropologia Social) – Instituto de Filosofia e Ciências Humanas, Universidade Estadual de Campinas.

PRIMAVESI, A. M. *Manual do solo vivo*: solo sadio, planta sadia, ser humano sadio. São Paulo: Expressão Popular, 2016. 208 p.

SANTOS, A. C. V. Efeitos nutricionais e fitossanitários do biofertilizante líquido em nível de campo. *Revista Brasileira de Fruticultura*, Jaboticabal, v.13, n.4, p.275-9, 1991.

SAUER, S. *Agricultura familiar versus agronegócio*: a dinâmica sociopolítica do campo brasileiro. Brasília: Embrapa Informação Tecnológica, 2008. (Série Texto para Discussão, 30).

TESSEROLI NETO, E. A. *Biofertilizantes*: caracterização química, qualidade sanitária e eficiência em diferentes concentrações na cultura da alface. Curitiba, 2006. 61p. Dissertação (Mestrado em Ciência do Solo) – Departamento de Solos e Engenharia Agrícola do Setor de Ciências Agrárias, Universidade Federal do Paraná.

TRIVELLATO, P. T. et al. Insegurança alimentar e nutricional em famílias do meio rural brasileiro: revisão sistemática. *Ciência & Saúde Coletiva*, Rio de Janeiro, v.24, n.3, p.865-74, 2019.

9
Transição do monocultivo do açaí (*Euterpe oleracea* Mart.) para os sistemas agroflorestais

Uma alternativa endógena das unidades de produção familiar em Igarapé-Miri

Nilma Conceição Costa da Cruz, Acenet Andrade da Silva, Roberta de Fatima Rodrigues Coelho e Aline Dias Brito

Introdução

Na Amazônia paraense, percebe-se uma diversidade de culturas, costumes, crenças, hábitos, e em cada canto dessa região há especificidades em relação ao modo de vida, ao autoconsumo e ao mundo do trabalho. Em Igarapé-Miri, no estado do Pará, em uma região de várzea, de solo argiloso, de vastos rios, igarapés, furos e florestas entre eles, vivem pessoas que constroem a cada dia uma história diferente diante das belezas e desafios, e o homem está sempre em contato com a natureza, principalmente aqueles que vivem entre as florestas e as águas. Esse município paraense localizado na região do Baixo Tocantins foi habitado por povos indígenas pré-coloniais.

Igarapé-Miri passou por várias transformações ao longo de sua história. Desde o período colonial foi um dos primeiros lugares a sofrer com o impacto da ocupação econômica na Amazônia e com as exigências dos colonizadores. Já no início do século XVII, os franceses exploravam o Rio Tocantins, tratando de anexar o território às áreas sob seu domínio no Maranhão. Até o final do século XVIII, a região havia sido inteiramente vasculhada por várias expedições de disputa colonial (entre França e Portugal), com aprisionamento de índios, coleta de drogas e exploração mineral (Velho, 1981).

Igarapé-Miri, assim como o restante do Brasil, possui sua formação socioeconômica baseada na exploração colonial, no trabalho compulsório e em uma economia com base em "ciclos econômicos" (Corrêa, 2006, p.1), além de ter recebido políticas desenvolvimentistas autoritárias com contexto histórico e perspectiva produtiva totalmente exógenos à região, cujo impacto alterou significativamente as relações de trabalho e o território (Almeida; Marin, 2010).

A Amazônia miriense, inicialmente, passou pela exploração madeireira. A presença farta de recursos vegetais, que serviu de material nobre para construção em geral nos séculos XVII e XVIII, foi uma descoberta importante para impulsionar o interesse do colonizador na Amazônia. Para tanto, foi introduzida uma fábrica nacional para aparelhamento e extração de madeira de construção, que era comercializada em Belém. Dessa maneira, a população que surgia a partir do início do século XVIII esteve de início ligada a uma indústria de exploração de madeira, provavelmente a pioneira do estado do Pará, instalada já no ano de 1700 (Lobato, 1996).

Na segunda metade do século XVIII, houve a primeira tentativa de estabelecer plantações homogêneas na região do Baixo Tocantins, sendo o cacau (*Theobroma cacao* L.) a primeira matéria-prima cultivada, afirmando-se como a mais importante fonte de divisas da Amazônia. Antes disso, por volta de 1700, segundo Lobato (2007, p.55), chegaram a Igarapé-Miri "mudas de cana-de-açúcar", que foram plantadas ao longo dos rios, como o Anapu, o Panacauera e outras partes da freguesia de Santana de Igarapé-Miri, primeiro nome dado ao município.

A introdução da cana-de-açúcar (*Saccharum officinarum* L.) delineou uma economia baseada nos engenhos de açúcar e cachaça, que determina os sistemas de produção até meados do século XX. Neles fabricava-se mel, rapadura e açúcar mascavo e, posteriormente, aguardente feito em alambique, um tipo de caldeira em alvenaria. Esses engenhos aos poucos foram suplantando as lavouras de urucum (*Bixa orellana* L.) e algodão (*Gossypium hirsutum* L.), que tinham sido os principais cultivos desde o século XVII (ibidem, p.99).

Com relação à economia açucareira, pode-se dizer que foi um período em que se percebeu, segundo Lobato (2007), certa prosperidade em Igarapé-Miri, já que a maioria da população compartilhou dos benefícios gerados por tal economia. A indústria de aguardente ocupava a maioria da mão de obra disponível na zona ribeirinha desse município, por meio de empregos diretos e indiretos, que ia desde o fornecedor de cana até o emparelhamento de garrafões e o comércio. Os engenhos também foram responsáveis pelo aumento demográfico local. Igarapé-Miri chegou a ser o sétimo município em população no estado do Pará (ibidem).

Da segunda metade do século XIX até o início da primeira metade do século XX, a presença do extrativismo vegetal, que se configurava na presença da extração do látex e no seu beneficiamento artesanal para comercialização no mercado internacional, propiciou uma fase de grande auge econômico denominada de economia da borracha (Santos, 1980).

O papel exercido pela economia gomífera e pelo sistema de aviamento na adequação do modo de organização social viabilizou a reprodução social de camponeses e a acumulação de riquezas pela elite comercial no Baixo Tocantins. Nesse período, de 1850 a 1970, percebeu-se a formação do modo de gestão e manejo dos recursos naturais e circulação dos produtos extrativos, que teve na borracha o produto principal da economia de alguns municípios que compõem a região do Baixo Tocantins, a exemplo de Igarapé-Miri (Santos, 1980; Martinello, 2004). Durante a Segunda Guerra Mundial, o extrativismo da borracha foi estimulado e esse apogeu da economia gomífera atraiu várias famílias para os seringais. No entanto, não se verificou um grande fluxo migratório para Igarapé-Miri (Martinello, 2004).

Com a estagnação econômica da cana-de-açúcar, assim como da borracha nas décadas de 1970 e 1980, observou-se em Igarapé-Miri um período de intensas mudanças socioeconômicas e ambientais. No pós-Segunda Guerra, por exemplo, o extrativismo teve como prioridade a extração de madeira, principalmente após o fim do ciclo da cana-de-açúcar. Com o fechamento de engenhos e o abandono das terras por seus senhores, muitos trabalhadores rurais ficaram desempregados, isolados, sem possibilidade de produzir com competitividade.

Além disso, os recursos naturais da várzea, como o pescado, estavam reduzidos e a vegetação, comprometida, principalmente pela monocultura do açúcar e pela extração da madeira, o que inviabilizou a sobrevivência de muitas famílias na região. Parte delas migrou para a cidade de Igarapé-Miri ou para Belém, gerando êxodo rural (Cunha, 2006).

Na década de 1980, a região do Baixo Tocantins passou por profundas transformações, resultantes da implementação de grandes projetos de infraestrutura durante os governos militares, em virtude de uma série de políticas desenvolvimentistas autoritárias, cujo impacto alterou significativamente as relações de trabalho e o território. Tais obras incluíam projetos agropecuários, a abertura de rodovias, comprometendo ainda mais a vegetação da região pela atuação de serrarias (abertas após a abertura da Rodovia PA 150, atual BR-155), a expansão da fronteira agromineral e a infraestrutura energética. Ressalte-se que, com a construção da Usina Hidrelétrica de Tucuruí, a atividade de pesca foi impactada, a partir de 1983, tendo levado à redução de muitas espécies, principalmente o mapará (*Auchenipterus nuchalis*) (Hébette, 2004).

Num contexto de rupturas e permanências dos monocultivos estabelecidos na região do Baixo Tocantins, principalmente em Igarapé-Miri, após a estagnação econômica da cana-de-açúcar nas décadas de 1970 e 1980, observa-se a instalação, nessa região, das indústrias de palmito, vindas por causa do esgotamento das fontes de palmito-juçara (*Euterpe edulis*) na Mata Atlântica, confiando na possibilidade de exportar esse produto para outras regiões do Brasil, via a recém-inaugurada BR-010, a Rodovia Belém-Brasília. Essas indústrias exigiam grandes quantidades de açaizeiros para suprir a extração predatória do palmito (Solino Sobrinho, 2005).

A procura pelo palmito apareceu, então, como nova oportunidade de renda, fazendo que os produtores ampliassem a exploração do açaí em direção a novas áreas em estado silvestre. Observou-se na região tocantina um redimensionamento das práticas dos campesinos ribeirinhos, ou seja, um processo que tradicionalmente era feito a partir do extrativismo por coleta, como forma de exploração econômica dos açaizais, foi substituído pelo extrativismo por aniquilação.

A quantidade de palmito retirado da região do Baixo Tocantins foi superior à cota de regeneração do ecossistema e não demorou para que as abundantes touceiras de açaizeiros sofressem com o corte indiscriminado. Esse tipo de manejo adotado para o açaizeiro afetou o estoque de frutos para a dieta alimentar da população, baseada na farinha de mandioca, peixe e polpa de açaí (Cunha, 2006).

Outra prática realizada para suprir a demanda do palmito foi o plantio de açaizeiros, o que provocou uma mudança nas características do ambiente. Isto é, onde antes havia uma diversidade de produtos florestais e frutíferos adensaram-se açaizeiros plantados. Essa prática se mostrou inviável a longo prazo, pois muitos açaizais que foram plantados não se adaptaram à várzea e morreram, o que privou o campesino ribeirinho de sua principal fonte de renda e autoconsumo.

Outro fator que contribuiu para a especialização produtiva e a propagação de monocultivo de açaizeiros foi o aumento progressivo da demanda comercial pelos frutos do açaí na região, a partir da década de 1990, provocado pela nacionalização e internacionalização do fruto, o que estimulou a expansão dos plantios (Soares, 2006). A introdução das novas tecnologias no sistema de produção da várzea, visando à expansão dos açaizais, além de conduzir à formação de algumas áreas com adensamento de açaizeiros, provocou o desaparecimento de espécies frutíferas que a eles estavam naturalmente associadas e complementavam o autoconsumo das famílias, e que foram sendo retiradas para o plantio dos açaizeiros (Nogueira, 2005).

Diante de um contexto de crise, a introdução dos sistemas agroflorestais (SAF) na várzea miriense se conecta fortemente com a endogeneidade[1] e a sustentabilidade, já que é reflexo da sensibilização

1 De acordo com Oostindie et al. (2008, p.53), a endogeneidade é a dimensão da construção das redes que se relaciona com a utilização de recursos locais e o

comunitária ao sentido de cidadania, espírito de organização sociopolítica e unidade em torno de um projeto alternativo de sociedade, estratégia, enfim, protagonizada por sujeitos do campo, fundamentalmente (Reis, 2008). Tem-se, aqui, um fenômeno histórico de constituição e consolidação de práticas concebidas e vivenciadas pela adoção de princípios de democracia, autogestão e emancipação enquanto orientadores de suas relações econômicas e socioambientais (Araújo; Souza, 2012).

A introdução de SAF em área de várzea, em Igarapé-Miri, vem ocorrendo a partir de práticas de produtores familiares, vistos como atores sociais. O estudo sobre SAF, tal como é proposto neste trabalho, fundamenta-se sobremaneira nos princípios da agroecologia e da tecnologia social, remetendo a uma abordagem sistêmica acerca do manejo dos agroecossistemas e dos fatores que influenciaram a transição do monocultivo do açaí para os sistemas agroflorestais, em área de várzea no município citado.

Metodologia

Área de estudo

A área de estudo da pesquisa é o município de Igarapé-Miri (Figura 9.1), onde se observa mais de 60% do território em área de várzea, sendo responsável por mais da metade da produção de alimento consumido na própria localidade, em especial o açaí (*Euterpe oleracea* Mart.). Esse município está situado a 78 quilômetros da capital do estado do Pará, apresenta uma área territorial de 1.996,843 quilômetros quadrados e possui uma população de 58.077 habitantes, que, em sua maioria, se encontra em meio rural, ou seja, no campo (onde os ribeirinhos estão), com 54,9% (IBGE, 2010).

---

controle desses recursos. Esse domínio se refere ao grau em que as economias rurais são: construídas com base em recursos do lugar; organizadas de acordo com os modelos locais de combinação de recursos, o que também implica o controle local do uso desses recursos; reforçadas com a distribuição e o reinvestimento da riqueza produzida dentro no local ou região.

Figura 9.1 – Localização do município de Igarapé-Miri (PA)

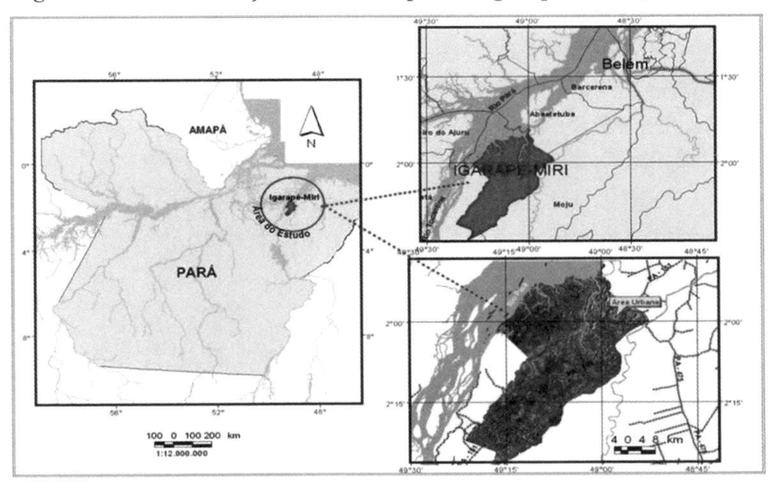

Fonte: IBGE (2010).

O município de Igarapé-Miri é constituído de dezesseis ilhas, a saber: Caji, Jarimbu, Panacuera, Complexo Batuque, Catimbaua, Mamangal, Pindobal, Anapu, Itaboca, Maúba, Samaúma, Buçu, Multirão, Santa Cruz, Jamurim e Complexo Jocaminhoca. Dessa maneira, seu povo está diretamente ligado aos rios, que são utilizados como via de transporte, constituindo um fator de integração socioeconômica, reservatório de recursos naturais para o consumo doméstico, tais como a pesca, o escoamento da produção agrícola e extrativista, a intercomunicação com a sede do município e entre municípios vizinhos localizados no Baixo Tocantins e com a capital do estado, Belém.

Nessas ilhas, estão localizadas as seis unidades de produção familiar (UPF) que fazem parte desta pesquisa, nas quais os núcleos comunitários e os atores sociais possuem experiências agroflorestais e estão realizando a transição do monocultivo do açaí para os SAF. Estes surgem como alternativa ao sistema de produção atual, desenvolvido na Amazônia: o monocultivo.

Dessa maneira, é nesse lócus de estudo que a pesquisa de campo se circunscreve, delineando o esquema básico da vida da comunidade local. De acordo com Malinowski (1978), é importante observar todos os aspectos da "cultura nativa" e anotar o maior número possível de manifestações concretas do que é observado em um diário de campo, necessitando sempre adquirir instrumentos teóricos para fazer frente às necessidades da pesquisa.

Abordagem técnica de levantamento e análise dos dados

Esta pesquisa foi realizada a partir do estudo de caso da transição do monocultivo do açaí para os SAF, em área de várzea no município de Igarapé-Miri (PA), e utilizou abordagem qualitativa, pois a natureza social da várzea miriense é considerada essencial, na medida em que as condições de vida e de trabalho qualificam de forma diferenciada a maneira pela qual as pessoas pensam, sentem e agem a respeito do espaço onde estão inseridas e das relações que estabelecem. Assim, parte-se da premissa de que é imprescindível compreender os condicionantes sociais da vida dessas pessoas e as abordagens qualitativas buscam justamente compreender essa realidade que os números indicam, mas não revelam (Minayo; Sanches, 1993).

Esse tipo de abordagem apreende o social como um mundo de significados passível de investigação e a linguagem comum. Além disso, pode-se considerar a fala de cada sujeito pesquisado como a matéria-prima dessa abordagem, isto é, fonte de análise ao ser contrastada com a prática dos sujeitos sociais (ibidem). A linguagem é entendida como um sistema de sinais com função indicativa, comunicativa, expressiva e conotativa. Em sua função conotativa, exprime pensamentos, sentimentos e valores, isto é, possui uma função de conhecimento e de expressão (Chaui, 1997).

À vista disso, a característica central da construção metodológica deste estudo de caso foi utilizar uma diversidade de procedimentos com o objetivo de levantar o máximo de informações possíveis relativas à introdução do SAF nas UPF da várzea miriense, estabelecidos por camponeses ribeirinhos.

Como este trabalho se utilizou de abordagens qualitativas, a principal técnica de coleta de dados foi a entrevista. Esse é o tipo mais comum de técnica de coleta de dados em pesquisa, e aqui teve por finalidade obter informações verbais de uma parcela representativa de uma população (das ilhas de Igarapé-Miri). Essa ferramenta facilitou a criação de um ambiente aberto de diálogo, permitindo à pessoa entrevistada se expressar livremente, sem as limitações criadas por um questionário, utilizada com as pessoas-chave, no momento da visita às propriedades (Verdejo, 2006). Essas pessoas são de famílias campesinas ribeirinhas de área de várzea do município de Igarapé-Miri, que já possuem experiências em suas propriedades com SAF.

Nesse sentido, para a realização da investigação com utilização de roteiros, trabalhou-se com seis famílias, buscando uma representatividade em ilhas diferenciadas: Ilha Assentamento Emanuel, Ilha Mamangal, Ilha Jarimbu, Ilha Buçu e Ilha Mutirão, escolha resultante de uma pré-seleção que, embora limitando o horizonte do estudo, acabou por deixá-lo administrável para o período de coleta de dados em campo, que compreendeu os meses entre janeiro e dezembro de 2014.

A delimitação espacial foi construída de modo a caracterizar regiões de várzea com SAF, buscando, no entremeio das diferenças culturais, as respostas para a pergunta norteadora do estudo, ou seja, a percepção do agricultor, independentemente da vocação agrícola local a que esteja vinculado, sobre esta nova ferramenta no cenário rural produtivo: a agrofloresta.

Além disso, também foram utilizadas caminhadas transversais, principalmente no reconhecimento do meio biofísico das ilhas, que foram realizadas com o auxílio de moradores de cada ilha, nas áreas onde a vegetação era manejada, e o diário de campo foi essencial para anotação de dados secundários e observados ao longo das visitas e idas a campo, auxiliando na complementação dos dados obtidos e levantados durante as etapas de avaliação dos agroecossistemas (Becker, 2007).

Esses métodos e técnicas foram utilizados para entender a dinâmica e as estratégias da produção familiar na várzea, sua natureza e seus processos produtivos por meio dos SAF, para sistematizar a transição do monocultivo do açaí para os sistemas agroflorestais e identificar os fatores que influenciaram na sua adoção, assim como para percebê-los como instrumento de acesso às tecnologias sociais operativas do modo de vida dos camponeses ribeirinhos que estiveram no foco desta investigação.

Resultados

As seis UPF estão realizando a transição do monocultivo do açaí para os SAF. A diversificação de cultivos é utilizada como estratégia para romper com a especialização produtiva e com a propagação de monocultivo e possibilitar geração de renda e alimentação durante a entressafra do açaí. Os arranjos produtivos dos SAF estão organizados na Tabela 9.1.

Tabela 9.1 – Organização dos SAF e os arranjos produtivos nas seis UPF em área de várzea em Igarapé-Miri (PA)

Sistemas Agroflorestais	Localização (ilha)	Arranjos
SAF-1	Ilha Mutirão	açaí x cacau x cupuaçu x banana x coco x manga x taperebá
SAF-2	Ilha Assentamento Emanuel	abacaxi x cupuaçu x cacau x açaí x andiroba x urucum
SAF-3	Ilha Mamangal	cacau x cupuaçu x açaí x andiroba x bacuri x manga x biriba x caju x pracaúba
SAF-4	Ilha Mamangal	açaí x cacau x cupuaçu x ingá x mututi x seringa x acerola x apicultura
SAF-5	Ilha Buçu	cacau x açaí x miriti x biribá x cupuaçu x seringueira
SAF-6	Ilha Jarimbu	açaí x cacau x miriti x coco x cupuaçu x limão

Fonte: Pesquisa de campo, 2014.

A predominância de açaizais nos SAF nas várzeas de Igarapé-Miri, hoje, está relacionada a crises e à sua superação. Diante disso, segundo o campesino ribeirinho,

> alguns líderes locais falavam para os agricultores e mostravam, pelas experiências em suas propriedades, que é mais produtivo cuidar do açaizeiro para que na safra possa colher o fruto do que derrubar as árvores para tirar o palmito. Realmente, como é uma árvore nativa, se fosse cortada ia demorar muito tempo entre o plantio e a produção. Aí, começaram a falar que a gente poderia manejar para que melhorasse o nosso trabalho, os açaizeiros e a produção. Sem falar na variedade natural [...]. (Campesino ribeirinho da Ilha Assentamento Emanuel, Igarapé-Miri, PA)

Nesse sentido, percebe-se que foi a partir de propostas e de orientação de lideranças sociais que os agricultores começaram a compor os arranjos agroflorestais em suas propriedades, já que, para escoar a produção, era preciso que o açaí fosse produzido em escala satisfatória para o abastecimento do mercado local.

As organizações sociais tiveram como objetivo desenvolver a economia do município com a produção rural, investir na formação política e ambiental de seus sócios, fortalecer sua organização e incentivar o trabalho em harmonia com a natureza (Cunha, 2006). Um exemplo é a Associação dos Mines e Pequenos Produtores Rurais de Igarapé-Miri – Associação Mutirão (Amut). Segundo uma entrevistada, da Ilha Mamangal:

> Muitos agricultores aceitaram essa proposta com expectativa no aumento da produção de seus açaizais e da comercialização do açaí. Isso, sem deixar de cultivar outros produtos que ajudassem na renda familiar e consumo. Hoje, eu vejo que esses mesmos agricultores consideram juntamente com a produção a melhoria da qualidade da vida de sua família, do trabalho e da propriedade, que aos poucos vão ganhando mais produtos que complementam a produção familiar [...]. (Campesina ribeirinha da Ilha Mamangal, Igarapé-Miri, PA)

De acordo com Reis (2008), foi a Associação Mutirão que iniciou o processo de diversificação da produção com SAF, na várzea de Igarapé-Miri. A partir dessa ação iniciou-se um processo de recuperação da vegetação local, assim como a disseminação do conhecimento agroecológico na região. Dessa forma, os campesinos ribeirinhos iniciaram o redesenho de suas UPF. Por esse motivo, segundo Silva (2015), essa unidade produtiva está presente na Associação Mutirão (SAF-1).

A Associação Mutirão é uma organização estratégica que estabelece relações com outras entidades de assistência técnica, de pesquisa e de ensino. Essas parcerias possibilitam uma dinâmica de desenvolvimento rural sustentável, promovendo a difusão de conhecimentos, visto seu processo ser rico e dinâmico, gerando conhecimentos decorrentes de sua incorporação à realidade local.

Entre as parcerias firmadas, destacam-se o Sindicato dos Trabalhadores e Trabalhadoras Rurais de Igarapé-Miri (STTR), a Universidade Federal do Pará (UFPA), a Empresa Brasileira de Pesquisa Agropecuária – Embrapa Amazônia Oriental, a Associação Unidade e Cooperação para o Desenvolvimento dos Povos (Ucodep), o Instituto Federal do Pará (IFPA), campus Castanhal, e a Manitese (União Europeia) (Reis et al., 2015).

Observou-se que nas seis famílias houve uma relativa uniformidade de percepção, talvez induzida por uma espécie de nivelamento simultâneo aos processos de formação agroecológica pelos quais muitas famílias já passaram, por fazerem parte de associações. De fato, não existe um conteúdo intencional ou doutrinação ética nesse processo, mas a proposta de trabalho em si, o redirecionamento das atividades, a sensibilização para a questão da segurança e da qualidade alimentar, principalmente endógena, provocam o debate e a reflexão em família, a aprendizagem do agricultor como retorno desse processo e também como resultado efetivo do confronto com as realidades diversas que vivencia na visitação e no intercâmbio com outras experiências, de modo que se encontrou consolidado um razoável repertório de teor ético no discurso e nas práticas em quase todas as famílias entrevistadas.

Desse modo, percebe-se que foi com a contribuição dessas organizações sociais que os agricultores puderam buscar novas estratégias de desenvolvimento local sustentável e reprodução social na várzea, pois esses camponeses passaram a inserir em suas atividades produtivas importantes dinâmicas endógenas baseadas nas estruturas e nos mecanismos de cooperação, tais como:

> [...] uso de manejo e boas práticas de produção com base nos princípios da agroecológica, buscando manter a diversificação da produção com base em alimentos tradicionais e na conservação da biodiversidade e seus respectivos agroecossistemas, na iniciativa de gestão participativa dos recursos naturais e na comercialização do açaí, na implementação do projeto integrado Mutirão e na organização social dos agricultores familiares em rede de empreendimentos coletivos, garantindo assim, a geração de renda e a ocupação dos trabalhadores rurais no meio rural, em especial, na várzea do município de Igarapé-Miri. (Reis, 2008, p.67-8)

Entre os produtores entrevistados, apenas uma das famílias, a da Ilha Buçu, não possui ligação com cooperativas. Os demais consideram que, depois de terem tido contato com as cooperativas, passaram a ter mais conhecimento, liberdade e autonomia em sua atividade produtiva, pois, segundo eles, foi iniciado um processo de aprendizagem por meio de vivências associativas, bem como intercâmbio com outros agricultores e entidades de apoio.

A experiência com a agrofloresta no SAF-2, na Ilha Assentamento Emanuel, já existe há aproximadamente 29 anos. Essa UPF é um caso que elucida o potencial das práticas agroflorestais enquanto estratégia de reprodução das famílias, principalmente no que diz respeito ao autoconsumo e à relação com o espaço natural, especialmente no cuidado ao inserir espécies florestais no sistema de produção, por exemplo, utilizando as árvores tanto para a diversificação produtiva como para o controle da erosão do solo (Silva, 2015).

Os arranjos dessa propriedade são diversos, constituídos por espécies frutíferas anuais, perenes e espécies florestais nativas. Além disso, é uma propriedade rica em técnicas desenvolvidas a partir da prática cotidiana da família, onde se percebe um espaço de coprodução e de rearranjo constante dos recursos presentes nas áreas de SAF, manejados pelo produtor e por todos os elementos que nele existem e integram o cotidiano familiar.

No SAF-3, na ilha Mamangal, as experiências agroflorestais foram iniciadas no ano de 2009, após o proprietário dessa UPF ter estabelecido intercâmbios com outros produtores da região e com movimentos sociais. A partir dessas trocas de experiências foi-se fortalecendo sua conscientização ambiental. Dessa maneira, o arranjo identificado nesta propriedade possui componentes *florestal* e *frutífero*. Percebeu-se que é consenso na família que os recursos naturais são indispensáveis para o bem-estar de todos. De acordo com a esposa do campesino/ribeirinho,

> em toda a propriedade, as árvores, sem diferenciação, possuem uma função. Dão firmeza ao solo, melhoram a temperatura na casa e no trabalho, nos dão alimentos, madeira, óleos e vários elementos medicinais. Além de ser um recurso para os nossos filhos e netos. (Campesina ribeirinha da Ilha Mamangal, Igarapé-Miri, PA)

O SAF-4, também na Ilha Mamangal, tem seus arranjos produtivos organizados em componentes florestal e frutífero em consórcio com criação de abelhas. De acordo com o campesino ribeirinho, a criação de abelhas foi uma estratégia para complementar a renda, assim como para ajudar na polinização do açaí, pois, segundo ele, promover a diversidade da produção "é uma das opções para a alimentação não faltar na mesa do produtor, assim como para suprir as necessidades de cada um dos cultivos existentes na propriedade, já que uma coisa ajuda a outra" (campesino ribeirinho do SAF-4, na Ilha Mamangal, Igarapé-Miri, PA).

O SAF-5, localizado na Ilha Buçu, possui um redesenho recente e limitado, já que o produtor tem apenas seis anos na propriedade e seu manejo se iniciou depois que ele chegou. Além de possuir apenas duas pessoas da família que trabalham na propriedade, uma dessas pessoas é idosa e tem problemas de saúde. Todavia, mesmo com essas dificuldades, foram identificados nessa propriedade componentes florestal e frutífero.

O SAF-6, localizado na Ilha Jarimbu, é uma área de herança e, de acordo com a campesina ribeirinha, já possuiu uma agrofloresta com muitos elementos naturais. Hoje a área está em fase inicial da introdução do SAF e apresenta uma diversificação em construção, pois, segundo a produtora,

> é um chão molhado que já foi muito explorado. Foi destinado a vários cultivos, mas essas plantações eram de um produto único: cacau, cana-de-açúcar e por último o açaí para tirar o palmito. Meu avô contava que a cana tomou conta da várzea. Eu ainda vi só o açaí. E quem vem visitar essa região ainda tem essa impressão. Há pouco tempo, meu marido começou a misturar as árvores nativas com outras, umas dão frutos, outras madeira, com o açaí, que é o que tem mais saída pra venda e pra comer, que é o que não pode faltar. (Campesina ribeirinha do SAF-6, na Ilha Jarimbu, Igarapé-Miri, PA)

Essa fala mostra uma redefinição do uso de recursos locais e experiência de desenvolvimento do SAF, a utilização de recursos ecológicos locais, possibilitando o aumento da renda familiar.

A mudança na paisagem (com a substituição de monocultivos por SAF) e a fuga do aperto na renda evidenciam a criação de sinergias entre as esferas ecológica e econômica, com manejo sustentável, em diferentes níveis, de terra, floresta e a água. Essas práticas de manejo implicam necessariamente um processo de integração simultânea ou sequencial entre os arranjos elaborados, com o objetivo de obter um incremento da produtividade. Sem essa multiplicidade de atividades combinadas entre si, inseridas no ciclo natural das enchentes, cheias, vazantes e secas, a vida camponesa nas várzeas de Igarapé-Miri não poderia apresentar a singularidade que possui (Witkoski, 2007).

De acordo com as entrevistas e observações, percebeu-se que a forma de aquisição das propriedades pelas famílias ocorreu de duas maneiras: por herança ou pela posse. Em ambos os casos, os campesinos ribeirinhos não possuem o título definitivo da propriedade. Esses produtores residem e trabalham na propriedade, ademais, 100% deles mantêm quintais agroflorestais, onde se observa a presença de criações de animais (galinha, pato etc.), assim como cultivo de espécies frutíferas e florestais. Nesse sentido, as áreas onde estão estabelecidos os sistemas de produção dos agricultores familiares possuem uma interligação entre os SAF comerciais e os quintais agroflorestais.[2]

Nesses quintais agroflorestais dos agricultores de Igarapé-Miri, podem ser encontrados não só o complemento para a alimentação diária, mas, muitas vezes, a própria alimentação, como é o caso de galinha, pato, ovos, porco, cacau (*Theobroma cacao* L.), caju (*Anacardium occidentale* L.), limão (*Citrus* sp.), "miriti"/buriti (*Mauritia flexuosa* L. f) e do próprio açaí (*Euterpe oleracea* Mart.). Recursos que servem para o autoconsumo do produtor, além de, normalmente, contribuir para o aumento da renda familiar (Dubois; Viana; Anderson, 1996), pois há produção quase que contínua de alimentos, gerando renda durante todo o ano (Santos; Paiva, 2002).

Esses campesinos ribeirinhos residem e trabalham em sua propriedade e sempre tiveram como foco elementos e práticas diretamente relacionadas com o trabalho no cultivo do açaí como principal produto. Assim, são relatados elementos que falam sobre o modo de vida dos produtores de várzea, bem como algumas de suas percepções sobre relações ou situações presentes em seu cotidiano, entendendo que o conhecimento agroecológico se expressa não só nas tarefas de trabalho, mas no conjunto de relações sociais e ecológicas que envolvem cada camponês.

O tipo de mão de obra é familiar, já que tem participação efetiva de pessoas da própria família trabalhando na propriedade. Apenas eventualmente é contratada mão de obra, pagando algumas horas

2 Os quintais agroflorestais, também conhecidos como *huertos caseiros* ou *home gardens*, são áreas de produção, localizadas nas proximidades da casa do produtor, onde se encontram associadas espécies florestais, com cultivos agrícolas e animais domesticados (Dubois; Viana; Anderson, 1996).

de trabalho (diárias) por serviços pontuais ou colheita do açaí (peconheiros) em época da safra. A atividade agroextrativista é a principal fonte de renda e está relacionada à produtividade dos açaizais, a venda do fruto do açaí e lucratividade, num sentido de uma qualidade de vida melhor, o que por sua vez contribui para reduzir o êxodo rural, já que se tem a garantia de emprego e renda tanto para os produtores e sua família, assim como para os trabalhadores diaristas.

Dessa forma, contemplam-se aspectos da vida dos produtores que vão além do processo produtivo, como as relações familiares e comunitárias, a conexão com o território, os cuidados com a saúde, outras estratégias de reprodução, entre outros. Se existe algum consenso entre as famílias entrevistadas é o contexto de descaso e precariedade que vivenciam: ausência de condições básicas de infraestrutura, como acesso à água.

No que diz respeito à presença atual de áreas degradadas nas propriedades estudadas, as respostas foram consensuais, no sentido de não existirem. O que existe, segundo as famílias, dentro de cada agroecossistema, são áreas com intervenções diferenciadas. Isto é, cada SAF possui ritmos de retroalimentação, pois, sendo um sistema natural semelhante ao de uma floresta, compõe um fluxo direcional relativamente ordenado de desenvolvimento da comunidade/ilha limitado pelo padrão do ambiente físico, que busca se desenvolver em termos de biomassa máxima e da função simbiótica dos organismos, mantidos pelo fluxo disponível de energia.

Um exemplo disso são os quintais agroflorestais, vistos pelos próprios agricultores como tendo alta sustentabilidade, tanto em termos biofísicos (ciclagem de nutrientes, sistema radicular) como socioeconômicos (baixo custo de manutenção, segurança alimentar, melhor utilização de recursos etc.) (Kumar; Nair, 2004).

As áreas só podem ser caracterizadas como degradadas quando a velocidade de regeneração é inferior à velocidade de exploração extrativa (Homma, 1993). E, segundo o campesino ribeirinho da Ilha Assentamento Emanuel:

> Não percebo áreas degradadas em minha propriedade porque tudo que é plantado consigo adquirir, seja para extração do fruto, polpas, sementes, óleos, palmito [...], até mesmo as folhas para a adubação e o sombreamento que as árvores nos dão. De maneira que não é necessário destruir as árvores, mas aproveitar tudo o que elas podem nos dar. Além de perceber que muitas plantas se regeneram naturalmente. (Campesino ribeirinho da Ilha Assentamento Emanuel, Igarapé-Miri, PA)

Diante dessa fala do campesino e do questionamento sobre quais produtos da floresta são utilizados, pode-se dizer, de acordo com as conversas com os demais produtores, que eles aproveitam tudo o que produzem, assim como aqueles que são próprios da natureza, num sentido, como já foi dito, de retroalimentação da agrofloresta.

Outro exemplo de formas de intervenções diferenciadas das florestas de várzea foi percebido nas culturas permanentes e anuais. Há predominância da primeira em relação à segunda, já que as famílias são agroextrativistas, trabalham principalmente com o açaí e inserem essências florestais. Desse modo, todos os agricultores possuem culturas perenes, mas nem todos possuem as anuais.

De acordo com todos os agricultores, as espécies perenes exercem função de sombreamento, proteção, produção de madeira e, segundo eles, configuram-se como uma espécie de "poupança" verde ou minimamente para o aumento da fertilidade do solo. E as culturas anuais complementam a alimentação diária, como por exemplo, hortaliças, legumes ou verduras.

Um dos produtores, por exemplo, cultiva algumas verduras e plantas medicinais em horta suspensa, por causa da umidade do solo e a cheia da maré. A maioria das famílias também realiza a criação de pequenos animais como pato, galinha abelhas, visando principalmente ao autoconsumo.

Nesse sentido, verifica-se que as populações que habitam a várzea de Igarapé-Miri adquiriram capacidade adaptativa. Adaptaram-se às condições naturais, como o processo da enchente/vazante, erosão/deposição, sustentando um alto grau de inter-relacionamento dinâmico com a natureza e fazendo que ela trabalhe a seu favor. Pode--se dizer que, desse modo, nesses ambientes, natureza e homem se complementam, pois, de acordo com Noda (2007):

> Há poucos registros na literatura científica retratando de maneira qualitativa e precisa como os atores sociais "ribeirinhos" contemporâneos são afetados pelos ambientes de várzeas, com o pulso das cheias e quais, em consequência, são as suas estratégias adaptativas e as escolhas tecnológicas adotadas. (ibidem, p.12)

Outra produtora planta as culturas anuais no quintal em meio às culturas permanentes. De acordo com as palavras dessa campesina ribeirinha:

> A cultura permanente é plantação em que você não precisa (semear ou) plantar uma nova planta após um ciclo para que você tenha outro, por exemplo, o açaizeiro (café, pimenta, outras frutíferas etc.) após a produção de um ano você não tem que plantar outra árvore para que tenha frutos; basta manejar. As culturas anuais são aquelas que têm uma única produção, depois ela morre, você precisa cultivar outra planta para ter uma nova produção, como arroz, milho, feijão etc. (Campesina ribeirinha da Ilha Mamangal, Igarapé-Miri, PA)

Quando se perguntou se havia problemas ambientais nas propriedades, percebeu-se nas falas que eles existem, mas ocorrem de fora para dentro e estão presentes principalmente nos rios. Tudo o que é depositado neles as marés depositam na várzea. Além da poluição invasora, outro fator que tornou mais evidente a problemática ambiental foi a construção da Usina Hidrelétrica de Tucuruí (UHT), com os impactos resultantes da obra de engenharia que foi erguida durante o regime militar para alimentar as grandes corporações do setor de alumínio no Pará e no Maranhão com energia barata.

Entre os impactos provocados pela barragem, segundo os próprios campesinos ribeirinhos da várzea miriense, estão a inundação de vasta extensão de floresta, o deslocamento de populações, a redução do pescado, a poluição e a erosão do leito e das margens do rio, entre outros. Portanto, para as famílias não existe serviço de saneamento básico, como esgotamento sanitário, tratamento da água e de lixo público. De acordo com uma campesina:

> Esses serviços como tratamento de água, esgoto e lixo público é um dos nossos grandes problemas, nosso mesmo, porque é a gente mesmo que tem que dar jeito. A água, tem que ir buscar na Mutirão, se não quiser comprar. O lixo, temos que coletar o que nós produzimos e o que os outros produzem e a maré traz, sem falar no esgoto sanitário, que é muito complicado, porque essa área é de várzea e a maioria das pessoas não tem condição de construir fossas. (Campesina ribeirinha da Ilha Jarimbu, Igarapé-Miri, PA)

Diante disso, constatou-se que a disponibilidade de água potável nas propriedades é quase inexistente, considerando que muitos utilizam filtros artesanais, outros usam a água da cooperativa Mutirão, pois esta possui um filtro que trata a água do rio e distribui para a sede da cooperativa, e está disponível, principalmente, para os sócios.

Conclusão

Diante de um contexto histórico e de uma perspectiva produtiva totalmente exógena à região que marcou as pessoas, as relações de trabalho e o local, os campesinos ribeirinhos da várzea de Igarapé-Miri (PA) desenvolveram práticas com base em recursos locais para facilitar o processo de produção.

A mudança na paisagem (com a substituição de monocultivo por SAF) e a fuga do aperto na renda evidenciam a criação de sinergias entre as esferas ecológica e econômica. As espécies florestais são nativas, a mão de obra é familiar e assim por diante. Houve, portanto, uma redefinição, a partir das práticas (tecnologias), do aspecto endógeno do desenvolvimento regional, tendo os atores locais aumentado seu controle sobre os recursos e adquirido um grau de autonomia relativo diante dos processos globais.

Assim, a transição do monocultivo do açaí para os sistemas agroflorestais representa um avanço na história local desse município, que criou um novo balanço entre recursos endógenos e exógenos. Embora os produtores ainda utilizem outros recursos para complementar sua produção e sigam conectados com outras dinâmicas externas, o SAF mobiliza bem menos recursos de fora da região.

Referências

ALMEIDA, A. W. B. de; MARIN, R. A. Campanhas de desterritorialização na Amazônia: o agronegócio e a reestruturação do mercado de terras. In: BOLLE, W.; CASTRO, E.; VEJMELKA, M. (Orgs.). *Amazônia*: região universal e teatro do mundo. São Paulo: Globo, 2010. p.141-83.

ARAÚJO, I. F.; SOUZA, A. L. de. Economia solidária como estratégia de desenvolvimento local: de movimento à política pública – reflexões com base na trajetória do município de Igarapé-Miri (PA). In: SEMANA ACADÊMICA DO INSTITUTO DE CIÊNCIAS SOCIAIS APLICADAS – ICSA, 2012, Belém. *Trabalho apresentado na Semana Acadêmica do ICSA*. Belém: Universidade Federal do Pará, 2012.

BECKER, H. *Segredos e truques da pesquisa*. Rio de Janeiro: Jorge Zahar, 2007. 295p.

CHAUI, M. *Convite à filosofia*. São Paulo: Ática, 1997.

CORRÊA, E. de J. A. Construindo o projeto alternativo de desenvolvimento local: o desenvolvimento que temos e o desenvolvimento que queremos: por um Igarapé-Miri feito em Mutirão. In: ENCONTRO MUNICIPAL DE LIDERANÇAS SOCIAIS, 2006, Igarapé-Miri. *Texto de apoio para o Encontro Municipal de Lideranças Sociais*. Igarapé-Miri: [s.n.], 2006.

CUNHA, E. M. da. *Mutirão e trabalhadores rurais de Igarapé-Miri*: açaí como alternativa econômica no contexto de gênero. Belém: Naea, 2006. p.1-21. (Papers do Naea, 206).

DUBOIS, J. C. L.; VIANA, V. M.; ANDERSON, A. B. *Manual agroflorestal para a Amazônia*. Rio de Janeiro: Rebraf, 1996. v.1.

HÉBETTE, J. *Cruzando a fronteira*: 30 anos de estudo do campesinato na Amazônia. Belém: Edufpa, 2004. v.1, 2, 3 e 4.

HOMMA, A. *Extrativismo vegetal na Amazônia*: limites e oportunidades. Brasília: Embrapa-SPI, 1993. 202p.

IBGE (Instituto Brasileiro de Geografia e Estatística). Censo Populacional 2010. Primeiros Resultados – 29/11/2010. Disponível em: https://www.ibge.gov.br/estatisticas/sociais/populacao/9662-censo-demografico-2010.html?edicao=9666&t=sobre. Acesso em: 15 dez. 2013.

KUMAR, B. M.; NAIR, P. K. R. The Enigma of Tropical Home Gardens. *Agroforestry Systems*, [s.l.], v.61, p.135-52, 2004.

LOBATO, E. *Memórias centenárias*. Belém: Sagrada Família, 1996.

______. *Caminho de canoa pequena*. 3.ed. Belém: Edição do autor, 2007. 209p.

MALINOWSKI, B. *Argonautas do Pacífico Ocidental*. São Paulo: Abril, 1978. (Coleção Os Pensadores).

MARTINELLO, P. *A batalha da borracha na Segunda Guerra Mundial*. Rio Branco: Edufac, 2004.

MINAYO, M. C. de S.; SANCHES, O. Quantitativo-qualitativo: oposição ou complementaridade? *Cadernos de Saúde Pública*, Rio de Janeiro, v.9, n.3, p.239-62, jul./set. 1993.

NODA, S. N. (Org.). *Agricultura familiar na Amazônia das águas*. Manaus: Edua, 2007.

NOGUEIRA, O. L. et al. *Açaí*. Belém: Embrapa Amazônia Oriental, 2005. (Sistemas de Produção, 4).

OOSTINDIE, H. et al. The Endogeneity of Rural Economies. In: PLOEG, J. D. van der; MARSDEN, T. (Eds.). *Unfolding Webs*: The Dynamics of Regional Rural Development. Assen: Van Gorcum, 2008. p.53-67.

REIS, A. A. dos. Estratégias de desenvolvimento local sustentável da pequena produção familiar na várzea do município de Igarapé-Miri (PA). Belém, 2008. 128f. Dissertação (Mestrado em Desenvolvimento Sustentável) – Núcleo de Altos Estudos amazônicos, Universidade Federal do Pará.

REIS, A. A. et al. Agricultura familiar e economia solidária: a experiência da Associação Mutirão, na região do Baixo Tocantins, Amazônia Paraense. *Revista Tecnologia e Sociedade*, Curitiba, v.11, n.22, p.120-42, 2015.

SANTOS, M. J. C.; PAIVA, S. N. Os sistemas agroflorestais como alternativa econômica em pequenas propriedades rurais: estudo de caso. *Ciência Florestal*, Santa Maria, v.12, n.1, p.135-41, 2002.

SANTOS, R. A. O. *História econômica da Amazônia*: 1800-1920. São Paulo: T. A. Queiroz, 1980.

SILVA, A. A. *Sistemas agroflorestais como estratégia de fortalecimento na agricultura familiar em área de várzea, município de Igarapé-Miri – PA*. Castanhal, 2015. Trabalho Acadêmico de Conclusão de Curso. – Instituto Federal de Educação, Ciência e Tecnologia do Pará (IFPA).

SOARES, L. C. C; COSTA, F. A. Os limites do agroextravismo no Baixo Tocantins. Belém: Edufpa, 2006.

SOLINO SOBRINHO, S. A. A certificação do açaí na região do Baixo Tocantins: uma experiência de valorização da produção familiar agroextrativista. *Revista Agriculturas*, Rio de Janeiro, v.2, n.3, 2005.

VELHO, O. G. *Frentes de expansão e estrutura agrária*: estudo do processo de penetração numa área da Transamazônica. 2.ed. Rio de Janeiro: Zahar, 1981.

VERDEJO, M. E. *Diagnóstico rural participativo*: guia prático. Brasília: MDA/ Secretaria da Agricultura Familiar, 2006. 62p.

WITKOSKI, A. C. *Terras, florestas e águas de trabalho*: os camponeses amazônicos e as formas de uso de seus recursos naturais. Manaus: Edua, 2007.

10
Introdução do pastoreio rotativo em condições adversas
Um lote de assentamento rural no Pontal do Paranapanema (SP)

Elelan Vitor Machado e
João Osvaldo Rodrigues Nunes

Introdução

A região do Pontal do Paranapanema (SP) ficou amplamente conhecida após ser palco de grandes conflitos fundiários a partir da década de 1990, em decorrência de processos fraudulentos de ocupação de terras que tiveram origem no final do século XIX (Mantovani, 2005). Esse período foi marcado por intenso desmatamento das áreas nativas de floresta estacional semidecidual (Mata Atlântica) e de cerrados, em prol da utilização dessas áreas para cultivos agrícolas e pastagens. Esse regime foi evidenciado pelas grilagens nas titularidades dominiais, nas práticas violentas, na degradação dos recursos naturais e no desrespeito à legislação ambiental em vigência (Hespanhol, 2010).

Em consequência dessa degradação ambiental, o nível de alteração física dos solos é muito elevado, tendo o Instituto de Pesquisas Tecnológicas (IPT) e o Departamento de Águas e Energia (DAEE) (2015) identificado essa região como a de maior ocorrência de processos erosivos do estado de São Paulo. Em relação ao uso da terra, sabe-se que esses solos vêm sendo utilizados para o plantio de cana-de-açúcar e/ou gramíneas para criação de gado de corte e leiteiro em sistema extensivo.

Por conta desse histórico de conflitos, os solos dessa região apresentam elevado grau de degradação, decorrente da excessiva utilização de equipamentos e implementos agrícolas de forma inadequada pelos camponeses, muitos dos quais não têm ciência de qual maquinário deve ser utilizado para os diferentes tratamentos agrícolas; da ausência de práticas conservacionistas e da falta de assistência técnica, propulsoras de tomadas de decisão errôneas, favorecendo a escolha de métodos convencionais que foram ensinados de forma empírica por familiares e conhecidos; além do despreparo técnico dos agricultores, ocasionando, assim, vários processos de perda da camada fértil do solo e, consequentemente, processos erosivos.

Um fator crucial a ser ressaltado é a baixa fertilidade dos solos na região. Por meio do trabalho *Mapa de fertilidade dos solos de assentamentos rurais do estado de São Paulo: contribuição ao estudo de territórios* (Bueno et al., 2007), foi feito um estudo com amostras de solo de alguns municípios, em que sete valores de referência foram analisados: acidez ativa (pH), potássio (K), cálcio (Ca), magnésio (Mg), fósforo (P), capacidade de troca catiônica (CTC) e saturação por bases (V%). Dos municípios estudados que constituem o Núcleo Pontal do Paranapanema (Caiuá, Euclides da Cunha Paulista, Marabá Paulista, Mirante do Paranapanema, Presidente Epitácio, Rancharia e Teodoro Sampaio), todos apresentaram resultados que indicam baixa fertilidade do solo e elevada acidez, sendo o quartzo o mineral mais presente.

Segundo o Levantamento Censitário das Unidades de Produção Agropecuária do Estado de São Paulo (Lupa) de 2007/2008, mais de 69% da área agricultável do Pontal do Paranapanema é destinada à produção de pastagem. Do total de 1.637.040 cabeças, 64% está relacionado à produção de gado de corte. Desse modo, a capacidade de suporte das pastagens dessa região em sistema extensivo é de 1,4 cabeça/hectare. Esses dados demonstram a expressiva participação da criação de gado na região e sua viabilidade na produção animal à base de pasto.

Diante das observações realizadas em campo, percebe-se que a grande maioria dos assentados rurais cria gado leiteiro em sistema extensivo, que, segundo Pinto (2015), é caracterizado pela menor produção por área, pois falta o manejo de pasto específico, já que os animais permanecem em uma única parcela em todo o período do ano, favorecendo o pisoteio do gado sobre as gramíneas e ocasionando quebra dos tecidos fibrosos. Com isso, tem-se uma oferta de gramínea com baixo valor nutritivo e, consequentemente, uma baixa produção leiteira, pois nesse sistema o pasto é a fonte principal de alimento do rebanho.

Em face desse cenário, buscou-se realizar algumas atividades práticas em campo para constatar o comportamento de alguns vegetais quando submetidos a condições ambientais adversas, sendo estas: solos arenosos, com baixa fertilidade e ácidos. Com a realização dessas práticas, pretende-se ajustar sistemas de manejo de pastagem que melhor se adéquem a tais condições, contribuindo então na seleção de espécies de gramíneas e leguminosas que melhor sobressaíram nessas condições. Tem-se a seguir (Mapa 10.1) a localização do município de Teodoro Sampaio no Pontal do Paranapanema, em que se insere o lote referido no presente estudo.

A princípio, realizou-se a prática de adubação verde como pré-preparo da introdução do sistema rotativo de pastagem, a fim de agregar matéria orgânica no solo, bem como a fixação biológica de nitrogênio efetuada pelas bactérias *Rhizobiaceae* nas raízes das leguminosas. Essa prática teve como objetivo monitorar o comportamento da leguminosa nas condições a que foi submetida e estimar a produção de biomassa. Para o sistema rotativo, selecionaram-se cinco espécies de gramíneas e quatro espécies de leguminosas para compor o experimento, visando obter melhor qualidade do solo. Para tanto, foram aplicadas técnicas agroecológicas, ou seja, sem utilização de insumos químicos.

Para melhorar a qualidade do solo, no que tange às condições físicas, químicas e biológicas, considera-se a prática de adubação verde uma das melhores opções, já que é realizada com o uso de plantas, em especial as leguminosas, que se associam com as bactérias fixadoras

Mapa 10.1 – Localização do município de Teodoro Sampaio no Pontal do Paranapanema (SP)

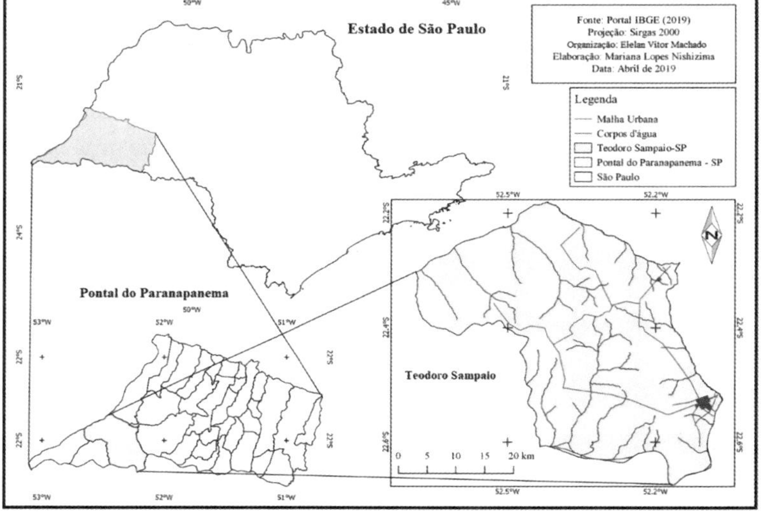

Fonte: Elaborado pelos autores.

de nitrogênio do ar para a incorporação deste nas plantas. Esse vegetal também fomenta o aumento da população de fungos micorrízicos, micro-organismos que, por sua vez, aceleram a absorção de água e nutrientes pelas raízes (Embrapa, 2011).

Em resumo, sabe-se que a prática de adubação verde, no âmbito tecnológico e ambiental, contribui para "a proteção do solo contra a erosão e a radiação solar, permitindo o aumento do seu teor de matéria orgânica. Promove, também, a descompactação, estruturação e aeração do solo, resultando no aumento da capacidade de armazenamento de água e nutrientes" (Wutke et al., 2007, p.2). Subsequentemente à prática de adubação verde, elegeu-se o sistema de manejo rotacionado de pastagem com técnicas do método do Pastoreio Racional Voisin (PRV), as quais se baseiam na intervenção humana, nos processos da vida dos animais, das pastagens e do ambiente, a começar pela vida do solo e o desenvolvimento da sua biocenose (Machado, 2013).

A pesquisa justifica-se pela possibilidade de viabilizar a melhoria da qualidade do solo por meio da prática da adubação verde e pela introdução do sistema de manejo de pastagem rotacionado com técnicas do PRV, em consórcio de leguminosas. Portanto, o presente trabalho tem como objetivo identificar as espécies de gramíneas e leguminosas que melhor se adaptaram às condições ambientais a que foram submetidas, sendo estas: solos arenosos, com baixa fertilidade e ácidos, estresse hídrico e temperaturas elevadas. E, para melhor analisar a desenvoltura desses vegetais, foram realizadas visitas de campo periodicamente, bem como o uso dos dados pluviométricos e da temperatura do Instituto Nacional de Meteorologia (Inmet) como referência durante todo o período do monitoramento.

Inicialmente, será apresentada uma breve descrição do assentamento rural Alcídia da Gata, onde se localiza o lote experimental utilizado no presente estudo, e, em seguida, uma breve caracterização dos aspectos ambientais da região (clima, geologia, geomorfologia, pedologia e declividade). Posteriormente, serão explanados os procedimentos metodológicos realizados: análise química e física do solo, prática de adubação verde, introdução do sistema de manejo de pastagem rotacionado e levantamento mensal pluviométrico e da temperatura. Por fim, serão apresentados os resultados obtidos, possibilitando ressaltar a viabilidade e as considerações observadas.

Descrição do projeto de assentamento rural Alcídia da Gata

A região do Pontal do Paranapanema está situada no extremo Oeste Paulista e é composta por 32 municípios, sendo um deles o município de Teodoro Sampaio, onde se localiza o assentamento rural Alcídia da Gata, local de desenvolvimento da pesquisa. Segundo a Fundação Instituto de Terras do Estado de São Paulo "José Gomes da Silva" (Itesp) (Itesp, 2000), o município apresenta um total de 20 projetos de assentamentos rurais conquistados por meio das lutas dos movimentos sociais do campo em prol de políticas de reforma agrária, contando com 19 de domínio estadual e apenas 1 de domínio federal.

O Itesp é o órgão responsável pelo planejamento e execução das políticas agrárias e fundiárias do estado de São Paulo, reconhece as comunidades quilombolas e é vinculado à Secretaria da Justiça e da Defesa da Cidadania. Assim, de acordo com Leal (2003), as lutas pelas conquistas de terras no assentamento rural Alcídia da Gata iniciaram-se

> no Varjão Verde – Agrovila Emídeo Furlan, quando os acampados ocuparam em 1992 uma área próxima ao Rio Paranapanema. Durante a organização do acampamento, cadastraram-se duzentas famílias e a área foi ocupada aproximadamente cinco vezes durante um período de cinco anos. É importante ressaltar que as ocupações não aconteceram no latifúndio, mas na Agrovila. A origem do assentamento de dezoito famílias ocorreu por meio de negociações entre Itesp, Incra, latifundiário e acampados do Mast. (ibidem, p.74)

Portanto, o assentamento rural Alcídia da Gata foi legalmente reconhecido em outubro de 1998, onde foram assentadas dezoito famílias em uma área de 462,03 hectares, situada na parte noroeste do município de Teodoro Sampaio, conforme mostra o Mapa 10.2.

O presente trabalho foi realizado no lote 7 do assentamento rural Alcídia da Gata, que possui uma área total de aproximadamente 20 hectares, sendo a área-piloto para a efetuação da pesquisa de aproximadamente 1,3 hectare.

De modo geral, a propriedade apresenta em sua extensão o cultivo de pastagens, plantio de cana-de-açúcar (*Saccharum officinarum*) e capim-napiê (*Pennisetum purpureum*) para o tratamento do rebanho bovino em época de estiagem, e o plantio de eucalipto para sombreamento dos animais, bem como sua venda para lenha; possui também pomar, curral e a casa do camponês. Para ilustrar tais constatações, seguem na Figura 10.1 os limites do uso e ocupação do solo desse lote.

Mapa 10.2 – Localização do assentamento rural Alcídia da Gata no município de Teodoro Sampaio (SP)

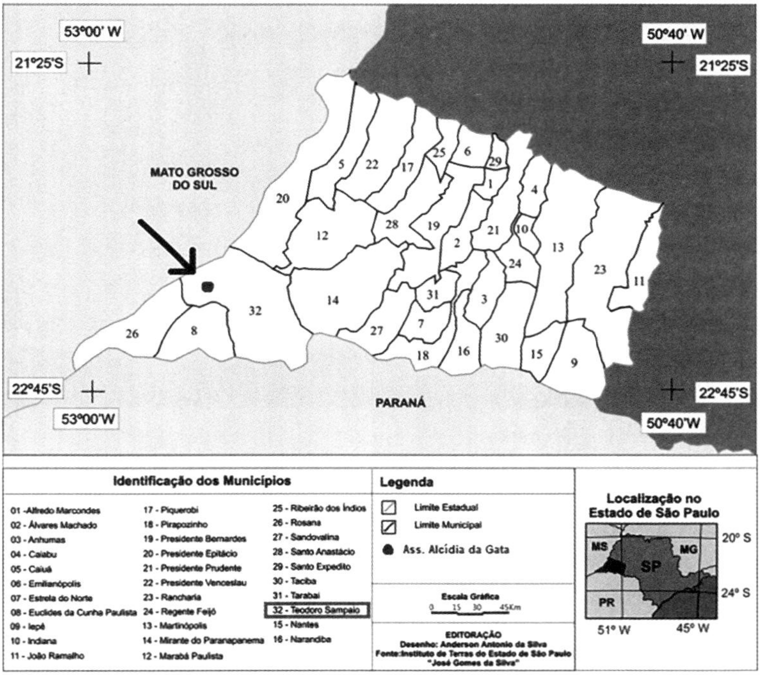

Fonte: Adaptado de Rist (2006).

Conforme apresentado na Figura 10.1, o predomínio no lote é de áreas de pastagens, onde o sistema adotado pelo camponês para seu rebanho bovino é o sistema extensivo, ou seja, não se tem divisão da área em piquetes, onde o rebanho bovino tem acesso a toda a área de pastagem. Entretanto, a produção leiteira é a principal atividade do lote e compõe quase toda a parte da renda familiar com a venda do leite para laticínios, diariamente.

A área de pastagem no lote é de aproximadamente 17,3 hectares, com predominância das gramíneas capim-braquiária (*Urochloa decumbens*), capim-brachiarão (*Urochloa brizantha*), capim-humidicola (*Urochloa humidicola*), capim-tifton (*Cynodon* sp.) e capim-colonião (*Panium maximum*). As informações dos diferentes tipos de

Figura 10.1 – Uso e ocupação do solo do lote do projeto de assentamento rural Alcídia da Gata

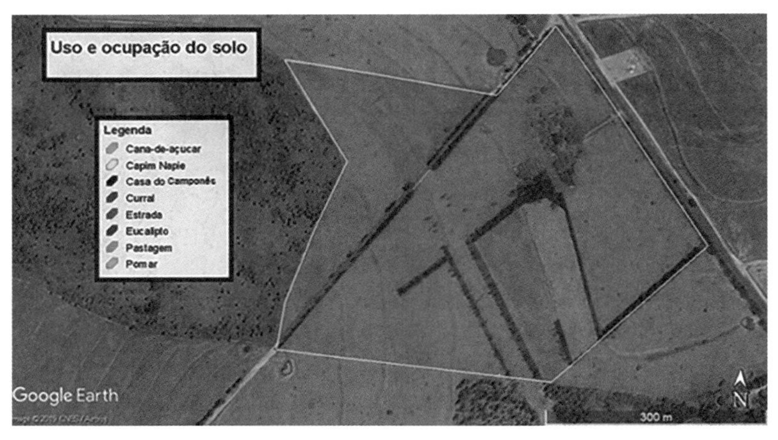

Fonte: Adaptado de Google Earth.

capins que compõem a área de pastagem do lote em questão foram fornecidas pelo camponês, já que ele possui grande conhecimento e experiência de vida no campo.

Caracterização dos aspectos ambientais

A partir do clima enquanto um dos aspectos ambientais de grande importância, pode-se ponderar que a região onde se encontra o assentamento rural Alcídia da Gata está situada na zona climática do tipo Awa, de acordo com a classificação climática de Köppen. O mês mais frio do ano (julho) tem temperatura média de 18,1 graus Celsius, e o mês mais quente (janeiro), 25 graus, sendo a temperatura média anual de 22,3 graus (Boin, 2000).

Com base na classificação de Köppen, a região é caracterizada por uma estação quente e chuvosa, que vai de outubro a março, e um período frio e seco, que vai de abril a setembro, sendo Awa. Portanto, o clima da região em estudo pode ser classificado como tropical com estação seca no inverno e com verão quente e chuvoso.

Quanto aos aspectos geológicos, o assentamento rural insere-se na área de abrangência da Formação Caiuá (Grupo Bauru). Conforme especificado pelo Instituto de Pesquisas Tecnológicas (IPT), essa formação geológica é constituída por "arenitos finos a médios, com grãos bem arredondados, com coloração arroxeada típica, apresentando abundantes estratificações cruzadas de grande a médio porte. Localmente, ocorrem cimento e nódulos carbonáticos" (IPT, 1981, p.48).

No que se refere aos aspectos geomorfológicos, o assentamento rural encontra-se situado na Bacia Sedimentar do Paraná (morfoestrutura) e no Planalto Ocidental Paulista (morfoescultura), mais precisamente no Planalto Centro-Ocidental. As formas de relevo predominantes são as colinas amplas e baixas com altimetria oscilando entre 300 e 600 metros, com declividade variando entre 10% e 20%, com predomínio de Latossolos e de Argissolos (Ross; Moroz, 1996). Assim, o relevo local tem a predominância de colinas amplas e pouco dissecadas, de topos suavemente ondulados com fraco desnível topográfico, com vertentes de baixas declividades. Em algumas colinas, os topos apresentam solos profundos do tipo Latossolos (Massaretto, 2010).

Com base no Mapa Pedológico do Estado de São Paulo (Oliveira, J., 1999), verificou-se que no município de Teodoro Sampaio predominam os Argissolos Vermelhos (PV4) e os Latossolos Vermelhos (LV45). Destaque-se que essas classes de solos são oriundas da ação intempérica dos agentes climáticos sobre os arenitos da Formação Caiuá – Grupo Bauru.

Os Argissolos são, na sua maior parte, solos profundos (mais de 200 centímetros de profundidade), possuindo uma textura média ou arenosa em superfície, onde são facilmente preparados para o cultivo. Esses solos são vulneráveis a perdas quando expostos a agentes erosivos (Massaretto, 2010) e ainda estão associados a relevos suavemente ondulados a ondulados, situados geralmente nas encostas de colinas e morrotes. São, portanto, de áreas de média a alta declividade (6% a 20 %), locais onde os processos erosivos são mais intensos (Bitar, 1995). Por essa razão, essas áreas requerem práticas conservacionistas de suporte, como, por exemplo, os terraços em desnível.

Já os Latossolos são constituídos por material mineral, apresentando horizonte B latossólico, imediatamente abaixo de qualquer tipo de horizonte A, dentro de 200 centímetros da superfície do solo ou dentro de 300 centímetros se o horizonte A apresentar mais de 150 centímetros de espessura (Embrapa, 1997).

Procedimentos metodológicos

Como proposto, foi realizada a análise química e física do solo da área experimental. Para a análise química de fertilidade básica, adotou-se a técnica de amostragem segmentada, a qual consiste na coleta de várias amostras simples para confecção de uma única amostra composta. Segundo as instruções para coleta e remessa de amostras apresentadas pela Escola Superior de Agricultura Luiz de Queiroz, da Universidade de São Paulo (Esalq/USP, on-line), a amostra simples é a pequena quantidade de terra retirada ao acaso em uma determinada área não homogênea. Já a amostra composta é a união de várias amostras simples (subamostras) coletadas ao acaso dentro uma determinada área uniforme, que são homogeneizadas para melhor representatividade.

Desse modo, é válido ressaltar que a coleta das amostras simples para compor uma amostra composta de solo foi regida pelas orientações do Instituto Agronômico (IAC) (IAC, on-line) e por Arruda, Moreira e Pereira (2014), atentando-se para os cuidados na coleta do solo, a fim de se obter uma amostra mais condizente com a realidade. Assim, na área experimental foi feita a coleta de 24 amostras simples para compor uma única amostra composta.

As subamostras foram coletadas nos primeiros 20 centímetros de profundidade, já que essa faixa de solo corresponde ao horizonte que melhor indica a fertilidade do solo, ou seja, a quantidade de matéria orgânica (MO) que ele possui em sua composição, bem como pelo fato de o sistema radicular das gramíneas e das leguminosas não ser tão profundo. A amostra composta foi encaminhada ao Laboratório de Fertilidade dos Solos da Faculdade de Ciências Agronômicas da Universidade Estadual Paulista (FCA-Unesp), campus de Botucatu, para análise.

Para a análise física do solo, foi efetuada a coleta de amostras em três faixas de profundidade: 0-20 centímetros, 20-40 centímetros e 40-60 centímetros. Essas amostragens foram feitas para evidenciar as principais características físicas da área experimental, possibilitando, assim, a verificação de sua susceptibilidade à erosão. Dessa forma, realizou-se a análise granulométrica e textural das amostras por meio do método da Pipeta, como proposto pela Embrapa (1997).

Para isso, elegeram-se cinco pontos amostrais. Em cada ponto foram coletadas três amostras nas respectivas profundidades anteriormente listadas e, ao final das coletas, obteve-se um total de quinze amostras. As amostras de solo foram confinadas em sacos plásticos, rotuladas e encaminhadas ao Laboratório de Sedimentologia de Solos da Faculdade de Ciências e Tecnologia, da Universidade Estadual Paulista (FCT/Unesp), campus de Presidente Prudente, para análise.

Após essas análises, foi realizado o preparo da área experimental, a fim de consolidar a prática de adubação verde, seguido do plantio das gramíneas e leguminosas para introdução do sistema de pastagem rotacionado. De início, foi feito o superpastejo na área pelo rebanho bovino, isto é, a colocação de um grande número de animais dentro de uma mesma área pastejando, para que estes possam deixar as gramíneas o mais rente possível ao solo. Depois dessa etapa, fez-se o gradeamento mecânico, para que as gramíneas e demais vegetais que estivessem presentes na área perdessem suas atividades biológicas no meio solo. Após um período de vinte dias, para constatar se esses vegetais perderam suas atividades, realizou-se o gradeamento nivelador para aplainar o solo, deixando o mesmo pronto para receber as sementes para aplicação da prática de adubação verde.

Para o cumprimento dessa etapa, foi usada apenas uma espécie de leguminosa, escolhendo-se a que apresentava características de melhor adaptação às condições locais, a *Mucuna pruriens* (mucuna-preta).

A leguminosa mucuna-preta é uma planta de ciclo anual de primavera-verão, com hábito de crescimento indeterminado, o que assegura que tenha um bom controle das ervas daninhas, sendo má hospedeira de nematoides de galha, cisto e reniforme. É uma espécie muito rústica, indicada para recuperação de solos degradados e uma excelente opção para a prática de adubação verde, já que possui uma boa fixação de nitrogênio no solo.

O plantio da leguminosa ocorreu em novembro de 2018, adotando-se o plantio em linhas, com espaçamentos entre elas de 0,5 metro, com uma densidade de semeadura de 75 quilos/hectare, um acréscimo de 5% da recomendação feita por Teodoro (2018). A Figura 10.2 ilustra as etapas realizadas.

Figura 10.2 – Superpastejo, gradeamento mecânico e plantio da leguminosa na área experimental

Fonte: Autores.

Após o plantio, passados 112 dias, realizou-se ainda a estimativa de produção de matéria verde por meio do método quadrado (Figura 10.3). Esse método consiste na confecção de um molde medindo 1 metro quadrado, cujo material em seu interior será coletado e pesado. A partir desse valor e conhecendo-se o tamanho da área, estima-se então a produção de matéria verde e, consequentemente, a de matéria seca. Para essa estimativa, o material foi coletado em cinco pontos amostrais na área experimental. Esses pontos foram escolhidos de forma aleatória, mas sempre tentando obter as amostras mais uniformes possíveis, a fim de não subestimar a quantificação. É válido ressaltar ainda que o procedimento foi realizado no dia anterior ao gradeamento mecânico para incorporação desse vegetal ao solo.

Realizado o gradeamento mecânico para incorporação da leguminosa ao solo, esperou-se um período de vinte dias para que a matéria orgânica ali presente iniciasse seu processo de decomposição pela atividade biológica. Assim, efetuou-se o nivelamento da área com a grade niveladora, deixando a área pronta para o plantio das gramíneas e leguminosas destinadas à pastagem dos bovinos, ou seja, a introdução do sistema de pastagem rotacionado com técnicas do PRV.

Figura 10.3 – Estimativa da matéria verde, incorporação da mucuna-preta e gradeamento nivelador

Fonte: Autores.

Em síntese, o PRV se baseia na intervenção humana, nos processos da vida dos animais, das pastagens e do ambiente, a começar pela vida do solo e o desenvolvimento da sua biocenose. O fundamento que rege esse método é o desenvolvimento da biocenose, que está sempre oscilando, pois tem como variáveis as condições climáticas, a fertilidade do solo, as espécies vegetais e tantas outras manifestações da vida, cuja avaliação não obedece aos esquemas preestabelecidos, ou seja, não segue modelos convencionais (Machado, 2013). Para tanto, deve-se salientar que o presente experimento de sistema de manejo rotacionado é um sistema aberto, que conta com um número de dez piquetes, cada um destes com uma área de aproximadamente 0,1 hectare, já que a área total concedida pelo camponês foi de 1,3 hectare, destinando-se, então, 0,3 hectare para sistema viário. Entretanto, o intuito principal desse sistema é evidenciar o comportamento das gramíneas e leguminosas nas condições ambientais às quais estas foram submetidas.

Para delimitação das metragens dos piquetes, sistema viário, porteiras, bebedouros e cercas, obedeceu-se às instruções de Patrícia Oliveira (2006), Martha Jr. et al. (2003) e Machado (2013), as quais regulamentam todas as especificações cabíveis para tais procedimentos práticos para a concretização do presente estudo.

Desse modo, foram selecionadas cinco espécies de gramíneas e quatro espécies de leguminosas para compor esse sistema de dez piquetes. Para a seleção das espécies das gramíneas e das leguminosas, foram consideradas algumas características preliminares: pouca exigência quanto à fertilidade do solo e grande tolerância ao período de estiagem, já que a área de pastagem não possui um sistema de irrigação. As espécies de gramíneas e leguminosas selecionadas para a realização da pesquisa estão indicadas no Quadro 10.1, a seguir.

Quadro 10.1 – Espécies de gramíneas e leguminosas selecionadas para o presente trabalho

Gramíneas	Leguminosas
Andropogon gayanus (Planaltina)	*Cajanus cajan* (Guandu)
Urochloa decumbens (Basilisk)	*Calopogonium mucunoides* (Calopogônio)
Urochloa humidicola (Llanero)	*Macrotyloma axillare* (Java)
Urochloa brizantha (Marandu)	*Stylosanthes capitata* e *Stylosanthes macrocephala* (Estilosante Campo Grande)
Urochloa brizantha (Paiaguas)	

Fonte: Elaborado pelos autores.

O plantio das gramíneas e leguminosas na área experimental ocorreu em março de 2019, adotando-se a forma de plantio a lanço, em que todas as espécies de vegetais que seriam plantadas em cada piquete foram misturadas a fim de realizar a distribuição de sementes de forma homogênea no interior da parcela. Contudo, deve-se salientar que o plantio a lanço foi feito de forma manual, pois, se adotado o sistema mecânico, parte das sementes seria plantada fora do piquete de interesse.

A distribuição das espécies de gramíneas e leguminosas se fez a partir da possibilidade de consorciação, considerando o tempo de crescimento de cada uma das espécies selecionadas. Dessa forma, foi feito o consórcio de pelo menos uma ou duas das espécies de leguminosas com duas espécies de gramíneas, havendo então um montante de três ou quatro espécies de vegetais dentro de uma mesma parcela ou piquete, permitindo que os dez piquetes da área experimental tivessem composições diferentes uns dos outros. Em síntese, cada uma das espécies selecionadas teve a participação em quatro parcelas distintas, tanto para as gramíneas quanto para as leguminosas, conforme mostrado no Quadro 10.2.

Quadro 10.2 – Distribuição das espécies de gramíneas e leguminosas nos respectivos piquetes

Piquete	Composição de gramíneas e leguminosas
1	Basilisk, Llanero e Guandu
2	Basilisk, Planaltina e Calopogônio
3	Basilisk, Marandu, Java e Guandu
4	Basilisk, Paiaguas e Campo Grande
5	Llanero, Planaltina e Java
6	Llanero, Marandu, Java e Campo Grande
7	Llanero, Paiaguas, Calopogônio e Campo Grande
8	Planaltina, Marandu, Java e Calopogônio
9	Planaltina, Paiaguas, Guandu e Calopogônio
10	Marandu, Paiaguas, Guandu e Campo Grande

Fonte: Elaborado pelos autores.

Feita a distribuição das sementes em seus respectivos piquetes, realizou-se o gradeamento nivelador para cobri-las, favorecendo assim a sua germinação. Entretanto, deve-se salientar que apenas o plantio da leguminosa Guandu foi feito com o uso da matraca e após o gradeamento nivelador. Após o plantio das gramíneas e leguminosas, esperou-se um período de aproximadamente 180 dias a fim de que esses vegetais pudessem se estabelecer nesse sistema, para então inserir os bovinos nas parcelas para o pastejo. Desse modo, tem-se na Figura 10.4 os registros das fases de plantio das sementes de gramíneas e leguminosas, o sistema de pastejo com os vegetais já estabilizados e a inserção do rebanho bovino nas respectivas parcelas.

Figura 10.4 – Plantio das sementes, estabilização dos vegetais e inserção do rebanho bovino no sistema de pastejo

Fonte: Autores.

Após o período para estabilização dos vegetais na área, o pastejo nos devidos piquetes ocorreu em duas fases. Em cada fase o rebanho bovino percorreu todos os piquetes, ficando apenas um dia em cada piquete, e, ao término desse ciclo (dez dias), ele foi remanejado para o sistema convencional do lote. Vale dizer que essas duas fases de pastejo na área experimental ocorreram cada uma em uma estação, sendo estas primavera e verão.

Em suma, ressalta-se que as considerações feitas neste trabalho são embasadas nas observações constatadas em campo, periodicamente. E, para melhor justificar o comportamento dos vegetais utilizados (gramíneas e leguminosas) em todas as fases de monitoramento, iniciando na prática de adubação verde até a introdução do sistema de manejo rotacionado, fez-se a plotagem de gráficos do acúmulo da precipitação e temperatura. Os dados apresentados foram extraídos do Inmet da estação automática da cidade de Paranapoema (PR), sendo essa a estação mais próxima da área experimental.

Resultados e discussões

Em face dos procedimentos metodológicos propostos de análise química e física do solo, estão organizados na Tabela 10.1 os resultados obtidos na análise química de fertilidade básica apresentada pelo Laboratório de Fertilidade dos Solos da FCA-Unesp, campus de Botucatu:

Para elucidar quão baixos foram os valores obtidos na análise química do solo da área experimental, tem-se na Tabela 10.2 os intervalos que avaliam a quantia adequada de cada elemento no solo, podendo-se checar o enquadramento destes em suas respectivas classes.

De acordo com os valores obtidos na análise química do solo apresentada na Tabela 10.1 e pelos valores de referência para avaliação da fertilidade do solo (Tabela 10.2), é notório que em quase todos os valores analisados apresentam-se classes de teores muito baixo e baixo. E, seguindo a ordem dos valores apresentados, o valor do pH indica teores muito baixos, indicativos de solo ácido.

Com relação à matéria orgânica (MO), segundo o Instituto Agronômico (IAC) (2019) o teor de MO do solo é útil para mensurar indiretamente a textura do solo, sendo indicados valores de até 15 gramas/decímetro cúbico para solos arenosos, entre 16 e 30 gramas/decímetro cúbico para solos de textura média e de 31 a 60 gramas/decímetro cúbico para solos argilosos. Entretanto, deve-se atentar que valores muito superiores de 60 gramas/decímetro cúbico indicam acúmulo de matéria orgânica no solo por condições localizadas em sua maior parte por má drenagem ou acidez elevada. Com base nesses parâmetros apresentados, nota-se que o solo analisado pode se caracterizar como um solo de textura arenosa de primeiro momento, já que os teores de MO não excederam 6 gramas/decímetro cúbico, ou seja, estando abaixo do adequado.

Com relação à presença dos elementos fósforo (P) e potássio (K), os resultados estão divididos em cinco classes de teores, em que se obteve valor de 6 miligramas/decímetro cúbico de fósforo de resina, valor esse que se enquadra em teor muito baixo, tomando-se como

Tabela 10.1 – Resultados da análise química do solo da área experimental

Assentamento rural	pH	MO	Presina	H + Al	K	Ca	Mg	SB	CTC	V%
	$CaCl_2$	g/dm³	mg/dm³				m_{molc}/dm^3			
Alcídia da Gata	4,3	6	6	11	0,7	6	3	9	20	47

Fonte: Adaptado de Resultado de Análise do Solo pelo Laboratório de Fertilidade dos Solos da FCA-Unesp, 2018.

Tabela 10.2 – Valores de referência para avaliação de fertilidade do solo

Classe Teores	P resina				Al KCl	S $Ca(H_2PO_4)_2$	K	Ca	Mg	pH $CaCl_2$	V%	B Água quente	Cu DTPA	Fe DTPA	Mn DTPA	Zn DTPA
	Florestais	Perenes	Anuais	Hortaliças			Resina trocadora de íons									
M. Baixo	0 – 2	0 – 5	0 – 6	0 – 10			0,0 – 0,7			Até – 4,3	0 – 25					
Baixo	3 – 5	6 – 12	7 – 15	10 – 25	<5	0 – 4	0,8 – 1,5	0 – 3	0 – 4	4,4 – 5,0	26 – 50	0,00 – 0,20	0,0 – 0,2	0 – 4	0,0 – 1,2	0,0 – 0,5
Médio	6 – 10	13 – 30	16 – 40	25 – 60		5 – 10	1,6 – 3,0	4 – 7	5 – 8	5,1 – 5,5	51 – 70	0,21 – 0,60	0,3 – 0,8	5 – 12	1,3 – 5,0	0,6 – 1,2
Alto	10 – 20	31 – 60	41 – 80	61 – 120	>5	>10	3,1 – 6,0	>7	>8	5,6 – 6,0	71 – 90	>0,60	>0,8	>12	>5,0	>1,2
M. Alto	>20	>60	>80	>120			>6,0			>6,0	>90					

Fonte: Adaptado de Resultado de Análise do Solo pelo Laboratório de Fertilidade dos Solos da FCA-Unesp.

referencial as culturas perenes e anuais, representando os vegetais selecionados para efetivação do presente estudo. Quanto ao potássio, trata-se do índice que melhor avalia a capacidade de troca catiônica (CTC), pois esse valor, quando baixo, implica a baixa capacidade de armazenamento de potássio. Assim, o valor obtido foi de 0,7 de potássio em m_{molc}/decímetro cúbico, indicando um intervalo muito baixo.

Por fim, com relação ao cálcio (Ca) e ao magnésio (Mg), são estabelecidas três classes de teores. Vale ressaltar que uma das grandes dificuldades enfrentadas é o isolamento da deficiência do cálcio por conta do problema da acidez excessiva, já que os solos deficientes de cálcio são, em sua maior parte, muito ácidos e, nesse caso, a calagem corrige a acidez e supre o cálcio em teores mais que suficientes. E, com relação ao magnésio, se houver presença suficiente, não deverá ocorrer deficiência, porém, se os teores forem baixos, a adubação potássica poderá agravar a deficiência (IAC, 2019).

O valor de cálcio apresentado na análise química foi de 6 m_{molc}/decímetro cúbico, teor esse que se enquadra como médio. Com relação ao magnésio, obteve-se 3 m_{molc}/decímetro cúbico, teor classificado como baixo, com base nos parâmetros preestabelecidos como valores de referência. Contudo, a deficiência de cálcio no solo confirma a sua acidez. Em relação ao magnésio, sua deficiência pode ser agravada pelo teor de potássio, que é muito baixo. Por isso, seria necessária uma adubação potássica.

Portanto, com a análise química do solo, foi evidenciado que a deficiência nutricional da área experimental é significativa, tendo predomínio de solos com alta acidez e com concentrações muito baixas e baixas dos elementos avaliados, no que tange à matéria orgânica (MO), fósforo (P), potássio (K), cálcio (Ca) e magnésio (Mg).

Desse cenário, deve-se ressaltar que não foi efetuada nenhuma prática de adubação e calagem, e que todos os demais procedimentos metodológicos foram realizados nessas condições, com o intuito de acompanhar e evidenciar o comportamento dos vegetais selecionados em condições adversas às quais foram submetidos.

Em relação às análises físicas, as amostras foram coletadas em cinco pontos aleatórios, e em cada ponto amostrado foram feitas coletas nas profundidades de 20, 40 e 60 centímetros. Na Tabela 10.3 são apresentadas as frações granulométricas de areia, argila e silte dos diferentes pontos e suas profundidades amostradas.

Tabela 10.3 – Frações médias de areia, argila e silte nas respectivas profundidades

Profundidade (cm)	Areia	Argila	Silte
		g. kg^{-1}	
0 – 20	923	48	29
20 – 40	910	71	19
40 – 60	897	62	41

Fonte: Elaborado pelos autores.

Com os resultados obtidos com a análise de fracionamento textural e granulométrico, constata-se que o solo apresenta classe textural arenosa, com frações de areia em torno dos 900 g.Kg^{-1} de solo nas diferentes profundidades analisadas (0-60 centímetros). Já as frações de argila indicam um pequeno acréscimo da primeira para a segunda profundidade e uma diminuição na terceira profundidade. Nesse aspecto, constata-se maior concentração de argila entre as profundidades de 20 a 40 centímetros de solo. As frações de silte tiveram um comportamento semelhante ao da argila, ou seja, decaíram da primeira amostragem para a segunda e apresentaram elevação de frações da segunda para a terceira.

Diante dessas constatações, de solos arenosos com baixa fertilidade e ácidos, é que se ressalta a necessidade de boas práticas de manejo do solo. Assim, prezou-se a realização da prática de adubação verde, com o intuito de evidenciar o comportamento da leguminosa nesse solo e no clima local, no que se refere à precipitação e à temperatura. Para ilustrar a temperatura média e os valores de precipitação acumulada em cada mês do período de monitoramento (novembro de 2018- março de 2019), tem-se o Gráfico 10.1.

A leguminosa foi plantada no final do mês de novembro de 2018, período considerado ideal segundo as recomendações de Teodoro

Gráfico 10.1 – Precipitação acumulada e temperatura média no período de monitoramento da prática de adubação verde

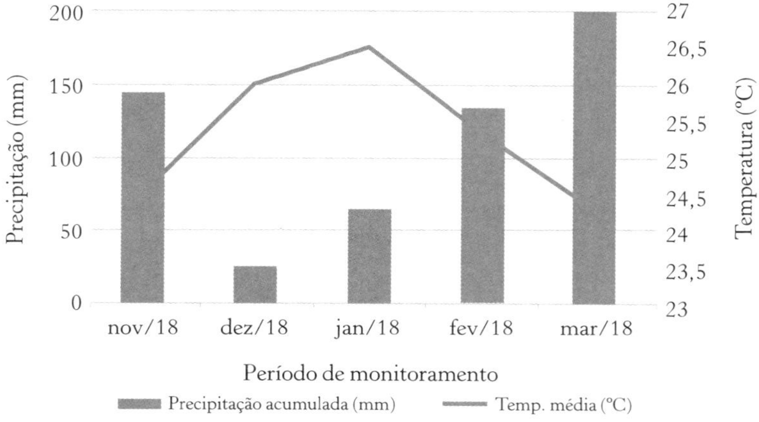

Precipitação (mm)
200
150
100
50
0
Temperatura (°C)
27
26,5
26
25,5
25
24,5
24
23,5
23
nov/18 dez/18 jan/18 fev/18 mar/18
Período de monitoramento
Precipitação acumulada (mm) Temp. média (°C)

Fonte: Adaptado de Inmet (2020).

(2018), sendo incorporada ao solo no final do mês de abril de 2019. Considerando esse intervalo de tempo, pode-se constatar que o mês de maior pluviosidade foi março (199,8 milímetros) com temperatura média de 24,3 graus Celsius.

Durante o desenvolvimento da mucuna-preta, a leguminosa foi resistente às condições de baixa fertilidade do solo, pouca precipitação e temperaturas elevadas, conseguindo se desenvolver. De início, houve um declínio de precipitação significativo nos meses de novembro-dezembro, e ocorreu ainda a elevação da temperatura durante a fase crucial para a germinação e crescimento da leguminosa em questão.

Mesmo com esses entraves a mucuna-preta resistiu e se desenvolveu relativamente bem, tendo um crescimento e uma estabilização mais vigorosos em meados de janeiro-fevereiro, período com maiores acúmulos de precipitações, se comparado com os meses anteriores, e temperatura elevada no início de janeiro e posterior diminuição no mês de fevereiro. Por fim, no último mês de monitoramento (maio 2019), com o ápice das precipitações, observou-se um desenvolvimento mais notório da leguminosa.

Como descrito nos procedimentos metodológicos, no dia anterior ao gradeamento mecânico para incorporação da leguminosa ao solo foi feita a estimativa de produção de matéria verde produzida. Pelo método quadrado, selecionaram-se cinco pontos amostrais aleatoriamente e o resultado obtido foi de uma média de 3,15 quilos de massa verde por metro quadrado. Sabe-se que 1 hectare corresponde a 10 mil metros quadrados, logo, estima-se que a produção de biomassa foi de 31.500 quilos/hectare (31,5 toneladas/hectare).

Segundo Suzuki e Alves (2006), a produção de matéria verde da mucuna-preta é de aproximadamente 42 toneladas/hectare e a de matéria seca, em torno de 8 toneladas/hectare. Diante do exposto, seguindo a proporcionalidade, considerado o valor de 19% do valor de matéria verde produzido, obteve-se então que a produção de matéria seca foi de aproximadamente 6 toneladas/hectare.

É primordial destacar que o tempo de desenvolvimento dessa leguminosa foi de 112 dias, não se esperando o seu ciclo de florescimento, pois, de acordo com Teodoro (2018), esse ciclo se completa com 165 dias. Dessa forma, subentende-se que esse valor de produção de matéria seca poderia ser maior, pois ela foi incorporada ao solo 53 dias antes do término do ciclo. Todavia, esse tempo não foi esperado, para que não ocorresse o plantio das sementes de gramíneas e leguminosas destinadas ao cumprimento da introdução do sistema rotativo de pastagem fora do período ideal.

Em seguida, ocorreu o plantio das espécies de gramíneas e leguminosas selecionadas para efetivação da introdução do sistema de pastoreio rotativo. A distribuição das espécies em cada piquete se fez a partir da possibilidade de consorciação, bem como de acordo com o hábito de crescimento de cada uma das espécies selecionadas. No entanto, considerou-se que pelo menos uma das espécies de leguminosa tivesse o aporte coerente com o das gramíneas em questão, isto é, que ambas as espécies tivessem aptidão de consorciação uma com a outra.

Obedecendo ao que foi estabelecido nos procedimentos metodológicos, as fases de monitoramento das gramíneas e leguminosas foram duas, uma para cada estação do ano considerada (primavera e verão). E, para complementar as avaliações feitas em campo com o monitoramento do desenvolvimento desses vegetais, no Gráfico 10.2 estão apresentados os dados de precipitação e temperatura durante esse intervalo de monitoramento (março de 2019-março de 2020).

Observando o Gráfico 10.2, nota-se que ocorreu um alto acúmulo de precipitação e de temperatura elevada nos meses de março e dezembro de 2019 e de janeiro e fevereiro de 2020. Já o outro período se caracteriza por baixo acúmulo de precipitação e com oscilação de temperatura, denotando os meses de abril a novembro de 2019 e março de 2020. Assim, constata-se que o predomínio na região é de elevadas temperaturas no verão e com estação de seca bem definida.

Para descrição do monitoramento das gramíneas e leguminosas, frente às condições ambientais da área experimental, a análise será dividida em três fases: fase de estabilização dos vegetais nesse sistema; primeiro pastejo pelo rebanho bovino nos piquetes e rebrote na primavera; segundo pastejo do rebanho bovino nos piquetes e rebrote no verão. Portanto, essa organização se fez necessária a fim de facilitar a compreensão e melhor caracterizar as ocorrências constatadas durante as dadas fases da presente pesquisa.

Gráfico 10.2 – Precipitação acumulada e temperatura média no período de monitoramento das gramíneas e leguminosas

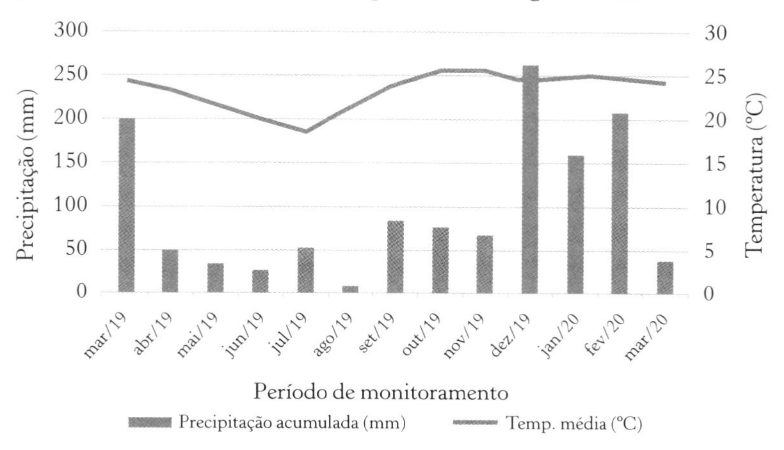

Fonte: Adaptado de Inmet (2020).

A primeira fase refere-se ao monitoramento da germinação e estabilização das gramíneas e leguminosas no sistema de pastejo, que se iniciou em março de 2019 e se estendeu até meados de setembro de 2019, período esse de aproximadamente 180 dias. Assim, com os dados de precipitação e temperatura, e pelas observações feitas em campo, constatou-se que a germinação foi favorecida, havendo no mês de março de 2019 uma precipitação acumulada de 200 milímetros, com temperatura média na casa dos 24 graus Celsius. Nos meses posteriores, houve uma queda abrupta na precipitação, de forma que a precipitação acumulada não excedeu 50 milímetros mensais e com temperaturas mais amenas, entre os meses de abril e agosto de 2019.

Nesse cenário, os vegetais passaram por grande estresse hídrico e por oscilações significativas de temperatura e, ainda assim, a grande maioria conseguiu se estabilizar no sistema amostral, mostrando que são resistentes à escassez hídrica e não exigentes quanto à fertilidade do solo. Contudo, deve-se ressaltar que a gramínea *Andropogon gayanus* (Planaltina) não conseguiu se estabilizar no sistema nessas condições.

Na segunda fase de monitoramento, em que foi realizada a inserção do rebanho bovino nos respectivos piquetes pela primeira vez, com tempo de ocupação de apenas um dia, com um tempo de pastejo de dez dias em toda a área experimental e os demais dias de monitoramento, a pesquisa concentrou-se no monitoramento do desenvolvimento (rebrote) das gramíneas e leguminosas, de forma que esse período remete ao intervalo dos meses de setembro a dezembro de 2019.

Com base no Gráfico 10.2, pode-se perceber uma elevação de precipitação acumulada, se comparada à fase anterior (março a agosto), havendo uma precipitação média entre os meses de setembro e novembro de 75 mm mensais e uma elevação de temperatura com o pico de 26 graus Celsius no mês de novembro. E, no último mês dessa fase, tem-se a maior precipitação acumulada (265,2 milímetros) entre todas as fases analisadas, com uma temperatura média de 24,5 graus. Diante dessas condições, ficou evidente que os vegetais conseguiram sobressair bem, tendo um crescimento mais ascendente no último mês dessa fase, pois os dados de precipitação e temperatura favoreceram tal ocorrência.

Por fim, a terceira fase de monitoramento se refere ao segundo pastejo do rebanho bovino nos devidos piquetes, processo ocorrido no final do mês de dezembro e seguindo com o monitoramento até meados de março de 2020, quando finda a estação de verão e se inicia o outono. Nessa fase, nota-se que a precipitação acumulada tem valores maiores, bem como uma leve estabilização da temperatura na casa dos 200 milímetros e 24,5 graus Celsius, respectivamente.

Nas observações de campo, percebeu-se que o rebrote das gramíneas e leguminosas foi mais vigoroso nessa fase, se comparado à anterior, o que pode ser resultado da maior precipitação em todo o período monitorado, bem como do melhor enraizamento dos vegetais ao solo, já que eles possuem um tempo maior de permanência na área, garantindo que consigam resistir às condições adversas com maior resiliência.

Assim, de forma pontual e de modo hierárquico, pode-se afirmar que as duas espécies de gramíneas que mais sobressaíram perante as demais foram a *Urochloa brizantha* (Paiaguas) e a *Urochloa brizantha* (Marandu). As outras duas espécies que tiveram desenvolvimento mediano foram a *Urochloa decumbens* (Basilisk) e a *Urochloa humidicola* (Llanero), enquanto a *Andropogon gayanus* (Planaltina) não conseguiu se estabilizar em tais condições. Já no que tange às espécies de leguminosas, a *Calopogonium mucunoides* (Calopogônio), a *Stylosanthes capitata* e a *Stylosanthes macrocephala* (Campo Grande) e a *Cajanus cajan* (Guandu), todas se desenvolveram muito bem nessas condições adversas. Apenas a espécie *Macrotyloma axillare* (Java) teve uma estabilização mediana, se comparada às demais leguminosas.

Considerações finais

Com base na breve revisão bibliográfica da caracterização dos aspectos ambientais, pode-se salientar que o clima da região do

Pontal do Paranapanema é bem definido, ou seja, com períodos quentes e chuvosos (outubro a março) e períodos secos com temperaturas mais baixas (abril a setembro). No que se refere à geologia, o assentamento rural está inserido na Formação Caiuá, do Grupo Bauru. Quanto à geomorfologia e pedologia, no assentamento rural predominam relevos de colinas amplas e baixas com predominância de Argissolos Vermelhos (PV4) e Latossolos Vermelhos (LV45).

Com base na análise química de fertilidade básica e pelas bibliografias consultadas, obteve-se que a região possui solos com grande defasagem nutricional, pois, quando se avalia apenas o valor da matéria orgânica, é nítida a sua ausência no meio solo, indicando que essa região necessita de práticas agroecológicas para contribuir para tal reposição. Em relação à análise física, a qual consiste em determinar o fracionamento de areia, argila e silte, foi possível constatar que as frações de areia nas diferentes profundidades amostradas são altas, caracterizando, assim, áreas com solos arenosos.

Diante dessas condições climáticas e pedológicas, em que os solos são arenosos, apresentando alta susceptibilidade à erosão, além de não reterem muita umidade em seu meio, o que compromete a manutenção dos vegetais nesse recurso natural, fica evidente que a região requer boas práticas de manutenção de manejo.

Esse panorama constatado foi o que fomentou a realização da prática de adubação verde, bem como a introdução do sistema de pastoreio rotativo. Desse modo, entre todas as circunstâncias levantadas, percebeu-se que a leguminosa *Mucuna pruriens* (mucuna-preta) é resistente às condições adversas, sejam elas de baixa fertilidade do solo, de escassez hídrica e de temperaturas elevadas, pois, mesmo com todos esses fatores limitantes, o vegetal conseguiu se desenvolver e exercer uma boa produtividade de matéria seca.

Com relação à introdução do pastoreio rotativo, a fim de evidenciar as espécies de gramíneas e leguminosas que sobressaíram nessas condições adversas, constatou-se em campo que a espécie de gramínea que não conseguiu se desenvolver nessas condições foi a *Andropogon gayanus* (Planaltina) e que a leguminosa *Macrotyloma axillare* (Java) teve um desenvolvimento intermediário.

Para a obtenção de resultados quantitativos da produção dos vegetais, está sendo realizada a estimativa de produção dessas gramíneas, a fim de identificar a produção de cada gramínea nos seus respectivos piquetes ou parcelas. Todavia, esses dados serão apresentados em trabalhos futuros, já que a pesquisa experimental está em andamento.

Referências

ARRUDA, M. R. de; MOREIRA, A.; PEREIRA, J. C. R. *Amostragem e cuidados na coleta de solo para fins de fertilidade*. Manaus: Embrapa Amazônia Ocidental, 2014. 18p. Disponível em: https://ainfo.cnptia.embrapa.br/digital/bitstream/item/117075/1/Doc-115.pdf. Acesso em: 14 mar. 2020.

BITAR, O. Y. (Coord.). *Curso de geologia aplicada ao meio ambiente*. São Paulo: IPT, 1995. 247p.

BOIN, M. N. *Chuvas e erosões no Oeste Paulista*: uma análise climatológica aplicada. Rio Claro, 2000. 264p. Tese (Doutorado em Geociências) – Instituto de Geociências e Ciências Exatas, Universidade Estadual Paulista "Júlio de Mesquita Filho".

BUENO, O. de C. et al. *Mapa de fertilidade dos solos de assentamentos rurais do estado de São Paulo*: contribuição ao estudo de territórios. Botucatu: Fepaf/Unesp, 2007.

DAEE (Departamento de Águas e Energia Elétrica). Recomendações para a instalação de um posto de pluviômetro. 2015. Disponível em: http://www.daee.sp.gov.br/acervoepesquisa/relatorios/pluvpmsp/capitulo02.htm. Acesso em: 31 dez. 2018.

EMBRAPA (Empresa Brasileira de Pesquisa Agropecuária). *Manual de métodos de análise de solos*. 2.ed. Rio de Janeiro: Embrapa-CNPS, 1997. 212p.

______. Adubação verde: utilização de leguminosas contribui no fornecimento de nitrogênio para culturas de interesse comercial e protege solo da erosão. Set. 2011. Disponível em: https://www.embrapa.br/documents/1355054/1527012/4a+-+folder+Aduba%C3%A7%C3%A3o+verde.pdf/6a472dad-6782-491b-8393-61fc6510bf7d. Acesso em: 11 set. 2018.

ESALQ/USP (Escola Superior de Agricultura Luiz de Queiroz/Universidade de São Paulo). Instruções para coleta e remessa de amostras: amostragem de solo. On-line. Disponível em: http://www.esalq.usp.br/departamentos/lso/coleta.htm. Acesso em: 16 mar. 2020.

HESPANHOL, A. N. O Programa de Microbacias Hidrográficas no contexto da agropecuária do Pontal do Paranapanema (SP). In: CONGRESSO SOBER, 48, 2010, Campo Grande. *Apresentação no 48o Congresso SOBER*. Campo Grande: Sociedade Brasileira de Economia, Administração e Sociologia Rural, 2010. Disponível em: http://docs.fct.unesp.br/nivaldo/Publica%E7%F5es-nivaldo/2010/MICROBACIAS%20NO%20PONTAL%20DO%20PARANAPANEMA.PDF. Acesso em: 9 set. 2018.

IAC (Instituto Agronômico). Centro de Pesquisa e Desenvolvimento de Solos e Recursos Naturais. Interpretação de resultados de análise de solo. 2019. Disponível em: http://www.iac.sp.gov.br/produtoseservicos/analisedosolo/interpretacaoanalise.php. Acesso em: 27 out. 2019.

______. Centro de Pesquisa e Desenvolvimento de Solos e Recursos Ambientais. Análise de fertilidade do solo: como retirar amostra de solo. On-line. Disponível em: http://www.iac.sp.gov.br/produtoseservicos/analisedosolo/retiraramostrasolo.php. Acesso em: 13 mar. 2020.

INMET (Instituto Nacional de Meteorologia). Estação Meteorológica de Observação de Superfície Automática. Dados de precipitação e temperatura da estação de Paranapoema – PR. 2020. Disponível em: http://www.inmet.gov.br/portal/index.php?r=estacoes/estacoesAutomaticas. Acesso em: 15 de mar. 2020.

IPT (Instituto de Pesquisas Tecnológicas). *Mapa geológico do Estado de São Paulo*. São Paulo: [s.n.], 1981.

ITESP (Fundação Instituto de Terras do Estado de São Paulo "José Gomes da Silva"). *Pontal Verde:* Plano de recuperação ambiental nos assentamentos do Pontal do Paranapanema. 2.ed. São Paulo: Itesp, 2000. 80p. Disponível em: http://www.itesp.sp.gov.br/br/info/publicacoes/arquivos/pontal_verde_2e.pdf. Acesso em: 27 fev. 2019.

LEAL, G. M. *Impactos socioterritoriais dos assentamentos rurais do município de Teodoro Sampaio (SP)*. Presidente Prudente, 2003. Dissertação (Mestrado em Geografia) – Faculdade de Ciências e Tecnologia, Universidade Estadual Paulista "Júlio de Mesquita Filho". Disponível em: http://www2.fct.unesp.br/nera/ltd/gleison.pdf. Acesso em: 14 fev. 2019.

LUPA (Levantamento Censitário das Unidades de Produção Agropecuária do Estado de São Paulo). Dados Consolidados Municipais – 2007/2008. Disponível em: http://www.cati.sp.gov.br/projetolupa/dadosmunicipais.php. Acesso em: 9 set. 2018.

MACHADO, L. C. P. *Pastoreio Racional Voisin*: tecnologia agroecológica para o terceiro milênio. 3.ed. São Paulo: Expressão Popular, 2013.

MANTOVANI, W. *Caminhos de uma ciência ambiental*. São Paulo: Annablume, 2005.

MARTHA JR. et al. Área do piquete e taxa de lotação no pastejo rotacionado. *Comunicado Técnico 101*, Ministério da Agricultura, Pecuária e Abastecimento, Planaltina, dez. 2003. Disponível em: https://www.infoteca.cnptia.embrapa.br/bitstream/doc/569854/1/comtec101.pdf. Acesso em: 28 mar. 2019.

MASSARETTO, N. *Impactos ambientais do plantio da cana-de-açúcar nos solos dos assentamentos rurais do Pontal do Paranapanema – São Paulo*. Presidente Prudente, 2010. Monografia (Bacharelado em Geografia) – Faculdade de Ciências e Tecnologia, Universidade Estadual Paulista "Júlio de Mesquita Filho".

OLIVEIRA, J. B. Solos do estado de São Paulo: descrição das classes registradas no mapa pedológico. *Boletim Científico*, n.45, Campinas, IAC, 1999. 108p.

OLIVEIRA, P. P. A. Dimensionamento de piquetes para bovinos leiteiros, em sistema de pastejo rotacionado. *Comunicado Técnico 65*, Embrapa, São Paulo, dez. 2006. Disponível em: https://ainfo.cnptia.embrapa.br/digital/bitstream/CPPSE/16797/1/Comunicado-Tecnico-65.pdf. Acesso em: 27 fev. 2018.

PINTO, A. L. M. *Ferramenta de gestão na pecuária leiteira*: análise do investimento em melhorias para o bem-estar de vacas. Piracicaba, 2015. 149p. Dissertação (Mestrado em Ciências) – Escola Superior de Agricultura Luiz de Queiroz, Universidade de São Paulo. Disponível em: http://www.nupea.esalq.usp.br/admin/modSite/arquivos/imagens/7be299b7e9354f5d44a8551873f6b1e3.pdf. Acesso em: 19 jul. 2020.

RIST – Relatório de Impactos Socioterritoriais. Organização de Anderson Antonio da Silva, Bernardo Mançano Fernandes, Renata Cristine Valenciano. Presidente Prudente: [s.n.], 2006. Disponível em: http://www2.fct.unesp.br/nera/ltd/anderson.pdf. Acesso em: 15 mar. 2020.

ROSS, J. L. S.; MOROZ, I. C. Mapa geomorfológico do estado de São Paulo. *Revista do Departamento de Geografia*, São Paulo, n.10, p.41-56, 1996.

SUZUKI, L. E. A. S.; ALVES, M. C. Fitomassa de plantas de cobertura em diferentes sucessões de culturas e sistemas de cultivo. *Bragantia*, Campinas, v. 65, p.121-27, 2006.

TEODORO, M. S. *Adubação verde nos tabuleiros litorâneos do Piauí*. Teresina: Embrapa Meio-Norte, 2018. 74p.

WUTKE, E. B. et al. *Bancos comunitários de sementes de adubos verdes*: informações técnicas. Brasília: Ministério da Agricultura, Pecuária e Abastecimento, 2007. 52p.

Sobre as autoras e os autores

Acácio Zuniga Leite – Doutorando em Desenvolvimento Sustentável pela Universidade de Brasília (UnB). Possui graduação em Engenharia Florestal pela Universidade de São Paulo (USP), especialização em Democracia, República e Movimentos Sociais pelo convênio Casa Civil/Presidência da República e Universidade Federal de Minas Gerais (UFMG) e mestrado em Meio Ambiente e Desenvolvimento Rural pela Faculdade UnB Planaltina (FUP). É analista em Reforma e Desenvolvimento Agrário do Instituto Nacional de Colonização e Reforma Agrária (Incra) desde setembro de 2006. Possui experiência na avaliação e monitoramento de ações governamentais na temática agrária.

Acenet Andrade da Silva – Mestra em Desenvolvimento Rural Sustentável e Gestão de Empreendimentos Agroalimentares e engenheira agrônoma formada pelo Instituto Federal de Educação, Ciência e Tecnologia do Pará (IFPA), *campus* de Castanhal. Colaboradora do Núcleo de Estudos em Educação e Agroecologia na Amazônia (NEA) e da Incubadora Tecnológica de Desenvolvimento e Inovação de Cooperativas e Empreendimentos Solidários (Incubitec), ambos do IFPA-Castanhal, atuando principalmente nos seguintes temas: Sistemas de produção, agroecologia, agricultura familiar camponesa, Ecosol, desenvolvimento sustentável.

Alan Marx Francisco – Estudante do curso de Tecnologia em Agroecologia da Universidade Federal do Paraná (UFPR), *campus* do Litoral. É advogado e participou como voluntário do projeto Tecnologias Sociais para Promoção da Segurança e Soberania Alimentar.

Alexandra Maria de Oliveira – Doutora em Geografia pela Universidade de São Paulo (USP), mestre em Geografia pela Universidade Federal de Sergipe (UFS) e graduada em Geografia pela Universidade Federal do Ceará (UFC). Atualmente é professora associada do Departamento de Geografia da UFC, onde atua no Programa de Pós-Graduação em Geografia.

Aline Dias Brito – Engenheira Agrônoma formada pelo Instituto Federal do Pará (IFPA), *campus* de Castanhal. Atualmente é mestranda do Programa de Pós-graduação em Desenvolvimento Rural Sustentável e Gestão em Empreendimento agroalimentares da mesma instituição. Atua como gerente de projetos sociais e ambientais PMD Pro level 1, certificado pela PM4NGO – APMG International.

Ana Terra Reis – É doutora pelo Programa de Pós-graduação em Geografia da Faculdade de Ciências e Tecnologia (FCT) da Universidade Estadual Paulista (Unesp), *campus* de Presidente Prudente, e membro do CEGeT, Centro de Estudos em Geografia e Trabalho. Possui graduação em Agronomia pela Faculdade de Ciências Agrárias e Veterinárias (FCAV) da Unesp, *campus* de Jaboticabal. Tem experiência em extensão rural, trabalhando na elaboração de projetos e na aplicação de políticas públicas em áreas de reforma agrária desde 2006, atuando principalmente com as temáticas ligadas a políticas públicas, movimentos sociais e relações de trabalho

Ananda Graf Mourão – Estudante do curso de Gestão Ambiental da Universidade Federal do Paraná (UFPR), *campus* do Litoral. Participa como voluntária do projeto Tecnologias Sociais para

Promoção da Segurança e Soberania Alimentar – Troca de Experiências e Vivências Agroecológicas no Litoral Paranaense, desde 2019. Em 2020, atuou no projeto Agroecologia nas Escolas Públicas – Educação Ambiental e Resgate dos Saberes Populares.

Bernardo Mançano – Graduado (licenciatura e bacharelado), mestrado e doutorado em Geografia pela Universidade de São Paulo (USP). Pós-doutorado pelo Institute for the Study of Latin American and Caribbean, da University of South Florida. Professor livre-docente pela Universidade Estadual Paulista (Unesp). Professor dos cursos de graduação e pós-graduação em Geografia da Unesp, *campus* de Presidente Prudente e do Programa de Pós-Graduação em Desenvolvimento Territorial na América Latina e Caribe (TerritoriAL) do Instituto de Políticas Públicas e Relações Internacionais (IPPRI) da Unesp, *campus* de São Paulo. Foi professor visitante em diversas universidades nacionais e estrangeiras. É coordenador da Cátedra Unesco de Educação do Campo e Desenvolvimento Territorial, onde preside a coleção Vozes do Campo e a coleção Estudos Camponeses e Mudança Agrária, publicados pela Editora da Unesp. Membro do Conselho Pedagógico Nacional do Programa Nacional de Educação na Reforma Agrária (Pronera) no Instituto Nacional de Colonização e Reforma Agrária (Incra). Autor de *A formação do MST no Brasil* e, em coautoria com João Pedro Stédile, do livro *Brava gente*. Tem experiência na área de Geografia, com ênfase em desenvolvimento territorial na América Latina e Caribe, pesquisando os seguintes temas: teorias dos territórios, paradigmas da questão agrária e do capitalismo agrário, reforma agrária, desenvolvimento territorial, Movimento dos Trabalhadores Rurais Sem Terra (MST) e Via Campesina

Camila Rolim Laricchia – Graduada pela Universidade Federal do Rio Grande do Norte (UFRN) e mestre em Engenheira de Produção pelo Instituto Alberto Luiz Coimbra de Pós-Graduação e Pesquisa de Engenharia (Coppe) da Universidade Federal do Rio de Janeiro (UFRJ). Doutoranda em Engenharia de Produção pela Universidade Federal de Minas Gerais (UFMG). É professora do curso de graduação em Engenharia de Produção da Universidade Federal do Rio de Janeiro (UFRJ), *campus* de Macaé, e membro da Rede de Engenharia Popular Oswaldo Sevá (Repos) e do Laboratório Interdisciplinar de Tecnologia Social (Lits) da UFRJ.

Clarilton E. D. C. Ribas – Possui graduação em Administração pela Universidade Federal de Santa Maria (UFSM), mestrado em Administração pela Universidade Federal de Santa Catarina (UFSC), doutorado em Ciências Sociais pela Universidade Estadual de Campinas (Unicamp) e pós-doutorado em Sociologia do Trabalho pela Universidade Técnica de Lisboa. Atualmente é professor titular da UFSC e coordenador do mestrado profissional em Agroecossistemas da mesma instituição. Também coordena os projetos De Olho na Terra, Análise de Mercado – Produção, Beneficiamento e Comercialização de Alimentos Agroecológicos para o Mercado Institucional da Região Sul do BR; Centro de Apoio Terra Viva a Agricultura Urbana e Periurbana em Santa Catarina, financiado pelo Ministério do Desenvolvimento Social (MDS) e Centro de Pesquisa e Extensão relacionado ao uso e à produção de biofertilizantes, com financiamento pelo Conselho Nacional de Desenvolvimento Científico e Tecnológico (CNPq). Tem experiência com agricultura familiar e organização pública, questão agrária, agroecologia e plantas medicinais. É membro do Conselho gestor de Agricultura Urbana e Periurbana em Santa Catarina.

Daniel Mancio – Professor do Departamento de Educação e Ciências Humanas (DECH) do Centro Universitário Norte do Espírito Santo (Ceunes) da Universidade Federal do Espírito Santo (Ufes). Graduado em Agronomia e mestrado em Solos e Nutrição de Plantas pela Universidade Federal de Viçosa (UFV), especialização em Economia e Desenvolvimento Agrário e doutor em Produção Vegetal pela Ufes. Atua no curso de Educação do Campo, ministrando aulas de Questão Agrária, Agroecologia e Desenvolvimento Rural, desenvolvendo projetos nas áreas de organização das áreas de reforma agrária e no desenvolvimento da agroecologia nos assentamentos. Tem experiência profissional em coordenação de projetos de desenvolvimento socioeconômico das famílias assentadas, manejo agroecológico dos solos, agroecologia, administração, economia de empreendimentos agroindustrial cooperado.

Davis Gruber Sansolo – Professor da Universidade Estadual Paulista (Unesp), *campus* do Litoral Paulista. Graduação em Geografia pela Universidade Federal do Rio de Janeiro (UFRJ), mestrado e doutorado em Geografia Física pela Universidade de São Paulo (USP). Pós-doutorado no Instituto Alberto Luiz Coimbra de Pós-Graduação e Pesquisa em Engenharia (Coppe), da UFRJ. Vice-coordenador executivo do Instituto de Políticas Públicas e Relações Internacionais (IPPRI). Coordenador do Programa de Pós-Graduação em Desenvolvimento Territorial na América Latina e Caribe (TerritoriAL). Líder de grupo de pesquisa sobre Conservação da Natureza da Zona Costeira e Coordenador do Laboratório de Planejamento Ambiental e Gerenciamento Costeiro (Laplan). Atua na área de Geografia, com ênfase em planejamento e gestão ambiental, gerenciamento costeiro integrado, áreas protegidas, comunidades tradicionais e desenvolvimento territorial.

Elelan Vitor Machado – Possui Graduação em Engenharia Ambiental pela Universidade Estadual Paulista (Unesp), *campus* de Presidente Prudente. Participou como membro do Grupo de Investigação do Laboratório de Sedimentologia e Análise de Solos da Faculdade de Ciências e Tecnologia (FCT) da Unesp, *campus* de Presidente Prudente, em todas as atividades de pesquisa e de extensão, no período de 2014 a 2018. É mestre em Desenvolvimento Territorial na América Latina e Caribe pela Unesp, Instituto de Políticas Publicas e Relações internacionais (IPPRI).

Fatima Abgail Oliveira de Freitas – Estudante do curso de Tecnologia em Gestão de Turismo da Universidade Federal do Paraná (UFPR), *campus* do Litoral. Atuou como voluntária no projeto Tecnologias Sociais para Promoção da Segurança e Soberania Alimentar e como monitora no curso de Educação em Agroecologia.

Fernando Luis Diniz D'Ávila – Engenheiro Agrônomo, estudante do curso de Tecnologia em Agroecologia da Universidade Federal do Paraná (UFPR), *campus* do Litoral. Atuou como voluntário do projeto Tecnologias Sociais para Promoção da Segurança e Soberania Alimentar e é bolsista do projeto de extensão Educação e Agroecologia – Tecendo Saberes com Educadoras do Campo, das Ilhas e Agentes de Desenvolvimento Local.

Giovanna Gross Villani – Possui graduação em Ciências Biológicas pelo Instituto de Biociências da Universidade Estadual Paulista (Unesp), *campus* do Litoral Paulista. Integrante do Laboratório de Planejamento Ambiental e Gerenciamento Costeiro, onde desenvolveu o projeto de iniciação científica Da Terra à Mesa: Mapeando Práticas e Saberes Alimentares e Avaliando Políticas de Soberania e Segurança Alimentar e Nutricional de Comunidades Tradicionais no Brasil, Bolívia e Uruguai, e do projeto de pesquisa Research partnership for an agroecology-based solidarity economy in Bolivia and Brazil

Gustavo Jesus Gonçalves – Graduado pelo curso de Tecnologia em Agroecologia da Universidade Federal do Paraná (UFPR), *campus* do Litoral. Atuou como voluntário do projeto Tecnologias Sociais para Promoção da Segurança e Soberania Alimentar. É agricultor e atualmente contribui e reside com o Coletivo de Convivências Agroecológicas.

Iara Beatriz Falcade Pereira – Bacharel em Arquitetura e Urbanismo pela Universidade Federal do Paraná (UFPR) e mestranda no programa de pós-graduação em Geografia da mesma instituição. Integrante do Coletivo Terra Batida e parceira do Movimento dos Trabalhadores Rurais Sem Terra (MST) no estado do Paraná. Participa de projetos de pesquisa e extensão em comunidades tradicionais e movimentos sociais no campo, atuando em conflitos pela terra e pelo território, feminismos comunitários, perspectiva do cuidado, agroecologia e planejamentos.

Jamil Abdalla Fayad – Possui graduação em Agronomia pela Universidade de Passo Fundo (UPF), especialização em Educação e Movimentos Sociais pela Universidade Federal de Santa Catarina (UFSC) e mestrado em Fitotecnia (Produção Vegetal) pela Universidade Federal de Viçosa (UFV). Atualmente é Pesquisador da Empresa de Pesquisa Agropecuária e Extensão Rural de Santa Catarina. Tem experiência na área de agronomia, com ênfase em fitotecnia. Atua principalmente nos seguintes temas: nutrição, tomate, análise de crescimento.

João Osvaldo Rodrigues Nunes – Possui graduação em Geografia pela Universidade Federal do Rio Grande do Sul (UFRGS), doutorado em Geografia pela Universidade Estadual Paulista (Unesp), pós-doutorado pela Universidade de Alicante, Espanha e livre-docência em Geografia Física pela (Unesp). Atualmente é professor do Departamento de Geografia da Faculdade de Ciências e Tecnologia da Unesp. Tem experiência na área de Geografia Física, com ênfase em geomorfologia, atuando principalmente nos seguintes temas: geomorfologia, mapeamento geomorfológico, erosão, depósitos tecnogênicos e ambiente.

Jorge Montenegro – Professor do departamento e do programa de pós-graduação em Geografia da Universidade Federal do Paraná (UFPR). Integrante do Coletivo de Estudos sobre Conflitos pelo Território e pela Terra (Encontra), do Observatório da Questão Agrária do Paraná e do Grupo de Trabalho "Estudos Críticos do Desenvolvimento Rural" do Conselho Latino-americano de Ciências Sociais (Clacso). Participa em projetos de pesquisa e extensão nas áreas de conflitos pela terra e pelo território, movimentos sociais no campo, povos e comunidades tradicionais, planejamento territorial e cartografia social.

Keila Cássia Santos Araújo Lopes – Professora do curso de Geografia na Universidade do Estado de Minas Gerais (UEMG), *campus* de Carangola, e chefe do Departamento de Ciências Sociais Aplicadas da mesma instituição (2020-2022). Doutora em Geografia pela Universidade Estadual Paulista (Unesp), *campus* de Rio

Claro, mestre em Agroecologia e Desenvolvimento Rural pela Universidade Federal de São Carlos (UFSCar) e graduada em Geografia pela Faculdade de Filosofia, Ciências e Letras do Alto São Francisco (Fasf). Coordenou o projeto de pesquisa sobre agrotóxicos: Uso, Comercialização e Impactos à Saúde Socioambiental no Extremo Sul da Bahia e contribuiu com organização, planejamento e mediação do projeto de extensão Educação e Agroecologia – Tecendo Saberes Socioambientais no Litoral Paranaense com Educadoras e Agentes de Desenvolvimento Local, da Universidade Federal do Paraná (UFPR), *campus* do Litoral.

Luciane Cristina de Gaspari – Possui graduação em Engenharia Florestal pela Universidade de São Paulo (USP), mestre em Agroecologia e Desenvolvimento Rural pela Universidade Federal de São Carlos UFSCar/ Empresa Brasileira de Pesquisa Agropecuária (Embrapa), doutora em Ciências com ênfase em Ecologia Aplicada - Sociedade e Ambiente pela (USP). Docente na Universidade Federal do Paraná (UFP) no curso de Agroecologia. Tem experiência em extensão rural agroecológica nos estados de São Paulo e Paraná.

Lunamar Cristina Morgan – Camponesa, tecnóloga em Agroecologia pela Universidade Federal do Paraná (UFPR), *campus* do Litoral, e militante do Movimento de Mulheres Camponesas (MMC).

Marcelo Caetano Andreoli – Professor do departamento de Arquitetura e Urbanismo da Universidade Federal do Paraná (UFPR) e membro do Laboratório de Habitação e Urbanismo (LAHURB) da mesma instituição. Participa de projetos de pesquisa e extensão sobre assentamentos populares e políticas urbanas; integra o grupo de pesquisa sobre os Comuns Urbanos na América Latina (Cual).

Marcelo Gomes Justo – Possui bacharelado e licenciatura em Ciências Sociais, mestrado e doutorado em Geografia Humana, todos pela Universidade de São Paulo (USP). A área de especialização é geografia agrária. Tem atuação acadêmica no seguintes temas: campesinato; cultura popular; justiça social; relação campo-cidade;

violência no campo; luta pela terra; MST; MTST; mediação de conflitos; desenvolvimento local sustentável; educação democrática; movimentos jovens urbanos. Foi consultor na Secretaria de Desenvolvimento Territorial (SDT) do Ministério do Desenvolvimento Agrário (MDA) pelo Instituto Interamericano de Cooperação para a Agricultura (IICA-OEA). Realizou pós-doutorado no Programa de Pós-Graduação em Desenvolvimento Territorial na América Latina e Caribe (TerritoriAL), Instituto de Políticas Públicas e Relações Internacionais (IPPRI) da Unesp, com pesquisa sobre agroecologia e comunas da terra na região metropolitana de São Paulo, de 2017 a 2018. Atualmente é pesquisador do IPPRI desde setembro de 2019.

Maria Aline da Silva Batista – Doutoranda em Geografia pela Universidade Federal do Ceará (UFC). Mestra e licenciada em Geografia pela mesma instituição. Atualmente desenvolve pesquisas com os temas campesinato, agroecologia e gênero.

Marialina Clapis Ravagnani – Estudante do curso de Tecnologia em Agroecologia da Universidade Federal do Paraná (UFPR), *campus* do Litoral. Atuou como bolsista do projeto Tecnologias Sociais para Promoção da Segurança e Soberania Alimentar e voluntária do projeto Educação e Agroecologia – Tecendo Saberes Socioambientais no Litoral Paranaense com Educadoras e Agentes de Desenvolvimento Local, da Universidade Federal do Paraná (UFPR), *campus* do Litoral. Atua no Núcleo de Estudos Açorianos (NEA) Juçara e Apetê Capuã, e colabora em ações voluntárias do Movimento dos Trabalhadores Rurais Sem Terra (MST).

Marília Carla de Mello Gaia – Possui bacharelado em Ciências Biológicas pela Universidade Federal de Viçosa (UFV) e licenciatura em Ciências Biológicas pelo Centro Universitário Metodista Izabela Hendrix. É mestre em Ciências, com ênfase em Saúde Coletiva, pelo Centro de Pesquisas René Rachou-Fiocruz e especialista em Agroecologia e Desenvolvimento Sustentável pelo Centro Federal de Educação Tecnológica (Cefet) de Rio Pomba. Doutora em Educação pela Universidade Federal de Minas Gerais (UFMG). Professora do curso de licenciatura em Educação do Campo da Universidade Federal de Santa Catarina (UFSC). Tem experiência na realização de diagnósticos e planejamentos de assentamentos rurais, em Educação do Campo, na elaboração de materiais educativos, elaboração e execução de projetos de pesquisa e estratégias de educação popular, educação do campo e agroecologia. Coordenadora do Laboratório de Educação do Campo e Estudos da Reforma Agrária (Lecera), do Centro de Ciências Agrárias (CCA) da UFSC e integrante do Grupo de Estudos em Educação, Escolas do Campo e Agroecologia (Geca).

Marina Bustamante Ribeiro – Graduada em Engenharia Agronômica pela Universidade Federal de Lavras (UFLA), mestre em Agroecossistemas pela Universidade Federal de Santa Catarina (UFSC). Atuou no Laboratório de Educação do Campo e Estudos da Reforma Agrária (Lecera) da UFSC, como pesquisadora científica e técnica de projetos. Atuou como bolsista do Conselho Nacional de Desenvolvimento Científico e Tecnológico (CNPq) nos projetos Produção de Biofertilizantes: Tecnologia Social com Vistas à Transição Agroecológica da Produção nos Assentamentos de Reforma Agrária da Região Norte/Nordeste de Santa Catarina e Centro de Pesquisa e Extensão Relacionado ao Uso e à Produção de Biofertilizantes, além de ter integrado a coordenação pedagógica do mestrado profissional em Agroecossistemas da UFSC e auxiliado atividades no projeto De Olho na Terra, referente a tecnologias da informação e comunicação para jovens rurais. Tem experiência na área de agronomia, com ênfase em agricultura familiar e assentamentos da reforma agrária, atuando principalmente nos seguintes temas: saber tradicional, desenvolvimento rural, agroecologia, geração de renda, comercialização, extensão rural, produção agrícola e gestão de cooperativas.

Marina dos Santos – Marina dos Santos é membro da direção nacional do Movimento dos Trabalhadores Rurais Sem Terra (MST), militante da Via Campesina e mestranda no Programa Desenvolvimento Territorial da América Latina e Caribe (TerritoriAL) da Universidade Estadual Paulista (Unesp).

Mauricio Aguilar Nepomuceno de Oliveira – Possui graduação em Engenharia Naval pela Universidade Federal do Rio de Janeiro (UFRJ) e mestrado em Engenharia Naval e Oceânica pelo Instituto Alberto Luiz Coimbra de Pós-Graduação e Pesquisa de Engenharia (Coppe) da Universidade Federal do Rio de Janeiro (UFRJ). Cursa doutorado no Programa de Planejamento Energético da mesma instituição. É professor do curso de Engenharia Mecânica da UFRJ, *campus* Macaé, e membro do Laboratório Interdisciplinar de Tecnologia Social (LITS) da mesma universidade.

Max Eric Osterkamp – Técnico em paisagismo pela Escola Bom Pastor, de Nova Petrópolis (RS), e graduado em Tecnologia em Agroecologia pela Universidade Federal do Paraná (UFPR), *campus* do Litoral. Atua como estudante voluntário do projeto Tecnologias Sociais para Promoção da Segurança e Soberania Alimentar e participa da elaboração de projetos e implantação de hortas orgânicas, espirais de ervas, composteira doméstica, minijardins em espiral e ornamentação paisagística.

Mônica Schiavinatto – Possui graduação em Engenharia Agronômica pela Escola Superior de Agricultura Luiz de Queiroz (Esalq), mestrado em Sociologia pela Faculdade de Ciências e Letras da Universidade Estadual Paulista (Unesp), *campus* de Araraquara e doutorado em Desenvolvimento Sustentável pelo Centro de Desenvolvimento Sustentável da Universidade de Brasília (UnB). Atualmente é pesquisadora do Instituto de Políticas Públicas e Relações internacionais (IPPRI) da Unesp. Tem experiência na área de sociologia rural, com ênfase em agricultura familiar, desenvolvimento territorial. Desenvolve projetos nos seguintes temas: questão agrária, agricultura familiar, soberania e segurança alimentar, agroecologia e políticas públicas.

Nilma Conceição Costa da Cruz – Possui graduação em Ciências Sociais pela Universidade Federal do Pará (UFP). Tem experiência na área de sociologia, com ênfase em sociologia e história

Olivo Dambros – Engenheiro agrônomo pela Universidade Federal Rural do Rio de Janeiro (UFRRJ). Licenciado em Ciências Agrícolas pela mesma instituição. Pós- Graduado em Desenvolvimento Rural Sustentável pela Universidade Tecnológica Federal do Paraná (UTFPR). Mestre e doutor em Agroecologia pela Universidade de Córdoba, Espanha. Convalidado no Brasil através do Programa de Sistemas de Produção Agrícola Familiar junto a Universidade Federal de Pelotas (UFPEL) no Rio Grande do Sul. Ex-Presidente da União das Cooperativas da Agricultura Familiar e Economia Solidária (Unicafes). Fundador e dirigente da Central das Cooperativas de Assistência Técnica e Extensão Rural do Paraná (Cenater). Coordenador de projetos de Assistência Técnica e Extensão Rural (Ater) por dez anos em cooperativas de agricultura familiar e economia solidária do Paraná. Membro do Conselho Gestor do Território Sudoeste do Paraná (GGTESPA) por seis anos. Professor substituto da UTFPR.

Paulo Rogério Lopes – Pós-doutor em Recursos Florestais e doutor em Ciências – Ecologia Aplicada pela Escola Superior de Agricultura "Luiz de Queiroz" (Esalq) da Universidade de São Paulo (USP); mestre em Agroecologia e Desenvolvimento Rural pela Universidade Federal de São Carlos (UFSCar). Especialista em educação do campo e agroecologia na agricultura familiar e camponesa, com residência agrária na Faculdade de Engenharia Agrícola (Feagri) da Universidade Estadual de Campinas (Unicamp). Atuou como educador do curso de Agronomia com ênfase em agroecologia e sistemas rurais sustentáveis na UFSCar, *campus* de Sorocaba. É professor da Universidade Federal do Paraná (UFPR), *campus* do Litoral, e coordenador do curso de Agroecologia da mesma instituição.

Pedro Ivan Christoffoli – Engenheiro agrônomo pela Universidade Federal de Santa Catarina (UFSC), especialista em cooperativismo pela Universidade do Vale do Rio dos Sinos (Unisinos), mestre em Administração pela Universidade Federal do Paraná (UFPR) e doutor em Desenvolvimento Sustentável pela

Universidade de Brasília (UnB). Professor da Universidade Federal da Fronteira Sul (UFFS) e coordenador do Núcleo de Estudos em Cooperação (Necoop) da UFFS. Professor do Programa de Pós-graduação em Agroecologia e Desenvolvimento Rural Sustentável da UFFS e Desenvolvimento Territorial na América Latina e Caribe (TerritoriAL) da Unesp. Pesquisa os seguintes temas: reforma agrária, desenvolvimento territorial, agroecologia, e economia solidária

Rayen Cristiane Mourão – Estudante do curso de Educação do Campo da Universidade Federal do Paraná (UFPR), *campus* do Litoral. Atuou como monitora do projeto Educação e Agroecologia – Tecendo Saberes Socioambientais no Litoral Paranaense com Educadoras e Agentes de Desenvolvimento Local e participou do projeto Tecnologias Sociais para Promoção da Segurança e Soberania Alimentar. Atualmente reside e contribui com o Coletivo de Convivências Agroecológicas (CCA).

Renata Couto Moreira – Professora do departamento de Economia da Universidade Federal do Espírito Santo (Ufes). Doutora em Economia Aplicada pela Universidade Federal de Viçosa (UFV), mestre em Ciências da Computação pela Universidade Federal de Minas Gerais (UFMG) e graduada em Engenharia Elétrica pela Universidade Estadual de Campinas (Unicamp). Tem experiência na área de Economia, com ênfase em desenvolvimento socioeconômico e política social, atuando principalmente em: questão agrária e questão de gênero.

Renata Karolina Alcântara – Estudante do curso de Arquitetura e Urbanismo da Universidade Federal do Paraná (UFPR), passou pelo curso de História, construindo o Programa de Educação Tutorial (PET História). Participou do Observatório de Conflitos Urbanos de Curitiba (2017-2019). Teve experiência em órgãos como o Instituto de Pesquisa e Planejamento Urbano de Curitiba (IPPUC) e hoje integra o coletivo Caracol / Escritório Modelo de Arquitetura e Urbanismo (Emau). Atua como militante, com trabalho de apoio para o Movimento de Organização de Base (MOB) do Paraná.

Roberta de Fatima Rodrigues Coelho – Possui graduação em Engenharia Florestal, mestrado em Ciências Florestais e doutorado em Ciências Agrárias pela Universidade Federal Rural da Amazônia (Ufra). Atualmente é docente do Instituto Federal de Educação, Ciência e Tecnologia (IFPA), *campus* de Castanhal. Tem experiência na área de manejo florestal, silvicultura, sistemas agroflorestais e agroecologia e gestão de recursos naturais. É coordenadora substituta do programa de nestrado em Desenvolvimento Rural e Gestão de Empreendimentos Agroalimentares do IFPA.

Rute Ramos da Silva Costa – Nutricionista graduada pela Universidade do Estado do Rio de Janeiro (UERJ) e mestre em Alimentação, Nutrição e Saúde pela mesma instituição. Doutora em Educação em Ciências e Saúde pelo Instituto do Núcleo de Tecnologia Educacional para a Saúde (Nutes) da Universidade Federal do Rio de Janeiro (UFRJ). É professora do curso de Nutrição e de especialização em Nutrição Clínica da UFRJ, *campus* de Macaé, e membro do Laboratório Interdisciplinar de Tecnologia Social (Lits) e do Núcleo de Estudos Afro-brasileiro e Indígena da mesma instituição. É membro da Comissão de Heteroidentificação e do Grupo de Estudos sobre Desigualdades na Educação e Saúde, ambos da UFRJ. Participa do Programa Interdisciplinar de Promoção da Saúde e atua como coordenadora do projeto de extensão CulinAfro.

Silvia Aparecida de Sousa Fernandes – Livre-docente em Educação e Geografia, professora na Faculdade de Filosofia e Ciências da Universidade Estadual Paulista (Unesp), *campus* de Marília. Docente e vice-coordenadora do Programa de Pós-Graduação em Desenvolvimento Territorial da América Latina e Caribe (TerritoriAL), sediado no Instituto de Políticas Públicas e Relações Internacionais (IPPRI) da Unesp. Possui graduação e mestrado em Geografia pela Faculdade de Ciências e Tecnologia da Unesp, *campus* de Presidente Prudente, e doutorado em Sociologia pela Faculdade de Ciências e Letras da Unesp, *campus* de Araraquara. Coordena o grupo de pesquisa Centro de Estudos e Pesquisas Agrárias e Ambientais (CPEA) e integra os grupos de pesquisa Cátedra da Unesco de Educação do Campo e Desenvolvimento Territorial, Grupo de Estudos da Localidade (ELO), Estudos da Globalização. Tem experiência nas áreas de Geografia e Educação, com ênfase em educação geográfica, educação do campo, políticas p úblicas, atuando principalmente nos seguintes temas:currículo e políticas curriculares para a educação básica, ensino de geografia, educação do campo e questão ambiental, políticas de segurança alimentar e nutricional. É membro do conselho científico dos periódicos *Plures Humanidades, Revista Brasileira de Educação em Geografia, Mundo e Desenvolvimento* e *Interface*. É membro do conselho consultivo dos seguintes periódicos: *Revista Interdisciplinar de Direitos Humanos, Geografia, Geoatos* e outros periódicos científicos. É membro do conselho diretivo do Foro Iberoamericano sobre Educación, Geografía y Sociedad (GeoForo). É pesquisadora no Grupo de Trabalho 34 – Educación y Vida en Común, da Conselho Latino-americano de Ciências Sociais (Clacso), para o período 2019-2022.

Valdemar Arl – Possui graduação em Agronomia e especialização em Agroecologia e Desenvolvimento Sustentável pelo Centro de Ciências Agroveterinárias (CCA) da Universidade Federal de Santa Catarina (USFC), Administração Rural pela Escola Superior Agrícola de Lavras (Esal) e mestrado em Master Oficial en Agroecologia pela Universidade Internacional de Andalucia, Espanha, e doutorado na Universidade de Córdoba, Espanha. Tem experiência na área de Agronomia, com ênfase em agroecologia, desenvolvimento sustentável, educação popular e metodologia do trabalho popular-educação ambiental e educação do campo.

Vinicius Britto Justos – Estudante do curso de graduação em Tecnologia em Agroecologia da Universidade Federal do Paraná (UFPR), *campus* do Litoral. Atuou como monitor e estudante voluntário dos projetos Educação e Agroecologia – Tecendo Saberes Socioambientais no Litoral Paranaense com Educadoras e Agentes de Desenvolvimento Local, e Tecnologias Sociais para Promoção da Segurança e Soberania Alimentar.

Sumário do volume 2

Parte 3 – Questão agrária, autonomia camponesa, agroindústria e agroecologia

Sumário do volume 3

Parte 2 – Desenvolvimento local e organização comunitária pela reforma agrária

SOBRE O LIVRO

Formato: 13,7 x 21 cm
Mancha: 23,7 x 42,5 paicas
Tipologia: Horley Old Style 10,5/14
Papel: Off-set 75 g/m² (miolo)
Cartão Supremo 250 g/m² (capa)

1ª edição Editora Unesp: 2021

EQUIPE DE REALIZAÇÃO

Coordenação Editorial
Marcos Keith Takahashi

Edição de texto
Cacilda Guerra
Nelson Barbosa

Capa
Quadratim

Editoração eletrônica
Arte Final

Impressão e Acabamento
PlenaPrint
Indústria Gráfica